HISTORIA Y ESTADO ACTUAL DE LA CIENCIA CRIMINOLÓGICA

UNAM

Autor: Dr. José Jesús Salvador Ruano y Ortiz

UNAM   Acatlán 2012

Derecho reservado conforme a la ley

DEDICATORIA

A mi esposa Ma. Eugenia, que siempre ha estado a mi lado.

A mis maravillosos hijos, José Manuel, Ma. Eugenia, Javier Eduardo y Beatriz.

ÍNDICE

PRÓLOGO.. 9

LA CRIMINOLOGÍA.. 11
1. Concepto de Criminología
2. El carácter científico de la Criminología
3. La Criminología como ciencia interdisciplinaria
4. Objeto y el fin de la Criminología
5. Definición del objeto
6. Conducta antisocial y el delito
7. Delito y criminalidad

MATERIAS CRIMINOLÓGICAS..54
1. Antropología criminológica
2. Biología criminológica
3. Psicología criminológica
4. Sociología criminológica
5. Victimología
6. Penología

ESCUELAS CRIMINOLÓGICAS..83
1. Escuela Clásica
2. Escuela Positiva
3. Escuelas Eclécticas
4. La Defensa Social

DIRECCIONES CRIMINOLÓGICAS..120
1. Antropológica
1.1. Teoría de Lombroso
1.2. Clasificación Lombrosiana
1.3. Clasificación de Enrique Ferri
1.4. Rafael Garófalo
2. Biológica
2.1. Endocrinología criminal
2.2. Biotipología (Escuelas)

2.3. Tipología (Escuelas)
2.4. Genética Criminal
3. Sociológica
3.1. Escuelas Cartográfica o Estadística Antroposocial
3.2. Enrique Ferri
3.3. Gabriel Tarde
3.4. Emilio Durkheim
3.5. Escuelas Sociológica Criminal
3.5.1. Norteamericana
3.5.1.1. Sutherland
3.5.1.2. Celling
3.5.1.3. Reckless

4. LA DIRECCIÓN BIOLÓGICA..226
5. Familias criminales
6. Estudios de gemelos
7. Estudios de adopciones
8. Aberraciones cromosomáticas
9. Estudio electroencefalográficos

LA DIRECCIÓN SOCIOLÓGICA..254
1. Sutherland y Cressey
2. Robert K. Merton
3. Ferracuti
4. La Escuela de Chicago
5. Teorías de la anomia
6. Teorías subculturales

LA DIRECCIÓN PSICOLÓGICA..269
1. Freud y el Psicoanálisis
2. Alfred Adler y Carl Gustav Jung
3. Reflexología; Iván Petrovich Pavlov
4. El conductismo
5. Teoría de la Gestalt
6. Fenomenología

7. México

DIRECCIÓN CLÍNICA..354
1. Concepto
2. Criminología clínica. Método
3. Peligrosidad
4. Diagnóstico, pronóstico y tratamiento

DIRECCIÓN CRÍTICA..373
1. Antecedentes Europa y Latinoamérica.
2. Manifiesto Latinoamericano.
3. Criminología crítica, método, objeto.
4. Conclusiones.

CUESTIONES CRIMINOLÓGICAS..412
1. Delincuencia de menores.
2. Violencia.
3. Prevención y tratamiento.
4. Victimología.

CRIMINOGÉNESIS Y CRIMINODINÁMICA..439
1. Causa criminógena.
2. Índice criminológico.
3. Móvil criminógeno.
4. Factores.
5. Clasificación de antisociales.
6. Aplicación criminológica.

CRIMINALIDAD DE MENORES..454
1. Menores infractores y delincuentes.
2. La prevención de la criminalidad de menores.
3. Tratamiento de menores infractores.

PRÓLOGO

He investigado sobre los orígenes de la Criminología (ciencia eminentemente preventiva del delito) y sus grandes avances, el enlace con otras ciencias penales, la gran liga existente con diferentes materias y pensadores que han hecho que esta ciencia tenga grandes alcances jurídicos, médicos, sociales, psicológicos etc.

Imposible negar sus nexos con la lógica de las ciencias, de tal magnitud es el alance de la materia que no se podría comprender sin los avances de la evolución de las especies, de la psicología, de la genética, de todas estas ciencias que tienen en sus manos el futuro del hombre, así como el descubrimiento y aplicación del ADN en la identificación del ser humano, sabiéndolo único e irrepetible. Así estas ligas significa una estrecha relación con las ciencias naturales (médico-biológico).

No obstante los avances de la ciencia Criminológica, y la creación de diferentes escuelas, es mucho el camino por andar.

El creador de la criminología como ciencia, fue César Lombroso (médico), al que se unió el pensamiento genial de Enrico Ferri (sociólogo) que le da un sustento social, que con Rafael Garófalo (jurista) se forma el trio de la escuela positivista.

La unión de estos pensamientos, el antropológico de Lombroso, el del ambiente social del hombre de Enrico Ferri y su desarrollo y matiz jurídico de Garófalo, inician las nuevas escuelas que siguen y seguirán surgiendo, dando más valor a la criminología, recordando que no es mérito del hombre lo que sabe, sino el uso que da de su saber.

PRÓLOGO

He investigado sobre los orígenes de la Criminología (ciencia eminentemente preventiva del delito) y sus grandes avances, el enlace con otras ciencias penales, la gran liga existente con diferentes materias y pensadores que han hecho que esta ciencia tenga grandes alcances jurídicos, médicos, sociales, psicológicos etc.

Imposible negar sus nexos con la lógica de las ciencias, de tal magnitud es el alance de la materia que no se podría comprender sin los avances de la evolución de las especies, de la psicología, de la genética, de todas estas ciencias que tienen en sus manos el futuro del hombre, así como el descubrimiento y aplicación del ADN en la identificación del ser humano, sabiéndolo único e irrepetible. Así estas ligas significa una estrecha relación con las ciencias naturales (médico-biológico).

No obstante los avances de la ciencia Criminológica, y la creación de diferentes escuelas, es mucho el camino por andar.

El creador de la criminología como ciencia, fue César Lombroso (médico), al que se unió el pensamiento genial de Enrico Ferri (sociólogo) que le da un sustento social, que con Rafael Garófalo (jurista) se forma el trio de la escuela positivista.

La unión de estos pensamientos, el antropológico de Lombroso, el del ambiente social del hombre de Enrico Ferri y su desarrollo y matiz jurídico de Garófalo, inician las nuevas escuelas que siguen y seguirán surgiendo, dando más valor a la criminología, recordando que no es mérito del hombre lo que sabe, sino el uso que da de su saber.

LA CRIMINOLOGÍA

Objetivo: Analizará los conceptos y definiciones de la Criminología, así como el estatus científico de esta ciencia.

1. Concepto de Criminología
2. El carácter científico de la Criminología
3. La Criminología como ciencia interdisciplinaria
4. Objeto y el fin de la Criminología
5. Definición del objeto
6. Conducta antisocial y el delito
7. Delito y criminalidad

Concepto de Criminología

La Mtra. América Plata Luna define a la Criminología de la siguiente manera:

"La Criminología es la ciencia que estudia el hecho social constitutivo del delito, y lo hace desde un enfoque estratégico y sociológico. Si bien su análisis se basa en el método científico —es decir, es objetivo-, le interesa también estudiar a los autores de crímenes particularmente graves, como asesinos en serie o multihomicidas.

En la actualidad, esta disciplina se ocupa de mejorar y hacer más justos los procedimientos penales, así como en colaborar —con la policía y los órganos encargados de impartir justicia- en la prevención y el control de la delincuencia.

Esta definición es la más actual y completa, ya que la criminología se ocupaba antes solo de delincuentes que, como los asesinos en serie, habían llevado a cabo crímenes especialmente graves.

César Lombroso (médico), Enrico Ferri (sociólogo) y Rafael Garófalo (jurista) han sido considerados los precursores de la Criminología. No pueden desdeñarse los antecedentes y las bases que proporcionaron, sobre todo con su brillante clasificación de delincuentes (la cual se abordará en capítulos posteriores)."[1]

Para Enrico Ferri la Criminología es:

"Una ciencia sintética, causal, explicativa, natural y cultural de las conductas antisociales."

"La criminología es una ciencia social que a partir de diversos enfoques metodológicos, se ocupa del estudio de "la cuestión criminal" o la criminalidad como un fenómeno social. Su objeto aborda temas como el delito, el delincuente, la política criminal, la víctima, el control social y los procesos de criminalización, entre otros.

A pesar de ser una ciencia reciente y haber sido cuestionada en cuanto a su autonomía y su independencia disciplinaria, la criminología moderna ha alcanzado su identidad científica - social a través de:

- Una diáfana definición de sus dos objetos de estudio (conducta desviada y control social).
- Un manejo coherente e integrador de métodos de estudio provenientes de las ciencias positivas y sociales".[2]

---

[1] Plata Luna América, Criminología criminalística y Victimología, Oxford, México, 2007, p. 1
[2] http://es.wikipedia.org/wiki/Criminolog%C3%ADa

Definiciones de la Criminología dada por otros autores.

"Antonio García-Pablos de Molina:

"Ciencia empírica e interdisciplinaria que se ocupa del crimen, del delincuente, de la víctima y del control social del comportamiento desviado."

López Rey

"La Criminología ha de entenderse como la disciplina sociopolítica cuya finalidad esencial es la formulación de una política criminal que permita lo más efectivamente posible la prevención y control de la criminalidad conforme a las exigencias de libertad, dignidad, igualdad, seguridad individual y colectiva, entendida como esenciales del desarrollo nacional e internacional."

E. Seeling.

"La Criminología es la ciencia que estudia los "elementos reales del delito". Entiende por elementos reales el comportamiento psicofísico de un hombre y sus efectos en el mundo exterior."

G. Stefani y G. Levasseur.

"La Criminología es la ciencia que estudia la delincuencia, para investigar sus causas, su génesis, su proceso y sus consecuencias."

G. Kaiser.

"La Criminología es el conjunto ordenado de la ciencia experimental acerca del crimen, del infractor de las normas jurídicas, del comportamiento socialmente negativo y del control de dicho comportamiento".[3]

El carácter científico de la Criminología

"La criminología no debe ser considerada una seudociencia; de hecho, en muchas ocasiones se cataloga solamente como una crítica del fenómeno delictivo de la sociedad.

Tras múltiples esfuerzos y con muy buenos resultados se le ha otorgado su lugar como ciencia, pese a las críticas, de las que vale la pena reseñar algunas.

Para el criminólogo estadounidense Edwin Sutherland, si la criminología debe ser una ciencia, es necesario ordenar la colección heterogénea de los múltiples factores que se encuentran asociados al crimen y la criminalidad, por medio de una explicación teórica de las mismas características que las teorías científicas que existen en otros dominios.

Es decir, las condiciones a que se atribuyen las causas de la

---
3 http://perso.wanadoo.es/e/criminocanarias/definicion.htm

delincuencia deberían estar siempre presentes cuando hay delincuencia."

Sin embargo, pese a los numerosos elementos de hecho acumulados desde hace algunos años, la criminología no constituye para algunos críticos una verdadera ciencia. Su principal defecto consiste en que no puede incorporar esos elementos en una teoría lógica y confirmada.

La opinión anterior tiene cierta lógica, según Manuel López Rey, ex consejero de la Organización de las Naciones Unidas para la Prevención del Delito: "El problema es admitir que el crimen no puede ser suprimido y que la tarea de la criminología no es la de descubrir todas las causas de la delincuencia, más dar a los gobiernos los medios de una política criminal que permita reducir la criminalidad a un nivel razonable.

El doctor Luís Rodríguez Manzanera es de los que consideran ciencia fáctica (de hecho) la criminología, apoyado en las características que Mario Bunge atribuye a ésta:

Las principales características de la ciencia fáctica son:

1. El conocimiento científico es fáctico.
2. El conocimiento científico trasciende los hechos.
3. La ciencia es analítica.
4. La investigación científica es especializada.
5. El conocimiento científico es claro y preciso.

6. El conocimiento científico es comunicable.
7. El conocimiento científico es verificable.
8. La investigación científica es metódica.
9. El conocimiento científico es sistemático.
10. El conocimiento científico es general.
11. El conocimiento científico es legal.
12. La ciencia es explicativa.
13. El conocimiento científico es predictivo.
14. La ciencia es abierta.
15. La ciencia es útil.

Si se analizan con detenimiento estos factores, debe reconocerse, no obstante el decir de ciertos autores, que la criminología es una ciencia. Citemos en apoyo de esta afirmación un ejemplo más fácil.

La ciencia es un conjunto de conocimientos comprobables. Para que ésto se lleve a cabo deben seguirse ciertos pasos, es decir, cierto método:

1. Observación;
2. Análisis;
3. Planteamiento de una o varias hipótesis; y
4. Comprobación de hipótesis.

Pese a todo esto y a los nuevos descubrimientos, la ciencia puede cometer errores y cambiar el criterio acerca de hechos que se consideraban científicos y que estaban comprobados:

durante mucho tiempo se dijo que el hígado no podía regenerarse, mas el de cierto donador en Suiza era muy grande y los médicos lo dividieron en dos para dos receptores; en ese momento se descubrió que tal órgano, si está sano, tiene posibilidad de regenerarse."[4]

"Esta concepción de la criminología no es rígida ni tampoco excluyente, ya que cualquier enfoque científico que pretenda llegar al fondo de la etiología del delito puede echar mano de herramientas analíticas de orden estadístico, histórico, clínico, y de casos particulares. más aún, no encontramos en la metodología científica ningún elemento de orden cuantitativo estricto, por más que las pruebas más convincentes, los datos, la presentación en general y las transferencias sociológicas de las proposiciones parezcan ser cuantitativas. Probablemente, donde pueden hallarse las fuentes más fructíferas para analizar la uniformidad Empírica, las regularidades y los moldes sistematizados de causa a efecto, es en los estudios estadísticos de causalidad y predicción. Sin embargo, pueden sugerirse análisis interpretativos más allá de los límites de los datos recolectados sistemáticamente por la experiencia (con tal que no rebasen la misma realidad Empírica) y pueden resultar iluminadores. Siempre que se acomete la descripción de los fenómenos delictivos ciñéndose a un cuadro teórico lúcido y pertinente, no se tienen que rechazar por fuerza en el transcurso del proceso ni los métodos ni los objetivos de la Ciencia, sino pueden conservarse con todo el vigor comúnmente atribuido a la manipulación estadística bien refinada.

---
[4]   Ob. cit. Plata Luna, pp. 12, 13

Lo que ahí proponemos es que la Criminología debiera considerarse aparte, como una disciplina autónoma, en virtud de que ha venido acumulando sus propios cuadros sistemáticos de datos y sus propias conceptualizaciones teóricas que se sirven del método científico, al par que un enfoque propio para la intelección y una actitud específicamente suya en la investigación. Esta postura nuestra ha sido apoyada recientemente o, por lo menos enjuiciada, por Vassalli, Bianchi, Grass-Berger, Pinatel, y Peláez.

Esta posición no niega que exista interdependencia en las aportaciones a la Criminología de un buen número de otras especialidades."[5]

LA CRIMINOLOGÍA COMO CIENCIA INTERDISCIPLINARIA.

RELACIONES DE LA CRIMINOLOGÍA CON OTRAS CIENCIAS.

Antes de enunciar a las ciencias que tienen una estrecha relación con la criminología, es importante mencionar que su ingerencia dentro del campo de la criminalidad se debe a que el delito es un fenómeno que afecta a la sociedad y no sólo al sujeto activo y pasivo del mismo, es por ello que resulta necesario estudiar no solo a quien lo comete, pues

---
[5]   E. Wolfgang Marvin y Ferracutti Franco, La subcultura de la violencia: hacia una teoría criminológica, Fondo de Cultura Económica, México, 1971, p. 39

sabemos que el factor social también tiene relevancia, así como el psicológico y cultural entre otros que más adelante mencionaremos, sin embargo no se estudiarán a fondo ya que se verán de manera individual y especial a lo largo del curso.

DERECHO PENAL.- Es una ciencia normativa. Es importante mencionar que una de las diferencias que tiene con la criminología radica en que ésta última es una ciencia causal-explicativa; averigua el porqué de la criminalidad y las leyes penales que la crean normativamente, estudia su dinámica y el Derecho Penal se ocupa de la conducta ilícita sólo en cuanto ella se encuentra descrita en un tipo legal. Ambas disciplinas estudian el delito, pero su finalidad es distinta ya que la criminología estudia al delito en sus orígenes y desarrollo operativo para formular una política de prevención y colabora con el derecho penal en la implantación de nuevas figuras criminosas y el Derecho Penal tiene una doble finalidad: tratar de que el delincuente potencial no se transforme en real, en razón de la coacción psíquica que sobre él pueda ejercer la amenaza de castigo y procurar la readaptación de quien, a pesar de la prohibición, consumó el hecho ilícito.

CIENCIAS MÉDICO – BIOLÓGICAS

La Medicina, La Biología y la Endocrinología.- Buscaron explicación del delito en alteraciones orgánicas del ser humano (Corriente positivista y constitucionalista, por Lombrosso y Di

Tullio).

La criminalidad según estas ciencias es producto humano y por lo mismo todo lo que contribuye a conocer la estructura de su protagonista, en este caso el funcionamiento de su organismo, es útil para su entendimiento.

PSICOLOGÍA Y PSIQUIATRÍA.- Contribuyen a profundizar el enfoque psicologista de la criminalidad a través del examen de la Psique humana.

PSICOPATOLOGÍA CRIMINAL.- Ha pretendido demostrar la revelación entre ciertas enfermedades mentales y determinados comportamientos criminales.

SOCIOLOGÍA.- Se liga a la criminología cuando se reconoce que la criminalidad no es sólo un hecho individual sino un fenómeno social.

ESTADÍSTICA CRIMINAL.- Conjunto de datos numéricos sobre los crímenes y criminales, extraídos de los registros de los organismos oficiales, clasificados y analizados en forma que revelen relaciones entre categorías y datos publicados periódicamente según un plan uniforme.

La criminología como estudio del delito en todos sus aspectos, exige la realización de investigaciones de campo que permitan señalar su dinámica, tales investigaciones a su vez, requieren del auxilio de la estadística por que solo mediante ella es posible cuantificar los datos aportados, establecer correlaciones entre ellos, analizarlos, extraer conclusiones y hacer las recomendaciones de profilaxis delincuencial que parezcan convenientes.

1. Estadística Policial.- Aquellas que recoge y compila la policía nacional, sus datos son tomados de alcaldías, comisarías.

2. Estadística Judicial.- Es la que proporcionan los jueces y magistrados penales de acuerdo con los procesos iniciados y las providencias dictadas en su desarrollo, se realizan por mandato legal.

3. Estadística Penitenciaria.- Compila datos relacionados con la población reclusa del país. V. gr. Delitos que se les imputa, edad, sexo, procedencia, entre otros datos.

"A partir de mediados del siglo XX, se presenta un cambio de paradigma en la ciencia criminológica fijando su atención en los procesos de criminalización, en el ambiente social, pero estudia también a la víctima. Según la definición de Antonio García-Pablos de Molina

Es una ciencia empírica e interdisciplinaria, que se ocupa del estudio del crimen, de la persona del infractor, la víctima y el control social del comportamiento delictivo, y trata de suministrar una información válida, contrastada, sobre la génesis, dinámica y variables principales del crimen- contemplado, éste como problema individual y como problema social-, así como sobre los programas de prevención eficaz del mismo, las técnicas de intervención positiva en el hombre delincuente y los diversos modelos o sistemas de respuesta al delito"[6]

OBJETO Y FIN DE LA CRIMINOLOGÍA

"En primer lugar, la criminología se ocupa del estudio de los diversos fenómenos criminológicos que acontecen en una sociedad. En el siglo XIX, ese estudio se centró en la personalidad del delincuente (ya se presentará un análisis exhaustivo de la criminalidad); además de ello, hoy en día se tiene en cuenta el análisis de la criminalidad, pero persisten los cuestionamientos y críticas a la forma en que se aplica la justicia penal, que en algunos países se hace de modo parcial.

Esta labor supone muchas dificultades porque no sólo consiste en practicar un análisis de lo anterior sino que, además, debe verse de cerca el desarrollo del conocimiento y de las ideas en la sociedad. El carácter tan determinista de los precursores de la criminología en el siglo XIX fue reflejo de la ciencia utilizada en esa época.

---

6   http://74.125.95.132/search?q=cache:0NBCmjxMpCQJ:es.wikipedia.org/wiki/Criminolog%C3%ADa+la+criminologia+como+ciencia+interdisciplinaria&hl=es&ct=clnk&cd=3&gl=mx

Las estadísticas acerca de diversos delitos orientan respecto a los de mayor frecuencia en determinada sociedad; en tanto, la criminología, mediante un estudio profundo y cuestionamientos abundantes, trata de identificar el porqué para evitarlos.

Como esa tarea presenta gran dificultad, la criminología -que comprende una tipología y un diagnóstico- lleva a cabo estudios sociológicos, psiquiátricos, psicológicos u otros para analizar la personalidad de los delincuentes e intenta reflexionar acerca de todos los mecanismos que intervendrían para que se realicen actos antisociales.

Aunque se le resten méritos a la criminología, su fulgor se ha extendido a casi todos los países. Prueba de ello es que la asignatura se imparte en la mayoría de las universidades -donde se le confiere carácter obligatorio-, se habla de ella con respeto y se tiene en cuenta para todas las resoluciones de los aspectos que dañan gravemente a una sociedad. Se realizan reuniones continuas en la Organización de las Naciones Unidas (ONU) y el Consejo de Europa. En el plano individual, médicos legistas, abogados y jefes de policía muestran un interés creciente por ella y la criminalística.

Además, se celebran congresos en el mundo entero y diversas organizaciones gubernamentales o civiles forman la Sociedad Internacional de Criminología, que tiene un millar de expertos en 60 países.

En el congreso mundial efectuado en Corea en 1998, con asistencia superior a 1400 participantes, se concluyó que la unión de los países en la lucha estratégica y ordenada contra el crimen organizado conduciría al éxito y la seguridad de cada país frente a secuestros, atentados, multihomicidios, terrorismo y muchos delitos más que aquejan a la sociedad.

Pero, ¿a qué se debe la gran importancia que ha adquirido la criminología? Aparte de los problemas citados, a que los seres humanos buscan en general, vivir en paz y con cordialidad. Primero desean un país justo y ordenado, donde se respeten las leyes y se viva con seguridad; sólo así puede entrar en relación con otras naciones que lo respeten de la misma forma.

Por expresar ideas como la anterior, los criminólogos han sido tildados de utópicos o soñadores; además, no creen en la posibilidad de la paz y la cordialidad con las naciones mientras imperen intereses económicos, políticos o de cualquier otro tipo. Sin embargo, todos reconocen que los criminólogos son incansables luchadores por la obtención de la justicia y gracias a la criminología, ayudada por otras ciencias, en muchos países las cosas han cambiado.

La criminología no tiene un solo objeto: ambiciosa, persigue muchos resultados. Tras dejar en claro ésto, cabe ahora dar diversas definiciones para que el lector seleccione la más afín a su criterio e identifique los diferentes fines de esta disciplina."[7]

DEFINICIÓN DE OBJETO

"Se quiere con este escrito analizar dos de los grandes problemas que presenta la criminología actualmente en cualquiera de los enfoques que se asuman en su estudio. Ellos son: su objeto y su finalidad.

El profesor Michelangelo Peláez, al referirse al primero de ellos, dice: "El problema central de cada ciencia se refiere a la configuración mediante el aislamiento de determinados aspectos de la realidad, de su objeto, el cual sirve para justificar la especialidad de las investigaciones propias. Por otra parte, el problema de la averiguación del objeto propone al estudioso una problemática estrechamente conectada con aquel y que se refiere al método a seguir. Nunca se subrayará bastante las relaciones inescindibles que entre objeto y método median, aunque muchas veces, por razones obvias, se impone un estudio por separado de ellos"[8]

No nos referiremos al tema del método porque solo analizaremos estos dos problemas de la criminología en razón de la significación de los mismos.

---

[7]   Ob. cit. Plata Luna, pp. 3-5

[8]   Peláez Michelangelo, Introducción al estudio de la criminología, Buenos Aires, Ediciones Depalma 1982, pág. 21

Por otra parte, es conveniente dejar en claro que la importancia del tema radica en la necesidad de determinar tanto el objeto como la finalidad de la ciencia que es sometida a estudio, ya que estos dos conceptos nunca pueden ser vagos cuando se emprende el análisis y el conocimiento de una nueva disciplina. "...debe ser precisado y definido, reconstruyendo el orden de los hechos que se pretende estudiar, lo que no puede hacerse sin contacto previo con la materia. Los datos que son objeto de estudio, estando llenos de significado, son escogidos intencionalmente por el estudioso, que fija con pleno conocimiento los fines de su investigación..."[9] Por ello el resultado del estudio tendrá fundamento y estará basado en la experiencia adquirida en el tiempo dedicado al análisis de los diferentes aspectos de la criminología.

Mucho se ha escrito sobre el tema; casi todos los autores que de alguna manera tratan la criminología dedican algunos renglones en sus escritos a determinar cuál es el punto central de estudio, es decir, el objeto de la criminología. Y en el fondo están de acuerdo en que ella se dedica a analizar el problema de la criminalidad; las discrepancias empiezan cuando se quiere definir qué es la criminalidad, qué se entiende por tal. En este momento es cuando empiezan las disquisiciones, las teorías, los conceptos, etc.

OBJETO (concepto, teorías, nuestra posición).

---

9   Ibid Peláez Michelangelo, pág. 22

a) Concepto.

El objeto de algo, el objeto de una ciencia es todo lo que puede ser materia de conocimiento o sensibilidad de parte del sujeto, incluso este mismo. "...el objeto es lo que sirve de materia o asunto al ejercicio de las facultades mentales. Materia o sujeto de una ciencia. El objeto de la teología es Dios. Puede ser material o formal. El material es el mismo sujeto o materia de la facultad y el formal el fin de ella; así, en la medicina el objeto material es la enfermedad, y el formal la curación".[10]

La materia de conocimiento que se busca para ser analizada por medio de la criminología, su objeto, es la criminalidad. En este punto están de acuerdo la mayor parte de los autores. Las dificultades empiezan cuando se debe definir el concepto de "criminalidad". ¿Qué se entiende por criminalidad?

b) Teorías.

Se quiere en este punto sintetizar las diversas posiciones que se han presentado respecto de qué es criminalidad.

El doctor Pérez Pinzón realizó un trabajo que denominó "Problemas centrales de la criminología. Su objeto y sus finalidades", presentado en el VIII Encuentro de Profesores de Criminología, reunido en Cali entre el 30 de enero y el

---

10   Diccionario de la Real Academia de la Lengua Española

1 de febrero de 1986, y que luego incorporó a su obra de criminología, en la segunda edición; allí enumera varias de las corrientes sobre este punto, las sintetiza con sus características fundamentales y luego objeta los puntos que no comparte. Partiendo de ese estudio, podemos entonces señalar los siguientes criterios:

a. Criterio jurídico. La criminalidad como objeto de estudio de la criminología está compuesta por el conjunto de hechos punibles típicos y la totalidad de personas que realizan esas conductas en un espacio y tiempo definidos.

El crimen estará identificado con las descripciones del estatuto represor; sólo las actividades consideradas ilícitas por la ley penal, delitos y contravenciones, tendrán importancia para esta ciencia y harán parte de su objeto.

El criminal será aquella persona que haya sido declarada responsable como autor material de un crimen en la concepción a que se hizo alusión en el párrafo anterior; a quien la justicia penal lo haya juzgado y condenado.

b. Criterio peligrosista. Esta posición es menos estrecha que la anterior, en el sentido de que admite que la criminalidad estará conformada por aquellas conductas ya mencionadas y, además, por todos aquellos estados que pueden generar o provocar el delito.

Se le llama "peligrosista" porque parte de los estados de especial peligrosidad, es decir, aquellas situaciones en las que una persona fácilmente puede llegar a delinquir. "Toda conducta que con probabilidad conduce al delito, como mendicidad, prostitución, oposición cultural y política, alcoholismo, vagancia, homosexualismo, etc."[11]

Será criminal quien se coloca en esa especial situación y la aprovecha para delinquir. Y serán crímenes todas las conductas que conformen esa criminalidad.

c. Criterio de desviación. Su radio de acción es mayor que el de las dos anteriores. De modo que será criminalidad el conjunto de conductas desviadas, "... es decir, aquella que se aparta de las normas jurídicas y sociales por exceso o por defecto; la que se separa por su rol de la requerida por determinado status o posición social; o simplemente aquella que es definida como tal por los «otros»..."[12]

Igualmente será criminal quien ejecute esa clase de actividades desviadas. Y crimen es precisamente ese

---

[11] Pérez Pinzón Álvaro Orlando, Curso de criminología, 2 ed., Bogotá, Edit. Temis, 1986, pág. 10

[12] Tamar Pitch, Teoría de la desviación social, México, Ed. Nueva Imagen, 1980, pág. 26

comportamiento desviado.

d. Criterio de los derechos humanos. Recurre este criterio a la identificación de la criminalidad con las violaciones de los derechos humanos y con el peligro en que éstos mismos son colocados. Generalmente son las normas escritas las que recogen las disposiciones que protegen esta clase de derechos; los tratados internacionales, las conclusiones de los congresos o asambleas, los códigos, las constituciones y en general, las leyes.

Quien lesione las garantías a las que se ha hecho alusión en el párrafo anterior, será criminal y la violación en sí misma considerada será el crimen.

"...concretamente serían derechos humanos la vida, la integridad personal, el techo, la educación, el trabajo, etc., y en fin, todo aquello definido como tal por la «moral popular» (lo que significa un cambio de «legislador»: de aquel que representa la ética de las minorías, al que representa la moral generalizada de las mayorías)."[13]

e. Criterio del sentido común. Se conoce también esta posición como "lega", porque recoge la opinión popular respecto de la criminalidad. Esta será entonces el conjunto de conceptos que la mayoría de la población

---

13   Ob. cit. Pérez Pinzón, pág. 11

tiene sobre qué es crimen, qué es criminalidad y quién es criminal.

"Para que una acción contraríe el «sentido común» se requiere: a) un comportamiento que vaya contra la rutina, es decir, que se aleje de los modelos establecidos; b) que el autor, de haberlo querido, habría obrado conforme a las normas; y c) que el autor supiera lo que hacía. En tales condiciones, el agente es responsable frente a las «teorías legas»..."[14]

f. Criterio de los comportamientos socialmente negativos. Según esta teoría la criminalidad está conformada por aquellas conductas que chocan con las necesidades e intereses de las personas o de la colectividad, que se encuentran arraigados en ellas de manera profunda y son respetados plenamente.

Aquí vale la pena preguntarse: ¿cuáles comportamientos socialmente negativos constituirían el objeto de la criminología? Todos aquellos que de alguna manera afecten esos intereses propios de la comunidad; por ejemplo las actividades realizadas por los poderosos, delitos de cuello blanco, ilícitos de quienes detentan el poder, etc.

El crimen será entonces el comportamiento que contrasta con tales intereses, y el criminal quien ejecuta

---
[14] Ibid, Pérez Pinzón pág. 14

esa clase de comportamientos.

g. Criterio del control social. Los mecanismos utilizados por la sociedad para que las personas que allí conviven le obedezcan, acojan sus preceptos, se llama "control social". Este puede ser formal, el que tiene fundamento en el derecho, el ejercido por los poderes estatales; e informal, el que ejercen otras instituciones de la comunidad que no tienen carácter oficial.

"Aquí ya no cabría hablar de criminalidad como objeto de la criminología, sino de criminalización, como objeto de esta ciencia. El criminólogo se dirigiría al cómo opera el proceso de criminalización en sus varias áreas (creación, aplicación y ejecución de la ley penal); por qué estas acciones son criminalizadas, por qué aquellas descriminalizadas y por qué las de más allá no son criminalizadas. Objeto de la criminología sería, entonces: 1) las instituciones sociológicas: lo religioso, económico, político, militar, recreativo, educativo, familiar, etc., como generadores de desviación y de reproducción de la misma; 2) el sistema penal: en concreto los poderes de definición, asignación o rotulación y de ejecución. El pregonado cambio de paradigma (del consenso al conflicto) que conduce al cambio de objeto (de la etiología del crimen, al origen y desarrollo de la criminalización)..."[15]

---

15 Ibidem, Pérez Pinzón, pág. 7

h. **Criterio de las situaciones-problemas o problemáticas.** Esta posición se va al otro extremo porque aquí el objeto de la criminología ya no es el crimen, el delito, sino el inconveniente, el problema, el acto lamentable, el comportamiento indeseable, las personas implicadas. "El disturbio o situación problemática es definido como «Aquel evento que se desvía de manera negativa respecto del orden en el que vemos y sentimos enraizadas nuestras vidas»"[16]

Es una teoría extrema, pues los conceptos de delito y crimen no existen ontológicamente. El delito no es el objeto sino el producto de la política criminal. Es válida en un sistema abolicionista cuando se haya operado el desmonte total del sistema penal.

i. **Otras opiniones.** Refiriéndose a los criterios anteriores, encontramos que "Si adoptamos la actitud inicialmente descrita para buscar el objeto de estudio de la criminología latinoamericana, tendríamos que limitarnos a seleccionar una de las diferentes corrientes enumeradas después de confrontarlas, y a evaluar sus alcances y defectos desde el punto de vista teórico. Si hacemos ésto, estamos desconociendo dos aspectos fundamentales: las realidades sociales que generaron esas teorías que se desarrollaron en otros ámbitos geográficos e históricos, y también nuestra propia

---

16   Ibidem, Pérez Pinzón, pág. 7

realidad. Esto es lo que ha sucedido con nuestros criminólogos, incluso con los críticos, excepto algunos meritorios casos: no han hecho otra cosa que trasladar teorías nacidas en otras sociedades y que solo cumplen como función desviar la atención sobre los problemas reales. Por supuesto, tal situación implica hacer ideología en su significado de falsa conciencia"[17]

c) Nuestra posición.

Es difícil tomar partido en tema de tanta trascendencia y en el que los autores no se han puesto de acuerdo, como se dijo en una de las primeras partes de este trabajo. Cuando hay tanta discusión, cuando son múltiples los criterios y muchos de ellos de personas autorizadas en la materia, resulta, por decir lo menos, de una gran dificultad asumir una posición.

No obstante esa consideración, creemos que debe existir un compromiso personal o de grupo frente al análisis de esta clase de aspectos tan trascendentales cuando se entra en el estudio de la criminología. Su objeto debe, pues, delimitarse para saber a qué nos atenemos en el desarrollo de cada aspecto.

Todos los criterios que de una manera sintética se han esbozado tienen su valor. Lo fundamental implica que alguien

---

[17] Muñoz, Jesús Antonio, "El objeto de la criminología para América Latina y para Colombia", en Nuevo Foro Penal, núm. 33, Bogotá, Edit. Temis, 1986, pág. 326

se haya detenido en ese punto al estudiar el objeto de la criminología. Así, quienes afirman que éste es la criminalidad entendida como la totalidad de los comportamientos delictivos de acuerdo con la definición legal, le están dando una mayor importancia a las descripciones típicas de un estatuto penal. Su validez está en que tal definición proviene de un sector de la comunidad que legalmente puede decir qué es delito y qué no lo es, qué es criminalidad y qué no lo es; igualmente, quién es delincuente y quién no lo es. Pero a pesar de ese sustento legal creemos que es una concepción demasiado estrecha, que deja por fuera miles de actitudes frente a los demás, que hoy son reconocidas universalmente como componentes de la criminalidad y como aspectos fundamentales de estudio por parte de la criminología.

Tampoco compartimos el criterio peligrosista, aunque más amplio que el anteriormente comentado, porque si bien es cierto supone una amplitud de conceptos, cae en el absurdo de identificar las actividades peligrosas con el objeto de la criminología. De ahí que comportamientos que no han causado daño, que no son nocivos socialmente, puedan enmarcarse dentro de tales conductas simplemente porque podrían causar un daño general. Se estudia lo que en el futuro podría, eventualmente, generar criminalidad.

Otros de menor significación criminológica serían el criterio de desviación y el del sentido común, pero de difícil definición porque ambos conceptos, muy subjetivos, estarían sometidos a lo que un grupo no muy representativo de la comunidad opine respecto de ellos. Criterios que no merecen un extenso comentario.

Tal vez el criterio del control social es el que consulta la realidad presente en el campo de la criminología. Esos instrumentos que utilizan quienes en un determinado momento detentan el poder político, social, económico o jurídico para hacer respetar sus decisiones, para que los asociados obedezcan sus mandatos, sería el punto central de análisis de la criminología. Y aún más, no sólo esos mecanismos que se utilizan para dominar a la sociedad, para controlarla, sino la manera como ellos surgen en determinado momento, es decir, ese proceso de criminalización.

Las leyes penales, las sanciones previstas para cada delito, los mecanismos para conceder la libertad o negarla según el caso, vendrían a constituir el objeto de esta ciencia. Y, más aún, la manera como esas leyes nacen y se convierten en tales; el modo como las penas son concebidas, impuestas y aplicadas por los diferentes organismos del poder que intervienen; la manera como funcionan los beneficios excarcelatorios y el tratamiento que quiere darse en prisión a los condenados; cómo surgen esa clase de disposiciones en una determinada sociedad; por qué será diferente ese proceso en Colombia respecto a los demás países de América Latina; y no se piense siquiera cómo será su evolución legislativa en el Viejo Continente.

La realidad social que muestra una concreta comunidad en

todos estos aspectos y sus reacciones podrá ser, en primer término, el objeto de estudio de nuestra ciencia.

FINALIDAD (concepto, posición tradicional, posición contemporánea, nuestra posición)

a) Concepto.

"La finalidad de algo es el fin con que o por qué se hace una cosa. Es el fin, motivo, móvil de una acción"[18]

De ahí, pues, que se diga que la finalidad de la criminología sea la meta que se busca con su estudio. Aquello que el estudioso se propone con el análisis de su objeto. Si aceptamos, en gracia de discusión, que el objeto de la criminología es el control social como antes se dijo, la finalidad que se busca con ese estudio será saber para qué se hace ese control social, qué se busca con él, a dónde se llega, qué fin nos proponemos con su análisis.

b) Posición tradicional.

"Su finalidad es profiláctica en el sentido de que tiende a prevenir la criminalidad mediante el tratamiento penitenciario, en particular; y por medio de la política social, en general"[19]

La criminología tradicional se ocupa de las causas de la

[18] Diccionario de la Real Academia de la Lengua Española
[19] Ob cit. Pérez Pinzón, pág. 21

criminalidad; parte ella de un análisis etiológico de los comportamientos delictivos sometidos a su estudio; de ahí que el fin que se busca con el estudio de los orígenes del delito sea netamente preventivo, utilizando los mecanismos que están al alcance de ella para su solución; así, prevenir estas conductas mediante política de tratamiento para el delincuente y de prevención anterior para el resto de la sociedad, será el fin actual de la criminología.

c) Posición contemporánea.

"La finalidad última de la criminología crítica es el cambio de sistema económico-político. La cooperación del criminólogo se concreta en la búsqueda de la desaparición del control social formal e informal y dentro de éste del derecho penal, es decir, del sistema de justicia criminal..."[20]

Esta posición extrema de las corrientes criminológicas modernas o ubicadas dentro de la criminología crítica se enfrenta a la necesidad de modificar el sistema vigente de control social e implantar uno, en una sociedad ideal, que no requiera de normas, de leyes, de presiones políticas, jurídicas y legales para poder funcionar.

Esta corriente comprende varias escuelas que van desde aquellas que apenas se desprenden del causalismo hasta las que se colocan en la frontera, el abolicionismo. Y allí se

---

20   Ibid. Pérez Pinzón, pág. 21

encuentran las diversas posiciones que, unas más severas que otras, van admitiendo un fin diferente para la criminología.

d) Nuestra posición.

Difícil resulta también en este punto asumir un criterio definido, porque algunos de los momentos en ese proceso evolutivo respecto de qué se busca al estudiar la criminalidad, son válidos y hacen pensar y reflexionar bastante, de modo que en principio se acojan algunos de ellos. No obstante ésto, consideramos que la posición tradicional ha sido revaluada y que hoy difícilmente hay quienes estudien ese fenómeno únicamente desde el punto de los orígenes y de las causas puramente etiológicas, sino que es de mucha importancia el medio social que rodea a la persona. Entonces no compartimos esa primera actitud. Pero tampoco nos sentimos atraídos plenamente por la segunda, en cuanto a que llega a extremos que no acogemos, como es la sustitución total del sistema penal y la creación de otros mecanismos para dominar la sociedad.

Dentro de este enfoque amplio, contemporáneo, de la criminología crítica, puede aceptarse que la finalidad de la criminología es conocer qué se busca con el control social como objeto de la misma. El estudio del control social —formal e informal— como objeto de la criminología está íntimamente ligado a la finalidad de ésta, o sea, a la búsqueda de una política criminal más justa e igualitaria; para su logro son perfectamente válidos algunos de los postulados de la criminología crítica porque ésta, partiendo de criterios económicos y políticos propone una política criminal alternativa basada en mecanismos como la descriminalización, despenalización, desjudicialización y desprisionización de aquellas conductas que no sean gravemente dañinas y, acomodando las leyes y su interpretación a las realidades socioculturales, económicas, políticas, etc., combate la subcultura carcelaria, evita la estigmatización y disminuye los costos administrativos del delito. Al mismo tiempo propone la criminalización y penalización de conductas que lesionan los intereses de las mayorías y persigue tratar administrativamente a algunos individuos desviados teniendo en cuenta las causas que los llevaron a su comportamiento, para construir una política social que vaya paralela con la política criminal.

Al inicio de este punto lo dijimos: si se acepta que el objeto es el control social, la finalidad buscada será conocer para qué sirve ese control, qué se busca con él.

En nuestra sociedad, en la comunidad colombiana, qué se quiere obtener, a dónde se quiere llegar cuando se analiza el control social como medio de dominación y como mecanismo para evitar la generación de criminalidad; en último término, el fin que se busca es reducir hasta donde sea posible la criminalidad con la utilización de los mecanismos actuales de dominación sin que por ello haya de desaparecer el sistema penal actual.

(Reproducido con fines estrictamente académicos. Procede del libro: LECCIONES DE CRIMINOLOGÍA, editorial Temis, 1988, páginas 5 a 13)"[21]

CONDUCTA ANTISOCIAL Y EL DELITO

"Con fines prácticos, daremos desde ahora una definición de delito para demostrar que la conducta antisocial tiene mucha relación con él. La más sencilla es la siguiente: delito entraña toda violación de la norma o normas impuestas por el Estado, lo cual conlleva un castigo o una penalidad.

En la mayor parte de los países, delito y crimen significan lo mismo. El vulgo y la prensa consideran que crimen es siempre delito de sangre, pero en las definiciones de criminología se habla indistintamente de prevención del delito o del crimen, igual que de crimen y delincuencia organizados. Después de múltiples deliberaciones, estudios y consultas bibliográficas, se decidió utilizar aquí sin diferencia una voz u otra.

Conducta antisocial. Es la que "atenta contra el orden social (...) Todo comportamiento humano que va contra el bien común.

En criminología se decidió estudiar toda conducta que

---

[21] http://criminologiausco.blogspot.com/2005/08/objeto-y-finalidad-de-la-criminologia.html

perturbe el orden social, si bien en el análisis de la definición más moderna esta disciplina no sólo se ocupará del comportamiento antisocial.

Desde los orígenes se advierte cómo Cesar Lombroso descubre que hay "personas distintas" y "criminales natos"; de ahí parten su teoría e incluso su clasificación de los delincuentes.

Entonces, aunque el derecho penal -entendido como "conjunto de disposiciones sancionadoras para el infractor-" se ocupe del estudio del delito, la criminología aporta una dimensión más humana y científica al estudio de la conducta antisocial.

Así comparados, el derecho penal puede parecer muchas veces frío e insensible. Sin tratar de sustituirlo, la criminología introduce una dimensión científica y humana en el análisis de los delitos.

Puesto que todo conglomerado humano tiene cierto grado de criminalidad, se considera acertada la definición de delito establecida por el filósofo y sociólogo Emilio Durkheim (1858-1917): "Un acto se transforma en criminal cuando ofende la conciencia colectiva".

Los conceptos de crimen y delito han variado según las épocas, las costumbres, los descubrimientos científicos y los países; por ejemplo, hace tiempo no había terrorismo, que hoy asuela algunas naciones; o bien, mientras que ciertas sociedades aceptan el aborto, otras lo rechazan. Ello muestra lo que es la conciencia colectiva y como interviene para establecer nuevas leyes.

Actualmente, la mayoría de los países legisla ya respecto a la genética, donde intervienen consideraciones morales. En efecto, entre muchos otros señalamientos se lanza una crítica muy severa al hecho de crear embriones con el fin único de obtener órganos destinados a trasplantes.

Para países con moral férrea, como Francia, eso resulta un atentado contra la vida, mientras que otros, Inglaterra entre ellos, lo consideran mera evolución de la ciencia para salvar vidas."[22]

El delito

Generalidades sobre la definición del delito. La palabra delito deriva del verbo latino *delinquere*, que significa abandonar, apartarse del buen camino, alejarse del sendero señalado por la ley.

Los autores han tratado en vano de producir una definición del delito con validez universal para todos los tiempos y lugares, una definición filosófica, esencial. Como el delito está íntimamente ligado a la manera de ser de cada pueblo y a las necesidades de cada época, los hechos que unas veces han tenido ese carácter, lo han perdido en función de situaciones

---

22   Ob cit. Plata Luna, pag. 6.

diversas y, al contrario, acciones no delictuosas, han sido erigidas en delitos. A pesar de tales dificultades, como se verá después, es posible caracterizar al delito jurídicamente, por medio de fórmulas generales determinantes de sus atributos esenciales.

El delito en la escuela clásica. Los clásicos elaboraron varias definiciones del delito, pero aquí sólo aludiremos a la de Francisco Carrara -principal exponente de la Escuela Clásica-, quien lo define como *"la infracción de la Ley del Estado, promulgada para proteger la seguridad de los ciudadanos, resultante de un acto externo del hombre, positivo o negativo moralmente imputable y políticamente dañoso"*. Para Carrara el delito no es un ente de hecho, sino un ente jurídico, porque su esencia debe consistir, necesariamente, en la violación del Derecho. Llama al delito infracción a la ley, en virtud de que un acto se convierte en delito únicamente cuando choca contra ella; pero para no confundirlo con el vicio, o sea el abandono de la ley moral, ni con el pecado, violación de la ley divina, afirma su carácter de infracción a la ley del Estado y agrega que dicha ley debe ser promulgada para proteger la seguridad de los ciudadanos, pues sin tal fin carecería de obligatoriedad y, además, para hacer patente que la idea especial del delito no está en transgredir las leyes protectoras de los intereses patrimoniales, ni de la prosperidad del Estado, sino de la seguridad de los ciudadanos. Carrara juzgó preciso anotar en su maravillosa definición cómo la infracción ha de ser la resultante de un acto externo del hombre, positivo o negativo, para sustraer del dominio de la Ley Penal las simples opiniones, deseos y pensamientos y, también, para significar que solamente el hombre puede ser agente activo del delito, tanto en sus acciones como en sus omisiones. Finalmente, estima al acto o a la omisión moralmente imputables, por estar el individuo sujeto a las leyes criminales en virtud de su naturaleza moral y por ser la imputabilidad moral el precedente indispensable de la imputabilidad política.

Noción sociológica del delito. Triunfante el positivismo, pretendió demostrar que el delito es un fenómeno o hecho natural, resultado necesario de factores hereditarios, de causas físicas y de fenómenos sociológicos. Rafael Garófalo, el sabio jurista del positivismo, define el delito natural como *la violación de los sentimientos altruistas de probidad y de piedad, en la medida media indispensable para la adaptación del individuo a la colectividad.* "Garófalo sentía la necesidad de observar algo e inducir de ello una definición; y no pudiendo actuar sobre los delitos mismos no obstante ser ésa la materia de su estudio y de su definición, dijo haber observado los sentimientos; aunque claro está que si se debe entender que se refiere a los sentimientos afectados por los delitos, el tropiezo era exactamente el mismo, pues las variantes en los delitos debían traducirse en variabilidad de los sentimientos afectados. Sin embargo, no era posible cerrarse todas las puertas y, procediendo a priori, sin advertirlo, afirmó que el delito es la violación de los sentimientos de piedad, y probidad poseídos por una población en la medida mínima que es indispensable para la adaptación del individuo a la sociedad... Debe haber una noción sociológica del delito, no sería una noción inducida de la naturaleza y que tendiera a definir el delito como hecho natural, que no lo es; sino como concepto básico, anterior a los códigos, que el hombre adopta para calificar las conductas humanas y formar los catálogos legales... Y no podía ser de otra manera ya que la conducta del hombre, el actuar del todo ser humano, puede ser un hecho natural supuesta la inclusión de la naturaleza de lo psicológico y de sus especialísimos mecanismos, pero el delito como tal es ya una clasificación de los actos, hecha por especiales estimaciones jurídicas, aún cuando luego su concepto general y demasiado nebuloso haya trascendido al vulgo, o quizá por él mismo se haya formado como tal vez sucedió con la primera noción intuitiva de lo bueno, de lo útil, de lo justo, sin que por ello sea el contenido de estas apreciaciones un fenómeno natural. La esencia de la luz puede y se debe buscar en la naturaleza; pero, la esencia del delito, la delictuosidad, es fruto de una valoración de ciertas conductas, según determinados criterios de utilidad social, de justicia, de altruismo, de orden, de disciplina, de necesidad en la convivencia humana, etcétera; por tanto no se puede investigar qué es en la naturaleza el delito, porque en ella y por ella sola no existe, sino a lo sumo buscar y precisar esas normas de valoración, los criterios conforme a los cuales una conducta se ha de considerar delictuosa. Cada delito en particular se realiza necesariamente en la naturaleza o en el escenario del mundo, pero no es naturaleza; la esencia de lo delictuoso, la delictuosidad misma, es un concepto a priori, una forma creada por la mente humana para agrupar o clasificar una categoría de actos, formando una universalidad cuyo principio es absurdo querer luego inducir de la naturaleza.

Concepto jurídico del delito. La definición jurídica del delito debe ser, naturalmente, formulada desde el punto de vista del Derecho, sin incluir ingredientes causales explicativos, cuyo objeto es estudiado por ciencias fenomenológicas como la antropología, la sociología, la psicología criminales y otras. "Una verdadera definición del objeto que trata de conocerse, debe ser una fórmula simple y concisa, que lleve consigo lo material y lo formal del delito y permita un desarrollo conceptual por el estudio analítico de cada uno de sus elementos. En lugar de hablar de violación de la ley como una referencia formal de antijuridicidad, o concretarse a buscar los sentimientos o intereses protegidos que se vulneran, como contenido material de aquella violación de la ley, podrá citarse simplemente la antijuridicidad como elemento que lleve consigo sus dos aspectos: formal y material; y dejando a un lado la "voluntariedad" y los "móviles egoístas y antisociales", como expresión formal y como criterio material sobre culpabilidad, tomar esta última como verdadero elemento del delito, a reserva de desarrollar, por su análisis todos sus aspectos o especies.

Desde el punto de vista jurídico se han elaborado definiciones del delito de tipo formal y de carácter sustancial; a continuación nos ocuparemos de algunas de ellas."[23]

---

23   Castellanos Tena Fernando, Lineamientos elementales de derecho penal, Po-

DELITO Y CRIMINALIDAD

"La delincuencia es un hecho del que ninguna sociedad se libra. Pero el que sea un fenómeno universal no significa que no evolucione. Los factores demográficos y los cambios sociales condicionan la criminalidad.

Y valga la reiteración: se utilizan como sinónimos aquí crimen y delito por analogía con el grueso de las distintas fuentes consultadas (de Estados Unidos de América, Rusia, Italia, Inglaterra, Cuba y México, entre otros países).

No obstante, algunos autores dicen que crimen es un hecho antisocial grave, mientras que otros lo consideran una violación de la ley, castigada por el Estado.

Citemos como ejemplos al homicida múltiple y al simple. Se trata a un tiempo de un delincuente y un criminal porque su conducta es antisocial, peligrosa y violatoria de las normas, por lo que merecen un castigo.

Muchos países denominan derecho criminal (criminal law) el penal. Lo importante aquí radica en ayudar al alumno a formar un criterio propio, guiado por el más cercano a la verdad. Partamos entonces del hecho de que toda conducta antisocial y peligrosa debe castigarse; por ese motivo se habla indistintamente de criminalidad y delincuencia.

rrúa, México, 2004, pp. 125-128

Criminalidad es, en opinión del doctor Luís Rodríguez Manzanera, "el conjunto de las conductas antisociales que se producen en un tiempo y lugar determinado".

Otra definición habla de un cúmulo de conductas desviadas, con las cuales la sociedad se muestra inconforme porque atentan contra sus normas y valores. Por ello, es necesario un castigo para garantizar la integridad y el orden.

Con independencia de la definición de criminalidad, toda sociedad tiene una escala de valores, ideales, principios, moral y finalidades, conforme a su educación y el medio donde se desenvuelve. Las conductas antisociales, contrarias al bienestar común, deben ser represibles según el perjuicio causado, pese a que se reclame mucho que se coarta la libertad de una minoría para proteger a la mayoría. Citemos algunos ejemplos:

a) Privar premeditada e intencionalmente a otro de la vida no equivale a hacerlo por accidente.
b) No respetar los reglamentos de tránsito puede ocasionar o no accidentes graves, aunque haya cierta penalidad como medida de prevención.
c) Utilizar teléfono celular en conferencias o en exámenes profesionales o fumar en lugares prohibidos, por decir algo, son conductas que, si bien desaprobadas, no revisten la misma gravedad que las anteriores.

En toda situación conflictiva, muchos individuos se quejan del perjuicio causado a su libertad en beneficio de la colectividad, pero debe entenderse que la mayoría, con base en la definición de Emilio Durkheim, siempre se impone.

Por último, crimen "es todo acto que se castiga por haber causado un daño a otro". Aquí, el hecho puede variar en el tiempo y en el espacio. Generalmente, cada criminólogo tiene un criterio personal de crimen.
De acuerdo con M. Cusso, crimen sería "la desviación y el conjunto de conductas y los estados que los miembros de un grupo juzguen no conformes a lo que esperan, a sus normas, a sus valores, y que por este hecho corren el riesgo de causar en el grupo desaprobación y sanciones".

Con sanción o sin ella, actos como el homicidio, la violación, el incesto y el robo figuran entre los más reprensibles. Casi todas las sociedades, si bien con variantes, presentan leyes que sancionan y castigan dichas conductas, -guste o no- indica que ha de observarse un proceder regido por el derecho penal y que cuanto más profundos, humanos e interdisciplinarios sean los estudios en la materia, se dará a la sociedad la prevención necesaria mediante una educación hacia la obediencia o una guía al cumplimiento por medio de las leyes.

Crimen es la conducta antisocial propiamente dicha, con un episodio que tiene un principio, un desarrollo y un fin. "En este nivel se analizan todos los factores y las causas que concurrieron para la producción del evento, los aspectos biológicos, psicológicos, antropológicos que llevaron del paso al acto".["24"]

BIBLIOGRAFÍA.

1. Castellanos Tena Fernando, Lineamientos elementales de derecho penal, Porrúa, 45 ed, México, 2004.
2. E. Wolfgang Marvin y Ferracutti Franco, La subcultura de la violencia: hacia una teoría criminológica, Fondo de Cultura Económica, México, 1971.
3. Plata Luna América, Criminología, criminalística y victimología, Oxford, México, 2007.
4. Ferri Enrique, Estudios de antropología criminal, La España moderna, 3ª ed., España.
5. Michelangelo Peláez, Introducción al estudio de la criminología, Ediciones Depalma, Buenos Aires, 1982.
6. Pérez Pinzón Álvaro Orlando, Curso de criminología, 2 ed., Bogotá, Temis, 1986.
7. Tamar Pitch, Teoría de la desviación social, Nueva Imagen, México, 1980.
8. Muñoz, Jesús Antonio, "El objeto de la criminología para América Latina y para Colombia", en Nuevo Foro Penal, núm. 33, Temis, Bogotá, 1986.
9. Diccionario de la Real Academia de la Lengua Española.

---

24   Ob cit. Plata Luna, pp. 10, 11.

BIBLIOGRAFÍA WEB.

1. http://es.wikipedia.org/wiki/Criminolog%C3%ADa
2. http://perso.wanadoo.es/e/criminocanarias/definicion.htm
3. http://74.125.95.132/search?q=cache:0NBCmjxMpCQJ:es.wikipedia.org/wiki/Criminolog%C3%ADa+la+criminologia+como+ciencia+interdisciplinaria&hl=es&ct=clnk&cd=3&gl=mx
4. http://criminologiausco.blogspot.com/2005/08/objeto-y-finalidad-de-la-criminologia.html

MATERIAS CRIMINOLÓGICAS

Objetivo: Se analizarán los conceptos, objetos de estudio y contenidos de las materias criminológicas.

1. Antropología criminológica
2. Biología criminológica
3. Psicología criminológica
4. Sociología criminológica
5. Victimología
6. Penología

ANTROPOLOGÍA CRIMINOLÓGICA

"La antropología criminal es la disciplina que se ocupa de la investigación y desenvolvimiento de los factores primordialmente biológicos que intervienen en la génesis de la personalidad antisocial y de la delincuencia como factores predisponentes y potencialmente activables en la interacción sociocultural, sean hereditarios, constitucionales o adquiridos. Esta disciplina se desenvuelve bajo la mirada de la observación, y en su evolución se distinguen dos fases: La lombrosiana y la postlombrosiana; en esta última a los aportes meramente antropométricos se añaden las correlaciones biotipológicas; sin embargo, es preciso señalar que al parecer del propio Kretschmer "la definición del biotipo en un sujeto no puede ser el producto de una observación artificial y tampoco puede resultar de simples mediciones u operaciones antropométricas". En el mismo sentido Bárbara resaltó que "el individuo no estaba comprendido en la sola forma antropométrica y que ésta era una simple línea de orientación en el mare magnum de las individualidades".

Actualmente se niega la existencia de un "delincuente nato" o "delincuente predeterminado" por rasgos físicos o fisiológicos, pero no por ello se va a restar importancia a diversos factores biológicos que pueden influir en el comportamiento social desviado, no como un factor determinante o predisponente sino como un coadyuvante de alguna conducta desviada, teniendo en consideración que el ser humano es una unidad biológica cuyas alteraciones o lesiones inciden en el comportamiento, como es el caso del epiléptico que por trastornos neurofisiológicos tiende a manifestaciones comiciales de diversa índole, así como alteraciones de carácter psicopatológico. Por eso, es razonable valorar dentro de un contexto social las bases biológicas que pueden influir en la conducta humana.

Mientras que la antropología es una disciplina que se utiliza para designar el estudio de las partes del cuerpo, la biotipología se ocupa del estudio de los tipos antropológicos y de sus variaciones de carácter constitucional y hereditario. A través del estudio de las características morfológicas se busca establecer correlaciones entre tipos de temperamento y constitución somática o formas corporales, es decir, que a determinada constitución somática corresponden ciertos rasgos temperamentales y conductuales; tratándose de asociar las características de una estructura física determinada con características temperamentales específicas.

Durante la primera fase de la antropología y bajo la concepción del positivismo biológico, el criminal era considerado en términos absolutos como un ser anormal, una desviación con base biológica que representaba una regresión a estados primitivos del ser humano y que podía catalogarse como una patología. En este marco Cesar Lombroso, considerado el fundador de la criminología moderna, desarrolló como hemos visto con anterioridad, su teoría del hombre criminal.

Lombroso, quien pertenecía a la llamada escuela de antropología criminal, establece el concepto de criminal atávico, según el cual el delincuente representaba una regresión a estados evolutivos anteriores, caracterizándose la conducta delincuente por ser innata. Este criminal atávico podía ser reconocido debido a una serie de estigmas físicos o anomalías, como por ejemplo, el excesivo desarrollo del cerebelo, asimetría del rostro, dentición anormal, y lo que se considera como la característica más atávica en los criminales, a saber, un hoyuelo en medio del occipital. En su tesis, como ya se ha dicho anteriormente, se considera al criminal como una subespecie anormal del género humano y esta subespecie estaría compuesta por una serie de tipos criminales, como los asesinos, los ladrones, las prostitutas, etc.; todos con características morfológicas comunes pero también propias que los diferencian del resto.

Si bien el delito puede ser una conducta no deseable en el seno de la sociedad, es un hecho perfectamente normal y que se desenvuelve por la falta de condiciones necesarias para la seguridad de los individuos; en el Perú y en otros países de Latinoamérica se han desarrollado una serie de dispositivos -con base en el derecho- que procuran un tratamiento de la persona considerada delincuente con la finalidad de "resocializarla", aunque el hecho de que una persona haya sido delincuente o haya estado preso, es condición suficiente para ser marginado y estigmatizado, sin posibilidad de redención, a pesar de todo el discurso que estipula lo contrario.

Si bien, a lo largo del desarrollo de la disciplina criminológica se han sucedido una serie de cambios de paradigma en lo que respecta a la concepción del "hombre delincuente", actualmente se siguen sintiendo en nuestras instituciones y prácticas institucionales los efectos de este discurso: señalándose de manera equivocada que el delito es una enfermedad portada por determinados individuos que tuvieron una "mala socialización" y que deben ser excluidos y encerrados para "resocializarlos" e integrarlos como miembros sanos de la sociedad"[25].

"Empecemos por recordar una definición de antropología: "ciencia que tiene por sujeto y objeto al hombre, tanto en su faz orgánica (biología) como en su actuación (etnología)". Entonces puede comprenderse por que César Lombroso concibió por primera vez la criminología como antropología criminológica, denominada también antropología criminal.

Lombroso pretendió constituir una ciencia que considerara los caracteres somáticos, psicofísicos del delincuente, cuyo estudio estimaba indispensable para los fines de la represión social.

---

[25] http://www.derechoycambiosocial.com/revista012/criminologia%20y%20biologia.htm

En realidad, ese teórico era sumamente inteligente y creyó con firmeza, fundado en sus múltiples estudios, que el aspecto físico era un factor importante de predisposición a la delincuencia. Como médico e investigador, y con base en la experiencia, llamó a la criminología, antropología criminal porque en esa época la antropología abarcaba varios aspectos del hombre.

Igual que siempre que hay descubrimientos importantes, llegan los detractores y -lógicamente- las críticas se agudizan contra los que triunfan en los congresos que organizan y con sus nuevas teorías, como la del criminal nato. Éste fue descrito por Lombroso como un ser con características físicas específicas; entre ellas: frente huidiza, vello abundante y orejas despegadas.

Conocida como lombrosismo, esta corriente fue acusada de caricaturizar la criminología e, incluso, de restarle credibilidad. Sin embargo, su clasificación de delincuentes muestra varios aciertos.

La antropología criminal ha sido definida como "el estudio de las características físicas y mentales particulares de los autores de crímenes y delitos (…) Como la ciencia que estudia precisamente los caracteres específicos y distintivos del hombre en tanto que ser vivo (…) y en este caso del hombre criminal, considerado este término en su sentido más amplio".

Lombroso contribuyó a que la criminología actual se ocupe detenidamente de la observación de las conductas y personalidades de los delincuentes.

La teoría del criminal nato ha servido para que en la actualidad se realice una observación muy detenida de los delincuentes. Por ejemplo, se han postulado teorías científicas sobre asesinos en serie con daño en la amígdala cerebral y sobre niños hiperactivos que de no recibir la educación y la terapia necesarias, incluidos a veces medicamentos como el Ritalín, pueden llegar a cometer actos antisociales impulsivos.

Los descubrimientos en genética mostrarán en un término no muy largo la predisposición de ciertos individuos y sociedades a delinquir, de lo cual se desprenderán resultados sorprendentes para una mejor impartición de justicia y prevención del delito.

La crítica es fácil cuando no se quiere realizar un esfuerzo y situarse en la época y las condiciones en que trabajaban los precursores de la criminología, quienes tienen el gran mérito de haber conducido estudios serios y precisos, así como de haberlos dado a conocer en el mundo entero por medio de sus libros y conferencias.

La antropología resulta de suma importancia también en criminalística: de manera general, toma medidas de las partes del cuerpo humano, con objeto de identificación.

Con relación a la criminalística, el desarrollo de la antropología cobró importancia gracias a Alphonse Bertillon, quien estableció en 1880 ciertas medidas óseas y un señalamiento antropométrico para comparar e identificar individuos con base en su época funcionó perfectamente y que, ante el aumento de la población, fue remplazado por uno automatizado, que registra huellas digitales o genéticas y se emplea en diversas partes del mundo.

Este fichero es de gran importancia sobre todo para establecer si el individuo ha reincidido o no. En México, la mayor parte de los delitos se descubre en flagrancia; y si a eso se añade que se carece de fichero automatizado, no puede haber buena impartición de justicia.

En la variante de antropometría legal, la antropología se centra en el estudio del esqueleto que, observado y medido identifica: sujeto, sexo, raza, edad y demás características. En efecto, con solo los huesos, aún el rostro puede ser rellenado y reconstruido por técnicos especializados en fisiognomía.

Si bien la conservación del cuerpo resulta muy variable, un método reciente de observación del mismo resulta muy variable, un método reciente de observación de los cortes de los huesos bajo rayos ultravioleta revela casi con total exactitud el plazo post mortem.

La antropología forense está estrechamente ligada a la

odontología forense. En México hay varios médicos legistas con esta especialidad, lo cual ha permitido resolver varios casos tras la identificación de los cadáveres."[26]

BIOLOGÍA CRIMINOLÓGICA

"La biología siempre ha sido una ciencia prometedora y útil, tanto para la criminología como para la criminalística.

En esta fase, la genética ya promete revelar en un futuro no muy lejano cómo se podría estar predestinado por la herencia para delinquir o mostrar conductas agresivas.

Si actualmente los descubrimientos relacionados con el ácido desoxirribonucleico (ADN) permiten ver el tipo de enfermedades que pueden desarrollarse a lo largo de la vida, la genética podrá identificar características o predisposiciones en cada sociedad para la comisión de ciertos delitos.

Como todas las ciencias, la genética ha adoptado a la par de sus descubrimientos símbolos, que se indican en seguida por su importancia para la biología criminal y la criminalística:

1. Fenotipo. Conjunto de caracteres morfológicos que permiten distinguir entre un individuo de la misma especie y otro del mismo aspecto.
2. Carácter. Expresión fenotípica del gen. Una

---

26   Ob. cit. Plata Luna, pp. 17, 18.

característica puede presentar diferentes aspectos, que Gregorio Mendel (considerado el padre de la genética) denominaba versiones alternativas. Esto se relaciona de manera directa con la molécula del ADN.
3. Genotipo (o genoma). Conjunto de información genética de una especie que se encuentra inscrita en el ADN y se transmite generacionalmente. Una mitad proviene del hombre y la otra de la mujer en el momento de la reproducción.
4. Gen. Se constituye por dos cromosomas homólogos. Los genes se transmiten por medio de la herencia y son idénticos de generación en generación. Esto reviste gran utilidad para actualizar temas relacionados con el ser vivo, problemas con los cromosomas que pueden darse desde la concepción y el funcionamiento del organismo, lo cual confiere a la endocrinología (o "estudio de las glándulas") un papel preponderante.

Por ejemplo: el alcoholismo es hereditario y puede llevar a cometer una variedad de conductas antisociales que, por su gravedad, configuren delitos.

Para que alguien se vuelva adicto al alcohol, al tabaco o a cualquier otra droga requiere ciertas características de dependencia física, distintas de las psicológicas. Los actos cometidos por la "locura" del individuo son mínimos, pero no por ello dejan de formar parte de la criminología: la mayoría de los delincuentes son seres comunes, y el acto que llevan a cabo es lo que les da esos atributos diferentes.

En la figura 1.1. se muestran las características fundamentales del ser en su trayectoria esencial, que resultan de la interacción entre las dimensiones biogenética (esfera instintivo-afectiva, percepciones somastésicas y sensoriales), histórica (experiencias acumuladas en la trayectoria existencial particular) y situacional (personal, comunitario o social).

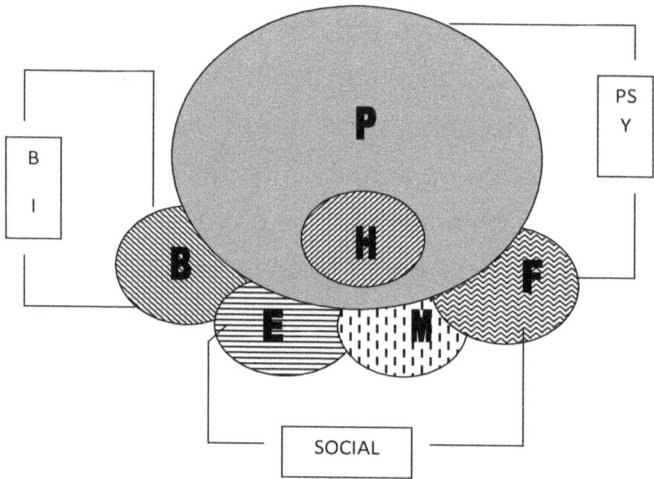

Figura 1.1. Características fundamentales del ser

Personalidad
Historia
Educación
Biogenética
Medio familiar
Familia

La unidad del sujeto es preservada por la constancia y resistencia de su sistema de defensa psicológicas.

Para diferentes análisis en la esfera biológica (síndrome biorgánico), son útiles los exámenes biológicos, anatomopatológicos y de imagen médica.

Por ejemplo, un traumatismo craneal (por accidente o agresión) puede traer secuelas orgánicas que modifiquen la personalidad del sujeto como sigue:

a) Ciertos actos del paso al acto delictivo se ven favorecidos por alteraciones de la conciencia, cambios de humor o incremento de la agresividad.
b) Problemas (alucinaciones y depresión) relacionados con el consumo de sustancias tóxicas, aun por prescripción médica. La lista de esa clase de fármacos es interminable: hormonales, antiinflamatorios, contra la hipertensión anticancerígenos, por mencionar algunos.

Mezcladas con bebidas alcohólicas, ciertos benzodiasepinas, como Alción y Rohypnol -habituales en "antros"-, ayudan a someter con mayor rapidez y facilidad a una víctima.

La utilización voluntaria de sustancias tóxicas es un tema importante que se abordará en los capítulos concernientes a la clínica psicolegal.

Hay cuatro clases de sustancias tóxicas de uso común:

1. Alcohol.
2. Psicotrópicos (hipnóticos y tranquilizantes) usados o no con fines terapéuticos.
3. Estupefacientes (opiáceos, cocaína, anfetaminas, LSD, "grapas" y otros).
4. Cannabis.

Todos esos tóxicos favorecen, en las conductas delictivas, el aceleramiento del paso al acto.

El alcohol merece mención especial, pues produce ausentismo, violencia y agresividad, sin contar numerosos accidentes automovilísticos. Tiene como desventaja que es una droga permitida.

c) Problemas endocrinos (glándulas). Aunque infrecuentes, las molestias de tiroides e hipófisis pueden producir alucinaciones, delirios u otras perturbaciones análogas.
d) Psicosis puerperal (posnatal). Provoca confusiones delirantes, que pueden llevar al suicidio o al infanticidio.
e) Afecciones cerebrales. Problemas de parálisis general, como las complicaciones que causa la sífilis, pueden dar lugar al exhibicionismo y ataques sexuales; también, a delitos financieros como el robo o la emisión de cheques sin fondos. De manera más grave, el daño

de la amígdala cerebral produce algunos tipos de los famosos asesinos en serie, pues tal daño pone una barrera que torna instintivos y sádicos a los individuos.

Ese tipo de análisis, sobre todo en México, hace preciso buscar que la población y los gobernantes cobren conciencia de la necesidad de emprender las acciones preventivas necesarias, con hincapié particular en los medios de comunicación (electrónicos y escritos), para informar a los habitantes -tras efectuar una investigación fidedigna- sobre estos casos y la forma de prevenirlos. Ello supondría un gran aporte para la sociedad"[27].

"La biología criminológica, para nosotros, es el estudio de los fenómenos generales, comunes a los seres de conductas antisociales, Un ejemplo claro de un estudio de esta naturaleza sería el realizado por Lange y Stumfel sobre los mellizos, para aclarar el valor del factor disposición frente a la situación; o expresado en otra forma, la investigación de factores genéticos de la criminalidad. O bien, otro ejemplo sería el estudio de los factores climatológicos sobre las conductas antisociales; o la acción de las sustancias tóxicas sobre los conjuntos humanos y su influencia sobre las conductas antisociales; mencionamos así la embriaguez, el alcoholismo y la criminalidad. Tendencia, predisposición y diátesis, serían preocupaciones de la biología criminológica. Bien sabemos que para Lenz y su escuela en la prisión de Graz, la biología criminológica fue el estudio sistemático y

---

27   Ibid, Plata Luna, pp. 18-21.

completo de la personalidad del infractor, y que en 1927, en Viena, se constituyó la Sociedad de Biología Criminológica con estos fines; pero esto mismo es lo que hacía Lombroso, luego brillantemente Luís Vervaeck en Bélgica, y continuó haciendo Benigno Di Tullio en Roma, y Oswaldo Laudet, Nerio Rojas y sus discípulos en Argentina. El estudio somático y funcional o estudio completo e integral de la personalidad del delincuente, es una de las valiosas conquistas de nuestros días, que hoy es la clínica criminológica: el estudio es biológico por ser antropológico, por ser médico, por ser psicológico; y es integral o completo por ser social. Pero simplemente por sumar somatología y fisiología del delincuente y estudiar su psicología, no hemos hecho una nueva disciplina que sea la biología criminal; en cambio, cuando se estudian los fenómenos generales de biología, comunes a los hombres de conductas antisociales, como cuando se estudia en cualquier aspecto la génesis biológica de la criminalidad, si estamos dentro de los dominios de la biología criminológica."[28]

PSICOLOGÍA CRIMINOLÓGICA

"Es la psicología aplicada al estudio del protagonista de las conductas antisociales y de cuantos intervienen en el proceso, y así la Psicología Judicial de Enrique Altavilla comprende las siguientes cuatro partes: la psicología criminológica, que estudia al autor del delito; la psicología carcelaria, que estudia la conducta del hombre privado de la libertad; y la

---

[28] Quiroz Cuarón Alfonso, Medicina forense, Porrúa, 12ª ed., México, 2006, pág. 1028

psicología legal, que linda con la psiquiatría forense, estudia la aplicación de las normas penales al enfermo mental, al sordomudo, al ciego o a quienes cometen las infracciones en estado emocional o pasional, o de temor y de miedo grave, etc. Y así la psicología del testimonio, de Francisco Gorphe, o la psicología de los peritos, vendrían a ser ramas de este tronco, como el método psicoanalítico aplicado a estos menesteres viene a ser sólo un instrumento, ciertamente útil pero no independiente, como la endocrinología sólo es parte del estudio médico o biológico del hombre"[29]

"Psicología criminológica es, con base en su etimología, "el estudio del alma del sujeto criminal. Desde luego que el concepto de psique ('alma') lo utilizamos en sentido científico y no filosófico".

Desde Enrico Ferri, en 1878, se hablaba de "psicología colectiva", que sitúa esta ciencia social "en un puesto intermedio entre la psicología individual y la social". Considera que debe observarse a ciertos grupos humanos que tienen leyes análogas, no idénticas.

Algunos autores han reducido la psicología colectiva al campo de los fenómenos antisociales o delictivos, pues analizan las leyes y el funcionamiento de las mismas.

La psicología social, según Groppali, estudia cómo se forma el espíritu común de una colectividad, tras emerger del

---
[29] Ibid, Quiroz Cuarón, pp. 1027, 1028.

choque de las acciones y reacciones de los individuos entre sí, y analiza la influencia que este espíritu, que cambia de efecto a causa, ejerce en el tiempo -dinámicamente- sobre la conciencia de los individuos.

Si en un país algunas personas toman en serio la psicología social considerando los fenómenos evolutivos de los grupos sociales orgánicos (naciones, clases, castas, gremios, sindicatos y otras derivaciones) para determinar cómo se elaboran los estados colectivos de conciencia (como opinión pública, tradición, ideas y fuerzas) y cómo se transforman, no sólo ayudarán a la criminología sino al derecho penal y al mantenimiento del orden en dicha sociedad. Entonces, la psicología criminal tendrá una posición importante en todas las investigaciones criminológicas.

La psicología se halla estrechamente unida a la psiquiatría, pues el psicólogo no puede medicar al paciente. Por consiguiente, la psiquiatría desempeña también un papel preponderante en la criminología y en el derecho penal; esta especialidad de la ciencia médica, que estudia en particular las enfermedades mentales y morales (no dejan al individuo vivir en paz ni desarrollar las labores cotidianas), contribuye para que la mente y el cuerpo en armonía actúen sanamente"[30].

SOCIOLOGÍA CRIMINOLÓGICA

"Elio Gómez Grillo, en su obra Introducción a la Criminología,

30 Ob. cit. Plata Luna, pp. 21, 22.

expresa cuál es la finalidad de su existencia: precisar los factores sociales, económicos, educativos, culturales, políticos, religiosos... que determinan o influyen en la actividad delictiva. O sea, los factores de tipo exógeno, circunstanciales que intervienen en la génesis de la criminalidad, frente a los factores endógenos, intrapsíquicos, de cuya consideración se encarga la psicología criminológica"[31]

"También se conoce como sociología criminal la criminológica. En un principio, con las estadísticas se aborda un estudio serio de la criminalidad. El belga Adolphe Quetelet (1796-1874) y el francés Guerra de Champneuf (1802-1866), importantes en este dominio, sirven de fundamento a la sociología criminal.

Las estadísticas del crimen y los delitos, pese a contar con muchos problemas para ser totalmente fiables -como se indicó-, interesan principalmente a la rama penal, a los investigadores que añaden, disminuyen y comparan las cifras, tal vez para disculpar las causas de las deficiencias de la policía y de la justicia. Lógicamente, ésto se toma con cautela porque nunca se deja de tener en cuenta la cifra negra (aquella que no es posible comprobar porque incluye cifras relativas a los delitos que no se denuncian).

Por esa razón, sociólogos como Alejandro Lacassagne (1834-1924) y Gabriel Tarde (1834-1904) profundizan más allá de todo análisis estadístico la observación de la criminalidad. Al respecto, cabe considerar que Emilio Durkheim y,

---
31   Ob. cit. Quiroz Cuarón, pág. 1028.

posteriormente, Enrico Ferri fueron los fundadores de la sociología criminal.

Durkheim se cuestionó el principio de la constancia y de la normalidad estadística del crimen: "Para que la sociología sea verdaderamente una ciencia de las cosas, es necesario que la generalidad de los fenómenos sea tomada como el criterio de su normalidad".

Un hecho social es normal para determinado tipo de comunidad cuando se produce en la mayor parte de las colectividades de la misma naturaleza; es decir, si se trata de actos similares y considerados en la misma fase de desarrollo.

El mérito de Durkheim estriba en haber subrayado que la criminalidad es consecuencia del funcionamiento "regular" de la sociedad, no es un fenómeno patológico accidental. El análisis se conjuga con el de Ferri. Así, se pasa de la sociología criminal a la criminología sociológica, en la cual se basaron en la primera mitad del siglo XX los criminólogos estadounidenses.

Esta criminología no parte del hombre en si mismo ni de su reflexión, observa Denis Szabo, sino de la sociedad que produce al hombre y de la iniciación que lo conduce a cometer actos desviados o delictivos.

El criminólogo-sociólogo debe orientar los esfuerzos hacia un análisis de los procesos sociales que producen la delincuencia. Fenómenos con incidencia de ésta, como la industrialización, la urbanización o de las migraciones, son su objeto de estudio.

De esa manera se analizan los mecanismos de control social que se ejercen: la familia, la escuela, la colonia, el trabajo, el medio en que se desenvuelven.

La criminalidad aparece frecuentemente, desde este punto de vista, como fenómeno de inadaptación económica y cultural. El criminólogo no se limita a observar sino que se preocupa por encontrar un verdadero cambio social, ajustando la administración de justicia a la criminología contemporánea.

Gracias a todo lo descrito, la criminología cuenta actualmente con un nivel de desarrollo que ha sobrepasado la observación para ser instrumento de explicación del fenómeno criminal en las sociedades"[32]

"En los Estados Unidos, el magisterio criminológico, así como el adiestramiento y la investigación, se desenvuelven sobre todo en el tinglado de la sociología. Marshall Clinard ha condensado en dos artículos todo un censo de los últimos avances de la investigación criminológica en el citado país. Uno de los Artículos se titula "The Sociology of Delinquency and Crime" y fue publicada por Review of Sociology: Analysis or a Decade; El otro se titula "Criminological Research" y apareció en Sociology Today. En el primero de estos dos

---

[32] Ob. cit. Plata Luna, pp. 22, 23.

artículos, Clinard examina las realizaciones de la investigación y literatura criminológica que, en los pasados diez años, han explorado temas como la naturaleza de la transgresión, la conducta criminal y la sociedad, sistemas de conducta, la teoría de la asociación diferencial, rasgos de la personalidad, la guerra y el delito, la administración de la justicia criminal , predictibilidad de la reincidencia y técnicas para la investigación. En el segundo de sus artículos, Clinard diserta sobre la anomia, la estructura de clases, los problemas de la reacción diferencial y contrastada, factores de una situación, tipologías de delincuentes e investigación del pandillerismo."[33]

VICTIMOLOGÍA

"La victimología es una rama de la criminología creada después de la Segunda Guerra Mundial para establecer el papel que el agraviado desempeña en el hecho delictivo. La doctrina la llama victimología primaria.

En la década de 1960 surgió otro tipo de victimología, que tiene en cuenta los daños causados al ofendido o víctima del delito; comprende un conjunto de disposiciones legislativas y la acción dinámica de los diversos grupos asociativos fueron creados para la protección del agraviado y que no pertenecen a la victimología en general".[34]

---

33   Ob. cit. Wolfgang y Ferracutti, pp. 62, 63.
34   Ibid. Plata Luna, p. 117.

"El primer teórico en publicar sus reflexiones al respecto fue el estadounidense Von Hentig, quien indica que en ocasiones la víctima misma participa, por su comportamiento, en el acto criminal.

La crítica más severa provino de teóricos estadounidenses, sobre todo en cuanto a agresiones sexuales y domésticas. Esos teóricos son los que se refieren a una segunda victimología"[35]

"Ezzat A. Fattah, catedrático de la Universidad de Simon-Fraser de Vancouver, Canadá, llevó a cabo una búsqueda de victimología utilizando el concepto víctima catalizadora, propuesto por Marvin Wolfang (sic), quien considera que ciertos ofendidos pueden provocar, facilitar o precipitar la comisión del crimen en casos determinados.

Según Fattah, es importante el análisis de comportamiento, concerniente a estudios etiológicos del concepto legal (por ejemplo, la provocación), en cuanto a derecho penal.

El objeto de la búsqueda es la interacción entre el agresor y la víctima, el proceso psicodinámico que intervino entre ambos protagonistas y la evolución sociodinámica de la situación; esto es, lo que el derecho penal prohíbe, las razones del delincuente y su conducta, en qué sociedad y con qué dinámica se han presentando las conductas.

---

35   Ibidem, Plata Luna, p. 119.

El examen se extiende hasta la actitud y el comportamiento de la víctima catalizadora y conduce al porqué, en cuanto al acto cometido en una situación y con una víctima determinadas. La percepción del comportamiento de la víctima y la interpretación que el criminal le da constituye un momento significativo del delito.

Muy frecuentemente, una interpretación errónea desencadena el acto. El papel del victimólogo no estriba en justificar, excusar o sugerir las circunstancias atenuantes a favor del crimen, sino en tratar de comprender su comportamiento y explicar su acto. El concepto de víctima catalizadora no implica que ésta sea culpable en el sentido jurídico del término; más bien, indaga sobre el papel real o potencial de su actitud en la ocurrencia del perjuicio o daño que le fue causado.

En realidad, no se intenta juzgar a la víctima sino, según Fattah, tener idea de un contexto situacional, "los factores desencadenantes o actualizadores, y subrayar la relación entre ciertos delitos y las oportunidades que se tienen para cometerlos".

Los victimólogos examinan la negligencia, la imprudencia y dejadez de la víctima, sus gestos recurrentes o el comportamiento que precede al acto criminal, a fin de aclarar los factores situacionales que se encadenaron hasta la realización de agravio".[36]

---

36   Ibidem, Plata Luna, pp. 120,121.

"De acuerdo con Fatth, el objeto de estudio de la victimología se clasifica como sigue:

1. La victimización criminal, que comprende
    a. El proceso de victimización;
    b. Los modelos de la victimización;
    c. La frecuencia de la victimización;
    d. La propensión a la victimización;
    e. La reacción a la victimización;
    f. Los resultados de la victimización; y
    g. El temor de la victimización.

2. La víctima, desde el punto de vista de su:
    a. Selección;
    b. Características;
    c. Tipología;
    d. Relaciones con el criminal;
    e. Papel;
    f. Percepciones y actitudes;
    g. Reincidencia; y
    h. Transformación en agresor.

3. La víctima y el sistema de justicia penal
    a. Las percepciones que de la justicia tienen las víctimas;
    b. Las interacciones víctima-agente de la justicia;
    c. El impacto de la víctima y las características que derivan de las decisiones de la justicia;

d. Los derechos y las obligaciones de la víctima;
e. La indemnización de la víctima;
f. Los servicios que necesitan las víctimas; y
g. El papel de la víctima en la prevención del crimen."[37]

"La victimología es el estudio de las causas por las que determinadas personas son víctimas de un delito y de cómo el estilo de vida conlleva una mayor o menor probabilidad de que una determinada persona sea víctima de un crimen. El campo de la victimología incluye o puede incluir, en función de los distintos autores, un gran número de disciplinas o materias, tales como: sociología, psicología, derecho penal y criminología.

El estudio de las víctimas es multidisciplinar y no se refiere sólo a las víctimas de un delito, sino también a las que lo son por consecuencia de accidentes (tráfico), desastres naturales, crímenes de guerra y abuso de poder. Los profesionales relacionados con la victimología pueden ser científicos, operadores jurídicos, sociales o políticos.

El estudio de las víctimas puede realizarse desde la perspectiva de una víctima en particular o desde un punto de vista epistemológico analizando las causas por las que grupos de individuos son más o menos susceptibles de resultar afectadas"[38]

---

37 Ibidem, Plata Luna, pp. 121, 122.
38 http://es.wikipedia.org/wiki/Victimolog%C3%ADa

"La victimología ha sido objeto de múltiples discusiones porque el agraviado del delito conduce hacia un análisis profundo de por qué, cómo, cuándo y dónde sucedieron los hechos, con objeto de aplicar una prevención y ayuda, mientras no sea demasiado tarde.

La víctima de un delito dispone generalmente de una acción de justicia civil, que le permite pedir la reparación del perjuicio (material o moral) resultado de la infracción.

Esa acción es distinta de la ejercida en nombre de la sociedad y tendente a la aplicación de una pena. La víctima, por tanto, no es ignorada por la sociedad; suele representar una crítica.

Generalmente se pone más interés en el criminal que en la víctima. Todos recuerdan por ejemplo a Jack, El destripador, pero es poco probable que den un solo nombre de las víctimas.

Durante mucho tiempo no se prestó atención a las víctimas, pero actualmente los responsables de la política criminal les conceden la importancia que siempre ha tenido en la criminología.

"La evolución penal se ha preocupado por retirar a la víctima, cuando se teme que se lleve sobre ella una venganza, es decir, que los hombres se hagan justicia por propia mano, en vías del orden común"

En otras palabras, el victimario se convierte en victima, y de esa forma es protegido por la policía contra actos de violencia en su persona, que él mismo propició.

La criminología se ha esforzado en tener un acercamiento al problema delictivo mediante la orientación de sus investigaciones a las víctimas.

En la investigación hay un acercamiento victimológico. Esta nueva corriente se interesa por todo lo que tenga que ver con la búsqueda victimológica: "Todo lo que tenga relación con la víctima, su personalidad, sus rasgos biológicos, psicológicos y morales, sus características socio-culturales, sus relaciones con el criminal o los criminales; en fin, el papel que juega y su contribución a la génesis del crimen".

A la criminología interesa particularmente hallar medidas destinadas a prevenir los riesgos que corren los individuos susceptibles de sufrir algún delito, las presas favoritas de los infractores. Las diferentes tipologías potenciales se ven al hablar de mujeres y de niños maltratados, conflictos interfamiliares y violencia conyugal.

Francia presenció el caso de un asesino de ancianas. Las posibles víctimas recibieron consejos de seguridad, y fue muy difícil dar con el asesino porque los crímenes no fueron crapulosos.

Hoy día, en México también hay un asesino de ancianas, pero no se ayuda a éstas. Lo mismo sucede con las "muertas de Juárez": se advierten perfiles victimológicos muy similares, pero las autoridades, coludidas o no, ningún esfuerzo hacen para proteger a las posibles víctimas.

Con independencia de la posición social, en México toda persona puede ser víctima de la delincuencia.

El estudio sistemático de las diversas sociedades ha permitido medir por encuestas de victimización ciertos tipos de delitos, la criminalidad oculta, donde se tienen en cuenta las quejas de los agraviados; y esto incrementa la relevancia de la victimología porque, según se vio, nunca se considera tal cifra".[39]

PENOLOGÍA

"Derecho penitenciario. Se le regatea la elevada categoría de derecho, pero la verdad es que no se toma en consideración que la ejecución de las sanciones se establece en leyes y reglamentos, lo que llevó al eminente profesor don Constancio Bernardo de Quirós a expresar que es aquél que recogiendo las normas fundamentales del derecho penal -del que es continuación hasta rematarle-, desenvuelve la teoría de la ejecución de las penas, tomada esta palabra en su sentido más amplio en el cual entran las medidas de seguridad, y para nuestro querido maestro es una parte, una división o

---
39   Ob. cit. Plata Luna, pp. 24, 25.

un capítulo del derecho penal. Es la técnica de la aplicación de las sanciones, llevada esta técnica hasta el mañana de la prisión, y después, llevada hasta su etapa postpenitenciaria.

La penología, para Ernest Seelig, es la teoría de la ejecución de las penas hasta constituir una rama especial a la que pertenece también la ciencia o disciplinas penitenciarias. "Las teorías relativas a la intervención educativa sobre los presos e internados en casas de trabajo, establecimientos de seguridad, establecimientos educativos para menores y otros, se pueden reunir en la pedagogía criminal." Por su parte, Elio Gómez Grillo escribe: "En su más pura acepción directa y etimológica la penología es la ciencia de la pena, el estudio de las finalidades que debe cumplir y los medios de su aplicación más eficaz; se le atribuyen otras acepciones, citemos dos: parte de la criminología que estudia la penalidad como fenómeno social. Y teoría y método para sancionar el delito." Por nuestra parte, ya expresamos nuestro punto de vista al considerar en la penología una parte doctrinaria, el derecho penitenciario, y otra parte que es de aplicación : las disciplinas penitenciarias."[40]

La Penología es el "estudio de las sanciones englobando bajo esta palabra la privación o limitación de derecho que el reo sufre, pero también la prevención y la corrección buscadas. Esta ciencia es de tipo eminente naturalístico, pues se dedica a recoger datos, analizarlos, evaluar sus resultados de hecho y realizar hasta donde fuere posible experimentos". La

---

40 Ob cit. Quiroz Cuarón, p. 1030.

ESCUELAS CRIMINOLÓGICAS

Objetivo: Analizará las escuelas criminológicas, así como sus postulados.

1. Escuela Clásica
2. Escuela Positiva
3. Escuelas Eclécticas
4. La Defensa Social

Penología es el estudio del origen, fundamento, necesidad, variabilidad y consecuencias de la ejecución de las sanciones.

Como se desprende de la definición, la Penología se ocupa del estudio de la sanción de los delincuentes, especialmente de las penas privativas de la libertad, sometiendo al delincuente a tratamiento penitenciario; de ahí la relación con la Criminología.

"Pena es la sanción jurídica que se aplica al que delinque o lo intenta. El origen de la pena se halla en el castigo. Y resulta lamentable observar que desde tiempos remotos han tenido que aplicarse sanciones, pues el hombre busca siempre el beneficio propio sin importarle los demás, salvo ciertas excepciones.

"Se ha considerado generalmente la penología como el estudio de los diversos medios de represión y prevención de las conductas antisociales (penas y medidas de seguridad), de sus métodos de aplicación y de la actuación pospenitenciaria".

En todas las obras analizadas figura la necesidad manifiesta de un derecho penitenciario reconocido como tal y aplicado con seriedad.

La justicia penal y el conjunto de instituciones que la forman funcionan mal en gran parte de los países. Por diferentes razones, casi ningún Estado puede jactarse de contener dominio absoluto sobre el incremento de la criminalidad.

El aumento de la población y los intercambios de todo tipo van aparejados con el crecimiento de la delincuencia en cualquiera de sus formas, y ni qué decir de la irrupción del crimen organizado. Eso impide a las instituciones penales seguir el paso y adaptarse a la evolución, por lo cual es muy importante que haya gente capacitada que, con base en estudios, análisis y colaboración con otros países, logre un verdadero cambio del derecho penitenciario. Conviene también que se confiera a la penología el valor que merece."[41]

CON EL DERECHO PENAL.

Desde tres ángulos diferentes se ha observado el problema de las relaciones existentes entre las dos ciencias: 1) Algunos pensadores participan de la idea de que el Derecho Penal desaparecerá dentro de la Criminología, como lo dice JIMÉNEZ DE ASÚA, quien utiliza el verbo "tragar" en futuro. En contra de ello se manifiesta la mayoría; "el derecho penal será necesario, siempre que exista la sociedad; 2) En cuanto a su objeto, hay casi un acuerdo en que mientras el Derecho Penal se dirige al estudio analítico de la norma, la Criminología observa el fenómeno delictual dentro de un ámbito más amplio.

Dentro de nuestra exposición, el Derecho Penal es una ciencia normativa, en tanto que la Criminología es una

---

41 Ob. cit. Plata Luna, pp. 25, 26.

ciencia causal-explicativa, sin embargo, sus tratadistas no las han delimitado claramente, lo que provoca equivocaciones al tratar científicamente temas relacionados con el delito cuya ubicación es imperativa.

El Doctor Reyes Echandía, sobre este tema nos indica: que la Criminología es una ciencia causal-explicativa y el Derecho Penal es una ciencia normativa, porque parten de diversos supuestos y tienen un contenido diferente, pues al tiempo que aquella averigua el porqué de la criminalidad y de las leyes penales que lacrean normativamente y estudian su dinámica, éste se ocupa de la conducta ilícita, sólo en cuanto ella se encuentra descrita en un tipo legal. En este orden de ideas, la Criminología es una ciencia abierta, cuya única limitación está dada por la naturaleza misma del fenómeno antisocial que estudia, al tiempo que el derecho penal es considerado como una disciplina cerrada, en cuanto sólo atiende al comportamiento ilícito que el legislador ha estampado dentro del marco de la norma.

Michelángelo Peláez afirma que: "La Criminología y el derecho penal son dos ciencias autónomas, pero ni opuestas ni separadas, más bien asociadas".

CON LA CRIMINALÍSTICA.

Es la ciencia que aplica heterogéneos conocimientos, métodos y técnicas de investigación de las ciencias naturales, con el propósito de descubrir y verificar el cuándo, el dónde, el quién y en qué circunstancias acaeció un hecho.

El acercamiento con la Criminología, consiste en que la Criminalística fija las relaciones entre el delito y las pruebas.

BIBLIOGRAFÍA

1. Quiroz Cuarón Alfonso, Medicina forense, Porrúa, 12 ed., México, 2006
2. Plata Luna América, Criminología, criminalística y victimología, Oxford, México, 2007.
3. E. Wolfgang Marvin y Ferracutti Franco, La subcultura de la violencia: hacia una teoría criminológica, Fondo de Cultura Económica, México, 1971.

BIBLIOGRAFÍA WEB

http://www.derechoycambiosocial.com/revista012/criminologia%20y%20biologia.htm

ESCUELAS CRIMINOLÓGICAS

Para la autora América Plata Luna, la criminología se trata de una disciplina que en auxilio de los órganos encargados de impartir justicia, aplica fundamentalmente los conocimientos, los métodos y las técnicas de investigación de las ciencias naturales en el análisis del material sensible-significativo relacionado con el presunto hecho delictivo, para determinar su existencia o bien, para reconstruir o establecer la intervención de uno o varios sujetos en él.

Enrico Ferri; La criminología es "una ciencia sintética, causal, explicativa, natural y cultural de las conductas antisociales"

"**Antropología**: Estudio del ser humano, física y moralmente considerado"[42].

"**Ciencia**: Conocimiento exacto de las cosas por sus principios y causas // Cuerpo de doctrina ordenado y formado metódicamente, que constituye un ramo del saber humano"[43].

"**Disciplina**: Doctrina instrucción en lo moral // Arte, facultad o ciencia"[44].

Varios autores consideran que la criminología no es una

---
42 Gran Diccionario Enciclopédico Visual, Programa Educativo Visual, México 1993, pág. 85.
43 Ibid, pág. 271.
44 Ibidem, pág. 431.

ciencia, su principal defecto consiste en que no puede incorporar los elementos acumulados desde hace algunos años a través de observaciones de casos específicos en una teoría lógica y confirmada.

La ciencia es un conjunto de conocimientos comprobables. Para que éstos se lleven a cabo deben seguirse ciertos pasos, es decir, cierto método:

1. Observación
2. Análisis
3. Planteamiento de una o varias hipótesis; y
4. Comprobación de hipótesis.

ESCUELA CLÁSICA

"Clásico, según el diccionario de Larousse, puede ser un concepto aplicado a teorías, escritores o pintores, todos considerados clasicuss ("de primera clase"); los clásicos deslumbran por sus obras. Sin embargo, el doctor Manzanera aclara sobre las escuelas jurídico-penales que el sociólogo-criminólogo Enrico Ferri las denominó así para dar la idea de decadentes y antiguas.

La escuela clásica sostiene que el delito es producto de dos ponencias: moral (por la voluntad inteligente del sujeto que actuó) y material (acto lesivo al derecho).

Se es delincuente, cuando se ha producido el hecho exterior con el deseo de causarlo. Por la pena se quiere restablecer el orden jurídico y restaurar el daño moral infligido a la tranquilidad de los ciudadanos.

Entonces, lo sobresaliente de esta escuela clásica son el libre albedrío, la igualdad de derechos, la responsabilidad moral, la manifestación externa de la conducta y la pena proporcional al delito.

Entre los principales representantes de la escuela clásica se hallan Carmigniani, Hegel y Rossi. Giovanni Carmigniani (1786-1847) buscaba que en un futuro no se cometieran delitos, por lo cual debe haber un castigo como medida preventiva.

Por su parte, G.W.F. Hegel (1770-1831), filósofo alemán de pensamiento y filosofía únicos, tiene como aportación más importante al ámbito jurídico la obra *La filosofía del derecho* (1821).

Pellegrino Rossi (1787-1848), a su vez, es autor de un tratado sobre derecho penal; para él hay un orden moral que deben respetar tanto los individuos como la sociedad.

Al respecto, actualmente en muchas partes del mundo el trabajo es obligatorio y los presos reciben compensaciones o sueldos por él, Hágase hincapié aquí en la célebre frase "el ocio es la madre de todos los vicios", pues se considera inadmisible que en México se hable de readaptación si al recluso se da a elegir. Definitivamente, *el trabajo debe ser obligatorio*.

Francisco Carrara (1805-1888), por su parte, es un escritor clásico que lleva a cabo un programa de derecho criminal, centra la atención en lo jurídico y define delito como la <<infracción de la ley del Estado, promulgada para proteger la seguridad de los ciudadanos, resultante de un acto externo del hombre, positivo o negativo, moralmente imputable y políticamente dañoso>>"[45]

Escuela	Representantes	Postulados
Clásica	Carrara Romagnossi Rossi Hegel Carmignani	Libre albedrío Igualdad de derechos Responsabilidad moral Objeto: el delito (jurídico) Método: deductivo (especulativo). Pena proporcional al delito. Clasificación de delincuentes

* Cuadro extraído del libro de la Mtra. América Plata Luna, Criminología, criminalística y victimología.

"Los positivistas del siglo pasado (en especial Enrique Ferri),

---
[45] Ob. cit. Plata Luna, pág. 41.

bautizaron con el nombre de Escuela Clásica, a todo lo anterior, a las doctrinas que no se adaptaban a las nuevas ideas, a los recientes sistemas. La Escuela Clásica en realidad no integra un todo uniforme. Luís Jiménez de Asúa asegura con acierto cómo en ella se advierten tendencias diferentes, incluso opuestas, que en la época de su mayor predominio combatieron entre sí. "El nombre de Escuela Clásica -escribe el mismo autor-, fue adjudicado por Enrique Ferri con un sentido peyorativo, que no tiene en realidad la expresión "clasicismo", y que es más bien, lo consagrado, lo ilustre. Ferri quiso significar con este título lo viejo y lo caduco."

La Escuela Clásica del Derecho Penal siguió preferentemente el método deductivo, o como dice Jiménez de Asúa, el método lógico-abstracto. No es de extrañar tal metodología, por ser la adecuada a las disciplinas relativas a la conducta humana.

El profesor Ignacio Villalobos sostiene, acertadamente en nuestro criterio, que como pertenece el Derecho al campo de la conducta de los individuos, en relación con la vida social y tiene propósitos ordenadores de esa conducta, resulta eminentemente finalista; por ende el método que lo ha de regir todo, desde la iniciación de las leyes hasta su interpretación y forma de aplicación, necesariamente será teleológico, para estudiar, adecuadamente, los diversos problemas que se presenten sobre conflictos de leyes, lugar y tiempo de acción, causalidad del resultado y otros más que no pueden ser resueltos satisfactoriamente por distintas vías.

Mucho se le censuró a la Escuela Clásica el empleo de métodos deductivos de investigación científica; pero en verdad el Derecho no puede apegarse a los sistemas de las ciencias naturales por no ser parte de la naturaleza y no someterse a sus leyes. En la naturaleza los fenómenos aparecen vinculados por nexos causales, por enlaces forzosos, necesarios, mientras el Derecho está constituido por un conjunto de normas; se presenta como la enunciación de algo que estimamos debe ser, aún cuando tal vez, de hecho, a veces quede incumplido. Mientras las leyes naturales son falsas o verdaderas, según su no coincidencia o su perfecta adecuación con la realidad, las normas postulan una conducta que, por alguna razón, estimamos valiosa a pesar de que en la práctica pueda ser producido un comportamiento contrario. Precisamente por no contar esa conducta con la forzosidad de una realización, se le expresa como un deber. Lo enunciado por las normas debe ser. Con ésto queda plenamente demostrado que el Derecho no mora en el mundo de la naturaleza y por consiguiente, al decir de Luís Recaséns Fiches, cuyas ideas en lo sustancial seguimos en este punto, quien permanezca encerrado dentro del ámbito de las ciencias naturales y maneje exclusivamente sus métodos, jamás llegará a enterarse, ni de lejos, de lo que el Derecho sea.

Con un esfuerzo sintetizador, puede afirmarse que los caracteres o notas comunes dentro de la Escuela Clásica son los siguientes: 1º Igualdad; el hombre ha nacido libre e igual en derechos. Esta igualdad en derechos es el equivalente a la de esencia, pues implica la igualdad entre los sujetos, ya que la igualdad entre desiguales es la negación de la propia igualdad; 2° Libre albedrío; si todos los hombres son iguales, en todos ellos se ha depositado el bien y el mal; pero también se les ha dotado de capacidad para elegir entre ambos caminos y si se ejecuta el mal, es porque se quiso y no porque la fatalidad de la vida haya arrojado al individuo a su práctica. 3° Entidad delito; el Derecho Penal debe volver sus ojos a las manifestaciones externas del acto, a lo objetivo; el delito es un ente jurídico, una injusticia; sólo al Derecho le es dable señalar las conductas que devienen delictuosas. 4° Imputabilidad moral (como consecuencia del libre arbitrio, base de la ciencia penal para los clásicos); si el hombre está facultado para discernir entre el bien y el mal y ejecuta éste, debe responder de su conducta habida cuenta de su naturaleza moral. Expresa Carrara que la ley dirige al hombre en tanto es un ser moralmente libre y por ello no se le puede pedir cuenta de un resultado del cual sea causa puramente física, sin haber sido causa moral; 5° Pena proporcional al delito; y 6° Método deductivo, teleológico, es decir, finalista."[46]

Características de la Escuela Clásica:

1. Igualdad de derechos
2. Libre albedrío (capacidad de elección).
3. Entidad delito (con independencia del aspecto interno del hombre).
4. Responsabilidad moral (consecuencia del libre

---

46   Ob. cit. Castellanos Tena, pp. 56-58.

arbitrio).
5. Pena proporcional al delito (retribución señalada en forma fija).
6. Método deductivo, teleológico o especulativo (propio de las ciencias culturales)

*Cuadro extraído de la obra del Mtro. Fernando Castellanos Tena, Lineamientos Elementales de Derecho Penal.

La proporción entre los delitos y las penas, fue concebida por un magnífico maestro como lo fue, el Marqués de Beccaria y que a continuación proporcionaremos:

""Nuestras leyes no han distinguido ni los delitos, ni las penas; no han hecho más que una división de los crímenes por su modo, por su especie, por su objeto y por sus grados. ¡Qué diferencia hay sin embargo entre los crímenes por su objeto! ¡Los unos atacan más directamente a los particulares, y los otros al público; los unos al soberano, y los otros al mismo Dios! ¡Qué diferencia de los crímenes por sus grados! ¡Cuántas variedades hay que designar, y cuántos delitos que distinguir! Desde la irreverencia hasta el sacrilegio, desde la murmuración hasta la sedición, desde la amenaza hasta el homicidio, desde la maledicencia hasta la difamación, y desde la más tosca ratería hasta la invasión!" (Servan, Discurso sobre la administración de la justicia criminal).

"La primera cosa que llama mi atención en el examen de las leyes penales inglesas es que entre las diferentes acciones que los hombres están obligados a hacer diariamente, hay ciento sesenta que un acto del Parlamento ha declarado crímenes capitales e irremisibles, es decir, que deben ser castigados de muerte. y cuando se busca la naturaleza de los crímenes que componen este formidable catálogo, se encuentra que son sólo unas faltas que merecerían penas unos castigos corporales, mientras que omite las maldades de una naturaleza más atroz. El robo más simple, cometido sin ninguna especie de violencia, es tratado algunas veces como el crimen más enorme. Descarriar una oveja o un caballo, arrancar alguna cosa de las manos de un individuo y echar a huir, robar cuarenta chelines en una casa que se habita, o cinco en una tienda; tomar en la faltriquera de alguno el valor de doce pences (cerca de cinco reales de vellón, o veinticuatro sueldos de franela) son otros tantos crímenes que merecen la muerte, al paso que no se juzga digno de una pena capital un falso testimonio que amenaza la cabeza de un acusado, ni un atentado sobre la vida, aunque fuese la de un padre. La multa y la cárcel son la sola expiación que se exige de aquel que habrá dado de puñaladas a un hombre, de la manera la más cruel, siempre que después de un largo padecer, le quede a este desgranado bastante vida para arrastrar aun unos días enfermizos y dolorosos. Tampoco la pena es más severa contra el incendiario siempre que haya pasado escritura de la casa que quema, aun cuando ésta esté situada en el centro de la ciudad, y por consiguiente la vida de algunos centenares de ciudadanos, expuesta a perecer en llamas". (Mirabeau, Observaciones sobre Bicêtre.)

-Un impostor, que se decía Constantino Ducas, movió una gran sublevación en Constantinopla, fue cogido y condenado a la pena de azotes; pero habiendo acusado este rebelde a diversas personas de consideración, le condenaron como calumniador a ser quemado vivo. Es singular cosa que hubiesen proporcionado así sus penas entre el delito de lesa majestad y el de calumnia. —Setenta personas se conjuraron contra el emperador Basilio, el que mandó azotarlas, y quemarles barba y pelo. Habiéndose trabado la cornamenta de un ciervo en la cintura del emperador, sacó la espada uno de su comitiva, cortó el cinto, y libertó a Basilio. Éste mandó que cortasen la cabeza a su libertador, porque había desenvainado, decía, la espada contra él. ¿Quién podría discurrir que se hubiesen dado ambos juicios en tiempo de un mismo emperador? —Los ladrones crueles en la China son descuartizados, pero no los otros; esta diferencia es causa de que se roba, pero no se asesina allí. — En Rusia, en que la pena de los ladrones y la de los asesinos es la misma, matan siempre: los muertos, dicen, no vienen a contarlo. (Montesquieu, Del espíritu de las leyes, lib. VI, cap. 16.)"[47]

ESCUELA POSITIVA

La palabra positivo sugiere que la razón busca en la observación de los fenómenos toda la realidad, ya sea para organizar el saber (ciencia) o investigar la verdad (método).

"El positivismo es una corriente filosófica del siglo XIX, creada por Augusto Comte (Isidore Marie Auguste François

---

47   Beccaria, Tratado de los delitos y de las penas, Porrúa, 17ª ed, México, 2008, pp. 136-138

Xavier Comte; Montpellier, Francia, 19 de enero de 1798; † París, 5 de septiembre de 1857. Se le considera creador del positivismo y de la disciplina de la sociología, aunque hay varios sociólogos que sólo le atribuyen haberle puesto el nombre), con antecedentes en el empirismo británico."[48]

El enfoque positivista que interesa aquí, es el que presenta características penales y criminológicas; lo forman, por ejemplo: médicos, juristas, sociólogos e intelectuales, quienes se reúnen para llevar un estudio profundo del delito, delincuente, prevención y posibles soluciones para los problemas que se planten.

"El principal medio de difusión de esta escuela fue la revista "Archivi di psichiatria, scienze penali e antropologia criminale"."[49]

"Exequias Marco Cesar Lombroso
(Verona, 6 de noviembre de 1835 – Turín, 19 de octubre de 1909)
Italiano, sefaradita (descendiente de los judíos), médico, antropólogo, criminólogo, representante del positivismo criminológico y militar.

Una de sus obras importantes es "El hombre delincuente", donde establece la teoría del delincuente nato.

---

48 http://es.encarta.msn.com/Auguste_Comte.html
49 http://www.geocities.com/cjr212criminologia/escuelapositiva.htm

Sus investigaciones las realiza en cárceles, hospitales, psiquiátricos, etc.

Con el análisis de las necropsias de Villela la denominada foseta occipital media, en sus pacientes como Versen (extrangulador y violador que comía y bebía la carne y sangre de sus víctimas) y de Misdea (joven soldado que había asesinado a 8 personas por motivos intrascendentes y que padecía epilepsia hereditaria) llega a conclusiones similares.

Entre sus conclusiones nos indica: que el delincuente nato estará determinado a delinquir y tendrá rasgos distintivos tanto en lo físico como en lo social (ésto es el principio de anatomía).

Físico:

- Frente huidiza;
- Mirada fija y penetrante;
- Orejas en forma de asas;
- Granos;
- Gran pilosidad;
- Gran desarrollo de los pómulos;
- Nariz aguileña;
- Mandíbulas grandes y colmillos desarrollados;
- Pelo oscuro y ensortijado;
- Barbilla sobresaliente;
- Tubérculo de Darwin, Fusión del hueso del atlas y el

occipital;
- Insensibilidad al dolor;
- Agudeza visual;
- Gran agilidad;
- Zurdera;
- Mayor robustez en los miembros izquierdos, etc. "[50]

"Social:

Este "monstruo" desarrollará sentimientos de crueldad, vengatividad, obscenidad, tendencias a las orgías, uso frecuente del argot y los tatuajes, etc.

Lombroso clasificó a los delincuentes, de la manera siguiente:

- Delincuente Nato: Características físicas y sociales como las anteriores, también tienen la característica de ser hiperactivos.
- Delincuente loco moral: No se afecta ni la inteligencia ni la voluntad, sencillamente no distingue del bien o del mal.
- Delincuente epiléptico: Comete crímenes primitivos, la epilepsia es una enfermedad que sin tratamiento se puede manifestar en una violencia mayormente desmedida.
- Delincuente loco (Pazzo): Realiza actos de forma impulsiva, aparentemente sin ningún motivo, o siendo éste mínimo, el cual, una persona normal no lo podría considerar como justificación para delinquir.

---

50 Cfr. http://www.terragnijurista.com.ar/doctrina/med_seguridad.htm

- Delincuente pasional: creen que las personas son de su propiedad "la quería mucho", "me era infiel", "era mía, me pertenecía", estos delincuentes pueden tener o no tener relación directa con su supuesta "pareja" y, aún y cuando no la conocen matan por celos.
- Delincuente ocasional: es aquel que no provoca el delito, pero cuando se le presenta una oportunidad por casualidad, realiza la conducta antisocial, ejemplo: cuando en la compra de algún producto, nos devuelven dinero de más y nos damos cuenta de la situación y aún así no lo devolvemos, eso es ser un delincuente ocasional, y puede llegar a ser delincuente habitual.
- Mujer delincuente: como características tiene, depresión craneal, mandíbula voluminosa, espina nasal enorme, senos voluminosos, fealdad excesiva, hombruna, ésta mujer al delinquir generalmente es cruel y sádica.
- Criminal político: Experimenta sentimientos altruistas y considera que sus delitos van a ayudar a la sociedad, ejemplo: Charlotte Corday asesinó a Murat por sus ideas radicales."[51]

Enrico Ferri
(1856 Mantúa, Lombardía - 1929)
Italiano, criminólogo y sociólogo conocido como "El padre de la Sociología Criminal", estudiante de Cesare Lombroso, político y orador.

---

51 Ob cit. Plata Luna América, pp. 48-55

Nació en San Benedetto Po, Mantúa, el 25 de febrero de 1856 y murió el 12 de abril de 1929.

"Hijo de un tendero"; no tuvo abundancia de bienes en su niñez, siendo un alumno irregular hasta los 16 años, en que tomó clase con Roberto Ardigó, celebre filósofo positivista, el que dirigió y dio al joven Ferri una orientación definida.

Estudió en la Universidad de Bologna, con Pietro Ellero, profesor de Derecho Penal que combatía la función retributiva de la pena, dando más valor a las funciones preventivas de la misma.

Presentó en 1877 su tesis, en que trata de demostrar que el libre albedrío es una ficción, y que debe substituirse la responsabilidad moral por una responsabilidad social. La obra fue premiada, aunque causó asombro y disgusto en Italia.

De Bologna pasó becado a Pisa, para estudiar el "perfeccionamiento" con el máximo exponente del Derecho Penal Italiano Clásico: Francesco Carrara, el que se expresó de su nuevo alumno en la forma siguiente: "Ferri en lugar de perfeccionarse, ha venido a perfeccionarnos".

Al publicar su tesis en 1878, envió una copia a Lombroso, el cual le respondió por medio de Turati: "Ferri no es bastante positivista", ésto molestó a Ferri sobremanera, pues él trataba de "aplicar el método positivo a la ciencia del derecho criminal", y respondió a Turati: "¿Acaso pretende Lombroso que yo, jurisconsulto, vaya a medir cabezas de delincuentes para ser bastante positivista?".

De Pisa fue becado a París donde estudió Antropología con Quaterfages, y trabajó con la estadística criminal francesa obtenida en los años de 1826 a 1878, revisando los trabajos de Quetelet y Guerra, y es entonces cuando, en sus propias palabras, "comprendí lúcidamente toda la realidad de aquel juicio de Lombroso acerca de mi libro".

Decide entonces ir a Torino (Turin), sede de los estudios lombrosianos, logra (con gran reticencia de la comisión) que el Consejo de Educación le dé licencia para enseñar, dando su primera clase con sus "substitutos penales".

La estancia en Turín es fructífera: Lombroso lo recibe y ayuda, y principian a publicar el "Archivo di Psichiatria", el intercambio de ideas hace corregir a ambos algunas de ellas y dar paso al inicio de la Scuola Positiva: Ferri ahora visita cárceles y manicomios, ve criminales y mide cabezas.

La opinión de Ferri sobre sus maestros es clara: "En Roberto Ardido y en Pietro Ellero, mi mente tiene la fortuna de encontrar grandes maestros de verdad positivistas; pero fue la amistad consuetudinaria, fraterna, con Cesar Lombroso, la que me fortaleció para la búsqueda de la verdad, como misión de la existencia, de frente a todo obstáculo y toda adversidad."

En 1879, Ellero deja su cátedra en Bologna para ir a la Corte di Cassazione, y pronuncia su voto por Ferri para substituirlo, así, tres años después de salir de esa Universidad como estudiante, Ferri regresa como profesor, había pasado un año con Carrara, otro con Quatrefages y el último con Lombroso. Tenía entonces 23 años de edad.

Cambia el sistema de enseñanza y lleva a sus alumnos a ver delincuentes. Publica su obra "Nuevos Horizontes", considerada por varios autores como el punto de partida de lo que sería la nueva escuela, y se lanza a un estudio de 700 reos, 300 enfermos mentales y 700 soldados como grupo de control.

Ahora, "con muchos kilogramos de estadísticas criminales digeridos y asimilados, y con aquellos trebejos de hacer investigaciones antropológicas, entendí haber formado un adecuado concepto de la realidad y poder proponerme determinar entonces un sistema jurídico verdaderamente positivo."

En 1882, pasa a la Universidad de Siena, donde permanece 4 años, es en esta época en que hace estudios sobre la pena y publica "Socialismo y Criminalidad".

En 1884 se casa, y en 1886 un acontecimiento va a cambiar su vida: Un grupo de ciudadanos de la provincia de Mantúa fue juzgado por rebelión e incitación a la guerra civil. Ferri acepta la defensa, la que realiza con su acostumbrada brillantez, logrando vencer en la causa. La población de Mantúa lo elige como diputado al Parlamento Nacional, puesto que ocupará hasta 1924, pues logró ¡Once reelecciones!

A partir de este hecho, Ferri se convierte en apasionado defensor de las causas populares, y es un "marxista sin saberlo", como él mismo confesó tiempo después.

En efecto, había desarrollado una teoría llamada "determinismo económico", que se acerca notablemente al materialismo histórico. Es de aclararse que las primeras diputaciones de Ferri son a título personal, sin el apoyo de partido alguno, pues el Partido Socialista de los trabajadores se funda hasta 1892, y Ferri ingresa a él en 1893.

En 1886 parte a Roma y en 1890 regresa a Pisa a ocupar el lugar de Carrara. Permanece 3 años y se establece en Fiésole.

Tiene una época de gran actividad política, ayuda a organizar el Partido Socialista y funda y dirige el periódico "Avanti". Por ésto sufre cárcel y debe ir una temporada al exilio.

Sin embargo, no abandona la actividad académica, de estos años es su estudio sobre el homicidio.

Dicta cursos en Bruselas (1895), en París (1889) funda la revista "La Scuola Positiva" (1892), y en 1906 toma la cátedra en la Universidad de Roma, en substitución de Impallomeni, cátedra que ocupará hasta su muerte.

El 18 de febrero de 1912, se aprueba la creación de un Instituto de Derecho Penal en la Universidad de Roma; Ferri es llamado a dirigirlo y lo denomina "Scuola di Applicazione Guirídico-Criminale". El curso era dividido en cuatro partes: el delincuente, el delito, las sanciones y el procedimiento.

Esta escuela ha tenido profesores extraordinarios (Di Tullio, Ferracuti, Grispigni, Nicéforo, Ottolenghi, Sante de Sanctus, Vasilli, etc.), y hasta la fecha somos muchos los que hemos tenido el honor de frecuentar sus aulas.

Dejó el Partido Socialista al terminar la primera guerra mundial, tomando en cuenta la incapacidad de dicho partido para realizar una revolución, o para asumir la responsabilidad del poder.
Ahora se va a dedicar a su más cara ilusión: lograr que Italia tenga un código penal de corte positivista, en 1921 se presenta el proyecto realizado por una comisión presidida por Ferri, en la que han participado representantes de las diversas escuelas, no es un código cien por ciento positivista, pero satisface a la mayoría.

La situación política dificultó la aprobación del proyecto, el partido fascista llegó al poder y se formó una nueva comisión de la que tomó parte Ferri, el cual veía en el nuevo régimen una posibilidad de orden y de aceptación de sus ideas; sin embargo, no alcanzó a ver promulgada la nueva ley penal, pues murió en 1929, siendo el código aprobado en 1930 y denominado Rocco-Mussolini.

Es muy interesante leer el último libro de Ferri, "Principios de Derecho Criminal", pues en él expone y explica "en forma clara y simple, sin jergas escolásticas –sobre la ley penal en orden al delincuente y al delito- aquellas nociones elementales, que son las únicas necesarias y útiles en la vida cotidiana del derecho."

Durante sus últimos años Ferri desarrolló una infatigable labor académica, viajó a Sudamérica y a varios países europeos, participó en múltiples congresos, defendió como abogado causas célebres, siempre con gran éxito, gracias a su indiscutible capacidad oratoria, pues como dice uno de sus biógrafos "Enrico Ferri ñaque oratote (Enrico Ferri nace orador)".

Su dominio de los idiomas era notable, la Sociología es traducida al francés por él mismo, escribe el prefacio a la versión en español.

La influencia de Ferri en lo político, filosófico, literario, jurídico y criminológico es indudable, es un punto de referencia obligado en todo lo relacionado con las ciencias penales y, como dice Eusebio Gómez en su notable estudio "La obra de Ferri no está en esos libros únicamente. Está en su propia vida –vida ejemplar, por cierto- y en los afanes y actividades a que la consagró con el más sano idealismo."

Su cultura, rica y extensa, le permite escribir obras como "l'delinquenti nell'arte", uno de sus trabajos más conocidos, donde aplica las teorías de la Escuela Positiva para explicar la pintura, la escultura, la literatura, etc., cuya primera versión es de 1892."[52]

Mientras que Lombroso investigó los factores fisiológicos que motivaban a los criminales, Ferri investigó los factores sociales y económicos.

Ferri fue el autor de *Sociología Criminal* en 1884 y editor de *Avanti*, un diario socialista. Sus argumentos de prevención del crimen fueron rechazados por el dictador Benito Mussolini luego de su ascenso al poder.

Analiza las causas del delito, habla de factores antropológicos (constitución orgánica y psíquica del criminal y caracteres personales), factores físicos y cosmotelúricos (clima, suelo estaciones, etc.) y factores sociales (como densidad de población, moral, religión, etc.)

Las tesis de Ferri sobre la conducta delictiva afirmaban que el hombre es una máquina, que no suministra en sus actos nada más que lo que recibió del medio físico y moral en que vive. Por ende no existe la autodeterminación.

---
[52] Rodríguez Manzanera Luís, Criminología, Porrúa, México, 2006. pp. 221-224.

Ley universal de causalidad, en virtud de la cual, dándose en un momento dado cierta combinación de causas fisiológicas y psíquicas, no puede reaccionar sino de una forma predeterminada.

Una de sus grandes obras fue "Ley de saturación criminal".

Rafael Garófalo
(1852 - 1934)
Jurista, juez, procurador del Reino, magistrado y Presidente del Tribunal de Casación.

Fue un hombre dedicado a la carrera judicial (desde joven fue magistrado y más tarde ocupó el cargo de Presidente del Tribunal de Casación de Nápoles) y a la docencia (desde 1887 ocupó la cátedra de Derecho Penal en la ciudad aludida), sin embargo, de él sabemos que su obra principal fue "Criminología" (publicada en 1885) en donde se distinguió el delito natural del legal; entendió por el primero la violación de los sentimientos altruistas de piedad y de probidad, en la medida media que es indispensable para la adaptación del individuo a la colectividad.

Consideró como delito artificial o legal, la actividad humana que, contrariando la ley penal, no es lesiva de aquellos sentimientos.

A la concepción de Garófalo se le enmarca entre las

definiciones sociológicas, porque para él, lo fundamental del delito es la oposición a las condiciones básicas, indispensables de la vida gregaria.

Según el profesor Villalobos, Garófalo afirmó "que el delito es la violación de los sentimientos de piedad y probidad poseídos por una población en la medida que es indispensable para la adaptación del individuo a la sociedad".

Teoría de la criminalidad

La Teoría de Criminalidad de Garófalo va contra la corriente de la época: la Escuela Positiva y además discrepa con el pensamiento ortodoxo de la Escuela Clásica.

La Teoría Criminal de Garófalo establece que es fundamental la herencia endógena psíquica (los instintos) ya que la mayoría de los delincuentes tienen una variación psíquica o desorden mental.

También habla de la anomalía moral, que hace que el delincuente sea un ser inferior, no un ser normal. Esta anomalía es congénita, no es adquirida.

Garófalo reconoce poca influencia a los factores ambientales (a diferencia de lo establecido por Ferri) y centra su atención en los instintos personales.

No acepta el determinismo: Con respecto al delincuente establece que es un anormal psíquico, y ésto es causado por una anomalía moral congénita, con lo cual el factor social tiene poca relevancia para la influencia en el sujeto que es delincuente.

Teoría de la temibilidad: Establece en su Teoría que para sancionar al autor de un delito, se debe observar la perversidad constante y activa que hay en él.

Tesis de la peligrosidad: Más tarde se abandona esta teoría de la temibilidad y se la reemplaza por la Tesis de la peligrosidad como base de la responsabilidad criminal.

Enuncia principios como:

- La Prevención Especial como fin de la pena;
- La Teoría de la Defensa Social como base del derecho de castigar; y
- Métodos de graduación de la pena.

ESCUELAS ECLÉCTICAS

La Terza Scuola.

En la lucha entre las dos corrientes más características: clásica y positivista, surgieron teorías que aceptaron sólo parcialmente sus postulados. Así aparecieron entre otras, la Terza Scuola en Italia y la Escuela Sociológica o Joven Escuela en Alemania.

La Escuela del Positivismo Crítico o Terza Scuola (denominada Tercera Escuela para distinguirla de la Clásica y de la Positiva, que cronológicamente ocuparon el primero y segundo lugares), encuentra su formación, esencialmente, en los estudios de Alimena y Carnevale y constituye una postura ecléctica entre el positivismo y la dirección clásica; admite de aquel la negación del libre albedrío y concibe el delito como fenómeno individual y social, inclinándose también hacia el estudio científico del delincuente, al mismo tiempo que preconiza las conveniencias del método inductivo. Rechaza la naturaleza morbosa del delito y el criterio de la responsabilidad legal y acepta de la Escuela Clásica el principio de la responsabilidad moral, distingue entre delincuentes imputables e inimputables, aún cuando niega al delito el carácter de un acto ejecutado por un ser dotado de libertad.

Para Bernardino Alimena, –según el decir de Cuello Calón- la imputabilidad deriva de la humana voluntad, la cual se halla determinada por una serie de motivos, y tiene su base en la "dirigibilidad" del sujeto, es decir, en su aptitud para percibir la coacción psicológica; de ahí que sólo son imputables los capaces de sentir la amenaza de la pena.

Son principios básicos de la Terza Scuola, en opinión del mismo penalista Cuello Calón, los siguientes:

a) Imputabilidad basada en la dirigibilidad de los actos del hombre;
b) La naturaleza de la pena radica en la coacción psicológica; y
c) La pena tiene como fin la defensa social.

Las doctrinas de Franz Von Liszt.

Este penalista alemán en las postrimerías de la pasada centuria, sostuvo que el delito no es resultante de la libertad humana, sino de factores individuales, físicos y sociales, así como de causas económicas.

Para él, la pena es necesaria para la seguridad en la vida social porque su finalidad es la conservación del orden jurídico. A esta teoría se le conoce también bajo el nombre de Escuela Sociológica, caracterizada -según expresiones de Jiménez de Asúa-, por el dualismo, al utilizar métodos jurídicos de un lado y experimentales por el otro; por su concepción del delito como entidad jurídica y como fenómeno natural; por su aceptación de la imputabilidad y del estado peligroso y, en consecuencia, de las penas y de las medidas de seguridad.

Otras corrientes.

Diversas orientaciones emergieron de la controversia entre clásicos y positivistas, corrientes que repudiaron algunos de los principios de cada una de esas dos tendencias e hicieron concesiones respecto de otros. Entre ellas pueden mencionarse las teorías de Garuad en Francia y las de Sabatini en Italia.

Para René Garuad, el delito y la pena son simples fenómenos jurídicos. El estudio del delito como hecho biológico y social no corresponde al Derecho Penal, sino a la sociología criminal. Esas dos formas de comprender el delito (jurídica y sociológicamente), deben compenetrarse y actuar una sobre la otra.

Según Guillermo Sabatini, la responsabilidad penal es de naturaleza jurídica y no moral. Considera la imputabilidad como el conjunto de condiciones mínimas por las cuales la persona deviene sujeto a la relación jurídica punitiva. Distingue, como todos los eclécticos, entre delincuentes normales y anormales.

Para el Marqués de Beccaria (Cesar Bonesana) debe haber un equilibrio entre el daño causado y el castigo infligido al autor de la conducta antisocial, si bien es cierto el interés común es que no se cometan delitos, debemos empezar porque sean menos frecuentes.

Los motivos que como autoridad se le dan al sujeto para retraerse de una conducta delictiva deben ser ejemplares sin perder la proporción entre los delitos y las penas.

Siempre existirán los desordenes sociales, entonces debemos prevenirlos por ser el resultado de los intereses truncados en relación a su densidad poblacional.

LA DEFENSA SOCIAL

Ferri enuncia una teoría de la defensa social:

1. Los individuos son siempre responsables ante la sociedad.
2. Sanción social es la reacción natural contra el delito.

- La pena se aplica:

    a) En razón solamente de la peligrosidad del delincuente
    b) La naturaleza y extensión serán las necesarias para neutralizar la peligrosidad.
    c) Desaparecen las consideraciones sobre la culpabilidad.

La teoría de la defensa social impulsada por Ferri elimina de la defensa jurídica el límite del respeto de la dignidad humana.

Planteamiento de defensa social de Garófalo:

La sociedad es un organismo que está determinado a defenderse de sus células cancerosas: eliminándolas o reeducándolas. Cuando esto último no es posible hay que matarlas.

No admite la reclusión perpetua; la reemplaza directamente con la pena de muerte.

"Mediante una matanza en el campo de batalla la nación se defiende contra sus enemigos exteriores; mediante una ejecución capital, de sus enemigos interiores".

Escuelas de derecho penal

Escuelas	Representantes	Postulados
Clásica	Carrara Romagnossi Rossi Hegel Carmignani	Libre albedrío Igualdad de derechos Responsabilidad moral Objeto: el delito (jurídico) Método: deductivo (especulativo) Pena proporcional al delito Clasificación de delincuentes
Positivista	Ferri Garófalo Lombroso	Negación del libre albedrío Responsabilidad social Objeto: el delincuente Método: inductivo (experimental) Pena proporcional a la peligrosidad Prevención, más que represión Medidas de seguridad Clasificación de delincuentes Sustitutivos penales

Ecléctica	Tercera escuela	Alimena Carnevale	Negación del libre albedrío Delito: hecho individual y social Más importante el delincuente Método inductivo Investigación científica del delincuente Responsabilidad moral Imputables e inimputables Reforma social
	Sociológica	Franz von Liszt	Pena: conservación del orden jurídico Método jurídico y experimental Delito: Fenómeno jurídico y natural Factores criminógenos Pena: necesidad Imputabilidad y peligrosidad Pena y medida de seguridad

	Técnico-jurídica	Manzini Battaglini Rocco	Derecho positivo Ordenamiento jurídico sobre otros criterios Conocimiento científico de delitos y penas Pena: prevención y readaptación Rechazo a planteamientos filosóficos

BIBLIOGRAFÍA

Agudelo Betancur Nódier, Grandes Corrientes del Derecho Penal (Escuela Positiva), Temis, Colombia, 2002.

Beccaria, Tratado de los delitos y de las penas, Porrúa, 17 ed., México, 2008.

Castellanos Tena Fernando, Lineamientos Elementales de Derecho Penal, Porrúa, 45 ed., México, 2004.

Ferri Enrico, Defensas Penales, Temis, Bogotá, 1969 (traducido por Jorge Guerrero)

Gran Diccionario Enciclopédico Visual, Programa Educativo Visual, ENCAS, México, 1993.

Plata Luna América, Criminología, criminalística y victimología, Oxford, México, 2007.

Rodríguez Manzanera Luís, Criminología, Porrúa, México, 2006

BIBLIOGRAFIA WEB

http://www.ub.edu/penal/historia/positivismo.html
http://www.geocities.com/cjr212criminologia/escuelapositiva.htm

DIRECCIONES CRIMINOLÓGICAS

Objetivo: Analizará algunas direcciones antropológicas y biológicas de la criminología.

1. Antropológica
    1.1. Teoría de Lombroso
    1.2. Clasificación Lombrosiana
    1.3. Clasificación de Enrique Ferri
    1.4. Rafael Garófalo
2. Biológica
    2.1. Endocrinología criminal
    2.2. Biotipología (Escuelas)
    2.3. Tipología (Escuelas)
    2.4. Genética Criminal
3. Sociológica
    3.1. Escuelas Cartográfica o Estadística Antroposocial
    3.2. Enrique Ferri
    3.3. Gabriel Tarde
    3.4. Emilio Durkheim
    3.5. Escuelas Sociológica Criminal
        3.5.1. Norteamericana
            3.5.1.1. Sutherland
            3.5.1.2. Celling
            3.5.1.3. Reckless

ANTROPOLÓGICA

"Antropológica: adj. Perteneciente o relativo a la antropología. Antropología: f. Estudio del ser humano, física y moralmente considerado."[53]

"La antropología (del griego άνθρωπος anthropos, 'hombre (humano)', y λογος, logos, 'conocimiento'), es la ciencia social que estudia al ser humano de forma holística[54*]. Combinando en una sola disciplina los enfoques de las ciencias naturales, sociales y humanas. La antropología es, sobre todo, una ciencia integradora que estudia al hombre en el marco de la sociedad y cultura a las que pertenece; y, al mismo tiempo, como producto de las mismas. Se la puede definir como la ciencia que se ocupa de estudiar el origen y desarrollo de toda la gama de la variabilidad humana y los modos de comportamiento sociales a través del tiempo y el espacio, es decir, del proceso biosocial de la existencia de la raza humana.

La antropología como disciplina apareció por primera vez en la

---

[53] Ob. cit. Gran Diccionario Enciclopédico Visual, pág.85

[54] * La holística alude a la tendencia que permite entender los eventos desde el punto de vista de las múltiples interacciones que los caracterizan; corresponde a una actitud integradora como también a una teoría explicativa que orienta hacia una comprensión contextual de los procesos, de los protagonistas y de sus contextos. La holística se refiere a la manera de ver las cosas enteras, en su totalidad, en su conjunto, en su complejidad, pues de esta forma se pueden apreciar interacciones, particularidades y procesos que por lo regular no se perciben si se estudian los aspectos que conforman el todo, por separado.

La voz griega holos se expresa en castellano como prefijo, hol u holo, y significa entero, completo, "todo"; indica también íntegro y organizado. Con holos se significa totalidad, relaciones, contexto o cualquier evento, aspecto, circunstancia, cualidad o cosa que en su momento esté siendo estudiado o tomado en cuenta, como "uno", como complejidad o como totalidad. (http://www.monografias.com/trabajos7/holis/holis.shtml)

Histoire Naturelle de Georges-Louis Leclerc, Comte de Buffon (1749) y combinó muy pronto dos genealogías distintas; una de base naturalista, relacionada con el problema de la diversidad física de la especie humana (anatomía comparada), y como fruto de un proyecto comparativo de descripción de la diversidad de los pueblos. Este último había sido abordado desde la Edad de piedra y la edad carbonífera, en relación a los problemas que planteaban el trabajo misional, las necesidades de describir pueblos situados en los márgenes de la Europa altomedieval, y más tarde el proyecto colonial. Posteriormente, se le añadiría la historia cultural comparada de los pueblos que daría lugar, en Europa, al folclore.

Durante el s. XIX, la llamada entonces Antropología general incluía un amplísimo espectro de intereses desde la paleontología del cuaternario al folclore europeo pasando por el estudio comparado de los pueblos aborígenes. Fue por ello una rama de la Historia Natural y del historicismo cultural alemán que se propuso el estudio científico de la historia de la diversidad humana. Tras la aparición de los modelos evolucionistas y el desarrollo del método científico en las ciencias naturales, muchos autores pensaron que los fenómenos históricos también seguirían pautas deducibles por observación. El desarrollo inicial de la antropología como disciplina más o menos autónoma del conjunto de las Ciencias Naturales coincide con el auge del pensamiento ilustrado y posteriormente del positivista que elevaba la razón como una capacidad distintiva de los seres humanos. Su desarrollo se pudo vincular muy pronto a los intereses del colonialismo europeo derivado de la Revolución industrial."⁵⁵

TEORÍA DE LOMBROSO

"Exequias Marco César Lombroso (1835-1910) nació en Verona, Italia. Médico judío e investigador incansable, fundó la antropología criminal.

La criminología nación en 1876, con la denominación de antropología criminal, al amparo de la publicación del Tratado antropológico experimental del hombre delincuente, de Lombroso. Ese libro pretende dar una explicación integral del hombre y su forma de delinquir.

Lo que más molesta a los detractores de lombroso es que se haya basado en el físico del hombre para postular sus teorías, y muchos se burlan de que se hable, con fundamento en ello, de "criminal nato".

Investigador serio y apasionado por todo trabajo que emprendía, Lombroso cursó estudios de medicina con varias especialidades, de las cuales destacan para el presente estudio la psicología y la psiquiatría. Por medio de éstas efectuó un análisis profundo del cretinismo.

Una vez terminados los estudios, por los que recibió honores, se le permitió fundar una sección para enfermos mentales en un hospital psiquiátrico de Italia.

---

55   http://es.wikipedia.org/wiki/Antropolog%C3%ADa

Participó en la guerra de 1859 como médico, lo cual le permitió ampliar sus conocimientos con base en todas las observaciones realizadas, en 1863 escribió Medicina legal de los enajenados mentales.

Podrían llenarse páginas con los aciertos que tuvo el maestro; sin embargo, debe procederse al estudio de la dirección antropológica y su clasificación de delincuentes.

Para sus estudios, Lombroso empleó gran cantidad de cráneos de asesinos, ladrones y falsificadores. Y los fotografió, lo cual dio como resultado cada tipo de criminal.

Así describió el tipo de asesino que encontró: una fotografía verdaderamente impresionante, con senos frontales abultados, asimetría facial pronunciada, órbitas enormes, similares a las de las grandes fieras, frente huidiza, apéndice lemúrido y pesadez, además de maxilares, sobre todo el inferior, que constituyeron la mascarilla del asesino.

Llegó a la conclusión del criminal nato, como un ser atávico ("que no evolucionó, que quedó en estado primitivo"). Hay dos clasificaciones: el real, que ya delinquió, y el latente, que aún no lo hace.

En la vida de Lombroso fue muy importante su relación con el jurista Garófalo y el sociólogo Ferri, establecida alrededor de 1880. Ellos le propusieron formar una verdadera escuela que transmitiese todas sus teorías y descubrimientos. Así nació la escuela antropológica, en cuya época de oro se llevaron a cabo varios congresos y conferencias mundiales y se publicó una revista de gran difusión.

Con todo lo positivo que pueda encontrarse, sentimientos nefastos como la envidia y el antisemitismo –recuérdese que Lombroso fue judío- desataron duras críticas contra él y sus seguidores.

Los franceses lo acusan de poner en duda la credibilidad de la criminología.

CLASIFICACIÓN LOMBROSIANA

De conformidad con Lombroso, el delincuente se clasifica como sigue:

1. Nato (ser atávico);
2. Loco moral;
3. Epiléptico;
4. Loco;
5. Pasional; y
6. Ocasional.

Delincuente nato

Aquí sólo se completarán los análisis del maestro, ya comentados. Se condujo un estudio de diferencias antropológicas en cráneos de distintas razas; captó particularmente la atención del científico el cráneo de un criminal, llamado Villela, donde encontró las características que culminarían con su descripción del delincuente nato. Solo citaremos algunas para dar una idea del físico que puede presentar este criminal:

1. Frente huidiza y baja;
2. Gran desarrollo de arcadas supraciliares;
3. Asimetrías craneales;
4. Altura craneal atípica;
5. Notorio desarrollo de pómulos;
6. Orejas en forma de asa; y
7. Abundancia de pilosidad.

Ello sugiere la imagen de una especie de Pitecanthropus erectus, lo cual evidentemente no puede ser en forma alguna hoy día –ni en la época de Lombroso- el criminal nato.

Las características Psicol.gicas y sociales de esta dirección comprenden gran frecuencia de tatuajes, insensibilidad afectiva y al dolor, zurdera, suicidios, venganza, crueldad, inclinación por el alcohol y reincidencia.

No obstante que Lombroso se basa mucho en el eslabón perdido y la teoría de la evolución de Charles Darwin, hasta la fecha no se ha comprobado que el físico o alguno de los factores sociológicos que menciona sean determinantes para hablar de criminal nato.

Por otro lado, la insensibilidad afectiva, el alcoholismo o la reincidencia son características que en la actualidad propician muchos delitos. Estudios profundos del cerebro han revelado que la hiperactividad o síndrome de falta de atención, unido al alcoholismo y las drogas, propicia la comisión de muchos delitos instintivos.

A continuación se presentan estudios realizados respecto al cerebro en niños hiperactivos y en asesinos seriales, donde se demuestra de manera científica que hay predisposición hacia la criminalidad.

El cerebro humano es una estructura compleja y multicubierta, centro nervioso encefálico situado en la caja craneal y muy desarrollado, compuesto por dos hemisferios. En el sistema límbico, situado en el centro, se generan todas las emociones primitivas innatas del amor, odio y furia. (La corteza gobierna estas emociones; éste es el pensamiento, parte socializada del cerebro, el cual frena para no actuar irracionalmente con impulsos inapropiados generados en el sistema límbico.)

El ataque de furia llega por el sistema límbico y no puede ser detenido por la corteza.

Un porcentaje amplísimo de crímenes en Estados Unidos de América obedece a impulsividad, por lo cual se ha estudiado muy de cerca el fenómeno. Muchas personas desarrollan gran impulsividad por el medio en que se desenvuelven, aunado al consumo de alcohol, tabaco u otras drogas.

Los niños "hiperactivos" o con déficit de atención se prestan a llevar a cabo estudios interesantes desde el punto de vista biológico; la mayoría nace con sentido de control. Rusty Wakman nació así por falta de oxígeno. El trabajo de la corteza es controlar y frenar el sistema límbico; cuando falla, los impulsos están libres y fuera de control; Wakman degolló en forma impulsiva a una pareja.

El cerebro es determinante; el daño cerebral da como resultado un desorden en él. Alguien que no ha sido violento, de repente se vuelve así por problemas neurológicos. El cerebro es poco estimulado respecto al control propio.

Cada familia es sumamente responsable de la educación de los hijos. Como pueden desarrollarse conductas de violencia extrema hasta llegar al asesinato, se aconseja que todas las familias estén atentas a los rasgos de agresividad de los hijos, a una conducta desordenada e impulsiva, fuera de control. Ayudan el uso de fármacos como el Ritalín o, en otros casos, la psicoterapia, la comprensión, la atención adecuada. Una vida sana, libre de alcohol, de tabaco y demás drogas contribuye a un desarrollo adecuado. a ciertos adolescentes, sobre todo hiperactivos, fumar les sirve como estimulante y pueden estar más atentos, pero de combinar eso con alcohol, la corteza cerebral "desatiende sus responsabilidades" y el sistema límbico se desordena.

El alcohol es inicialmente un estimulante, pero tiene efecto de depresión del sistema nervioso, pues reduce la estimulación cerebral y general. Y como desgasta el control de los impulsos, no debería permitirse que se beba, sobre todo a niños hiperactivos.

Los exámenes como el TEP[56]* proporcionan al investigador una visión total de qué partes del cerebro funcionan y cuáles no. Se aplican desde los asesinatos impulsivos semejantes a los de Rusty y en ellos el sujeto ha de realizar una tarea porque se necesita ver qué parte trabaja. El investigador muestra mediante imágenes qué áreas funcionan; se hace la tarea del desempeño continuo, se observa la pantalla con diferentes números y la frecuencia con que debe oprimirse un aparato. A través de la historia se advierte cómo, con los adelantos científicos, se logran grandes contribuciones para la criminología.

Características como excitabilidad, laboriosidad excesiva, indisciplina, crueldad, egoísmo, precocidad sexual o astucia se dan en lo que actualmente se designa hiperactividad y que Lombroso denominaba loco moral.

Loco moral

Ferri apoyó en el arte uno de sus estudios para sostener que el

---

56   * El TEP es una técnica en al que por medio de imágenes del cerebro se determina qué partes tienen desempeño continuo

tipo clásico del delincuente loco se encuentra en el personaje central de Hamlet, la obra de William Shakespeare. Locura moral atañe a la perturbación del sentido moral, en la que no se afecta la inteligencia ni la voluntad.

Fhilippe Pinel da el nombre de locura lúcida justamente porque se turba no la inteligencia sino la esfera afectiva: priva del todo o en parte del sentido moral a la persona que, por no distinguir el bien del mal, delinque.

Delincuente epiléptico

El delincuente epiléptico se acepta actualmente por M. Chuzón (1994); lo que Lombroso trataba con tal carácter se daba en los crímenes primitivos.

No todo epiléptico es criminal, pero por las crisis convulsivas, la pérdida de neuronas y la falta de tratamiento puede manifestarse una agresividad tal que lleve a cometer actos delictivos de importancia creciente, desde violencia intrafamiliar hasta homicidios. Aquí ocupa un lugar destacado la prevención; tratamientos adecuados, medicamentos como el Tegretol y una vida sana evitarían los actos de agresividad de esos individuos.

En tanto, el delincuente alcohólico sigue vigente en la mayor parte de las sociedades. Como es adicto a una droga permitida, puede cometer atropellamientos o participar en riñas y hasta incurrir en abuso sexual u homicidios.

Delincuente loco (o pazzo)

Si bien no se han encontrado pruebas fehacientes sobre la existencia del histérico y del matoide o locoide (al que nosotros preferimos llamar locuaz), parece haber relación con el fenómeno borderline ("en el límite"), pues ambos manejan la impulsividad de manera tal que están siempre listos para pasar al acto delictivo.

Es difícil adivinar cuándo un sujeto locuaz (con conductas cambiantes, extrañas) pasará al acto. Cada sociedad debe estar atenta y observar a alguien que se comporta de forma diferente; ya se tiene el ejemplo del mecánico que atropelló a unos pequeños que rendían honores a la bandera en la calle, a las órdenes de una directora inconsciente, que no puedo calcular la agresividad de quien ya la había amenazado varias veces (el individuo entrenaba perros para que agredieran a toda persona que pasara cerca de su taller). Aquí se dio una lucha de poder, cuyo resultado son unos padres que perdieron a su pequeño y muchos niños que quedaron traumados por el ataque.

Delincuente pasional

En la actualidad, los delitos pasionales ocupan un lugar preponderante porque muchos de sus autores consideran a las personas objetos de su propiedad. Se cree que a esos individuos les faltó amor en la infancia o educación, y que padecieron muchas carencias. Reúnen características especiales y matan a la víctima con pretextos como "la quería mucho", "me era infiel" o "era mía, me pertenecía".

Las conductas arbitrarias de dominio y poder ocasionan que una persona corra riesgo de agresión física que le cause incluso la muerte, cuando se encuentra en estado peligroso.

Delincuente ocasional

Se dice que "la ocasión hace al ladrón"; puede ser una conducta que eventualmente lleve a delinquir, como cuando alguien nota que a otro se le cae dinero en la calle y no le advierte para apropiárselo, o en un establecimiento mercantil no se indica que se está recibiendo cambio de más o se toma algo porque se presenta la oportunidad. Todo esto se tolera, es casi normal.

Sin embargo, si se presentan ciertas oportunidades a los delincuentes ocasionales y la conducta se vuelve repetitiva, pueden volverse habituales, según la educación y la moral que practiquen. Lo más grave de esta situación es cuando se entra en la delincuencia o crimen organizados.

Lo anterior refleja que muchas teorías de Lombroso pueden actualizarse, y entonces se repara en sus aciertos y sus fallas y se emite así una opinión imparcial.

La mujer delincuente

Lombroso también hablaba de la criminal nato de sexo femenino. Su clasificación era muy parecida a la de los varones; sin embargo, observaba menos criminalidad en las mujeres. Le interesan particularmente las que se prostituían, pues creía que ésta era su forma de delinquir.

Encontró que las asesinas reúnen más características delictivas, pues sus homicidios llegan a tener "crueldad demoniaca". La mujer, manifestaba, reacciona contra los obstáculos de la vida.

Se critica a Lombroso porque con unos cuantos casos intentaba generalizar sobre la delincuente. Con honradez, confesaba: "La frecuencia de las características degenerativas analíticamente estudiadas no son suficientes para darse una idea de tipo criminal en la mujer delincuente".

Lo anterior, a pesar de los más de mil casos que analizó. Las anomalías más frecuentes que encontrara entre las delincuentes fueron éstas:

a) Depresión craneal
b) Mandíbula voluminosa
c) Espina nasal enorme
d) Senos voluminosos
e) Fealdad excesiva, por lo general

Se comenta que muestran también cierta masculinidad.

Juan Barraza Samperio, asesina serial de mujeres de la tercera edad, encarna un paralelo actual: es fea, hombruna, sádica y malvada.

Sin embargo, no encaja en muchas de las descripciones de Lombroso. Además, llevó a cabo con un afán de lucro los crímenes, lo cual no es muy característico de los asesinos seriales. Ella misma reconoce que su conciencia le dictaba detenerse, por lo que tiene noción de sus actos y debe ser juzgada en consecuencia.

Por otro lado la historia registra homicidas muy bellas. Es difícil saber por qué una mujer asesina; sin embargo, mención especial merecen las que lo hacen con afán de poder. En Egipto, las mujeres tenían derechos sobre su propiedad; las profesiones más importantes que podían ejercer eran las de sacerdotisa, obstetra, plañidera y bailarina. Está el ejemplo de la ambiciosa Cleopatra, quien mató a su hermano para adquirir poder, mas sus ilimitados deseos de mando la condujeron al suicidio.

En Roma, los ejemplos son múltiples y la ambición por el poder da gran celebridad a muchas envenenadoras, como Agripina, madre de Nerón. Aunque las mujeres no tenían personalidad jurídica, creaban intrigas o abusaban del poder de sedición o de la belleza, con lo cual adquirían poder mediante los esposos o los hijos.

Mesalina presentaba grandes rasgos de ninfomanía; como era una de las más bellas del Imperio romano, tuvo gran cantidad de amantes, a los que hacía eliminar para que no la delatasen. Puede notarse aquí cómo las mujeres toman ya a los hombres como mero objeto.

Ocupan un lugar preponderante las "viudas negras", cuyo impulso es la búsqueda de un hombre maduro con gran poder económico. Empero, como aparte tienen amantes jóvenes, pueden afrontar complicaciones si son descubiertas y –en complicidad o sin ella- asesinar al marido.

En general, utilizan veneno, para no dejar huella, pero también armas porque, salvo excepciones, no tienen la fuerza física de un hombre.

Respecto a los asesinatos domésticos, "puede tratarse de una violencia desmedida que recibe por parte del marido y, a su vez, ésta la reproduce con los hijos; en otras ocasiones (…) se llevan a cabo por celos o venganza (infidelidades, vejaciones)".

Hay sádicas, que llegan a matar a puñaladas o con armas pesadas u otros objetos a su alcance –como hachas o cuchillos- en el momento de los hechos. Baste recordar a La Tamalera, que descuartizó al marido y lo colocó en el bote que usaba para vender; transportaba consigo los restos cuando iba a trabajar.

Los factores socioculturales son muy importantes para la realización de distintos crímenes.

Las mujeres presentan asimismo trastornos orgánicos, como el embarazo y la menopausia. La menstruación es puesta en marcha por el hipotálamo, que produce liberadores de hormonas de la hipófisis. Esto puede generar irritabilidad y agresividad.

En el curso Menstruación y delito, la investigadora Silvia Vargas Otero –quien lo impartió- señalaba que aún cuando la acción hormonal influye en el carácter, no deben descartarse factores culturales, ambientales y hereditarios para que desemboquen en hechos delictivos.

El análisis feminista que se practica de las criminales como fenómeno reciente aporta mucho más respecto a sus antecedentes sociales y permite comprender las circunstancias que las convierten en asesinas. Según diversos autores, suelen ser empujadas a esos comportamientos extremos por un estatus social poco favorecedor o por condiciones de represión que, con relativa frecuencia, hacen estallar la violencia.

El ingreso de las mujeres en la delincuencia organizada refleja el incremento de la criminalidad femenina. No obstante, las estadísticas hablan de un porcentaje mucho menor respecto a los hombres.

Las cifras aumentan con la liberación femenina y su entrada en la mafia y la delincuencia organizada, lo cual causa temor porque la labor de la criminología es que disminuyan los números correspondientes a un género o a otro.

Criminal político

Los criminales políticos tienen personalidad especial: muchas veces experimentan sentimientos de altruismo y consideran que sus delitos van a ayudar a la sociedad. Los actuales por lo general están inconformes con algunos gobernantes de su país; ya desde la antigüedad, la joven y bella Charlotte Corday asesinó a Marat por sus ideas radicales.

Generalmente son muy idealistas y pueden ser manipulados; también los caracteriza su deseo de liderazgo. Lombroso escribió El crimen político y las revoluciones, pero como ésta no era su prioridad tampoco cabe hablar de un estudio profundo y completo, aunque sí muy interesante.

Lombroso fue severamente criticado porque el criminal nato como tal, con las descripciones que daba no existe; sus estudios acerca de la delincuente nata quedaron incompletos. Autores franceses se atreven a afirmar que las teorías de aquel dieron a la criminología un aspecto "caricaturesco".

Cesar Lombroso tuvo gran capacidad de investigación y,

como se ha visto, sus artículos, trabajos e indagaciones científicas fueron el principio de la división entre la persona normal y la anormal. Sus observaciones contribuyeron mucho a los avances de la criminología porque, junto con Ferri (SOCIÓLOGO) Y Garófalo (jurista), ha hecho aportes provechosos, aún válidos. Hay una crítica muy fuerte, la que establece entre salvajes y hombres civilizados, pues estudios posteriores han revelado que su teoría es difícilmente comprobable.

Falible como todo humano, Lombroso cometió el error de generalizar situaciones con sólo haber observado un caso. Fue criticado duramente por apoyar con denuedo la teoría de que la naturaleza física de un ser se convierte en conducta criminal.

Por último, los aciertos de Lombroso incluyen el método fotográfico galtoniano, consistente en la superposición de imágenes para obtener un tipo medio, sea de un familiar o de una clase social o una etnia determinada.

Se toman esas imágenes entre los miembros de una familia desde un mismo ángulo y distancia y se superponen unas con otras para obtener una mejor diapositiva, que contendrá caracteres comunes acentuados.

César Lombroso se apoyó en las aportaciones de Galton para llegar al tipo de criminal nato mediante el empleo de gran cantidad de asesinos, ladrones y falsarios; los fotografió y resultó así cada tipo criminal.

Francis Galton creó el sistema dactiloscópico para identificar a los criminales. De ahí se deduce que algunos estudios de Lombroso pueden resultar muy acertados: alguna vez los científicos franceses lo invitaron a la prisión Sainte Anne, donde mezclaron delincuentes y gente común; el médico no se equivocó al señalar quién era criminal y quién no."[57]

CLASIFICACIÓN DE ENRIQUE FERRI

"Hace del Derecho Penal un capítulo de la Sociología Criminal, ya que todos sus postulados están basados en la sociología por ser para él este el factor más importante para que exista una conducta antisocial, así pues el Derecho Penal pierde totalmente su autonomía.

En razón de la responsabilidad criminal establece que no existe el libre albedrío ya que el hombre no es libre, sus libertades están restringidas al marco jurídico establecido por el Estado, lo cual nos deja en el supuesto que los criminales no realizan conductas antisociales ya que dentro de su circulo social esta clase de conductas son comúnmente observadas.

Para el maestro Ferri el delito es: resultado de factores sociales que determinan a traspasar lo jurídicamente establecido.

---

[57] Ob. cit. Plata Luna América, pp. 47-55.

Ferri asienta el delito en la responsabilidad social y no en la responsabilidad moral como la Escuela Clásica. El hombre es responsable sólo por el hecho de vivir en sociedad.

Delincuente

En el delincuente actúa poderosamente el factor social, por más que individualmente sea considerado como producto de fuerzas interiores (voluntad, carácter, inteligencia, sentimientos, etc.) recibe de la sociedad un conjunto de modos de obrar que determina sus actos futuros.

Crea la Teoría de la Peligrosidad. Ésta se determina atendiendo a la cualidad más o menos antisocial del delincuente y no a la del acto ejecutado.

Aconseja implantar otra clase de penas: las Medidas de Seguridad. Dice "Las cárceles no readaptan".
Es el primero es exigir la inimputabilidad de los alienados[58*].
Teoría De La Peligrosidad O Estado Peligroso

---

58   * La alienación es un fenómeno no 'innato' en las personas, de disposición psicológico-mental. Es una forma de adaptación, aceptación, separación y enajenamiento del individuo con su realidad.

Se distinguen:

 -A nivel individual: la alienación mental; perturbación mental, en la cual se puede presentar una anulación de la personalidad individual, confusión del raciocinio, excitación psicomotora, incoherencia del pensamiento, perplejidad, síntomas alucinatorios onirodes, o locura.

 -A nivel social: que va de la mano con la manipulación social, la aniquilación cultural, la dominación política y la opresión de la persona o colectivo alienado. Puede considerarse un entrenamiento, adiestramiento, adaptación, o derivación a un pensamiento o propósito que vuelve a las propiedades y aptitudes del hombre, en algo independiente de ellos mismos y que domina sobre ellos (http://es.wikipedia.org/wiki/Alienaci%C3%B3n).

Estado Peligroso. Situación individual que por diferentes circunstancias sociales, el sujeto está en gran proclividad de caer en la delincuencia.

¿Como se determina la peligrosidad? Ésta se determina atendiendo a la cualidad más o menos antisocial del delincuente y no a la del acto ejecutado.

Teoría De Los Motivos o Factores Determinantes Del Delito

Explica la etiología del delito por medio de su Teoría de los Motivos o factores determinantes del delito según el cual los motivos están en tres factores:

1. Factor Antropológico (constitución orgánica, psíquica y biosociales del delincuente).
2. Factor Cosmotelúrico (el clima, naturaleza del suelo, la estación).
3. Factor Social o Mesológico (densidad de población, migración campo ciudad, alcoholismo, socialización imperfecta, moral, la familia, costumbres).

Tipología
Delincuente Nato

A causa del atavismo (del latín. "atavus", abuelo + -"ismo". Fenómeno de herencia discontinua que se manifiesta por la reaparición de los caracteres de antepasados remotos y no inmediatos. Se debe a una casual recombinación de genes o a condiciones ambientales excepcionalmente favorables para su expresión en el embrión.) determinado individuo tiene tendencia a cometer delitos.

En Ferri el atavismo y la tendencia a la criminalidad son factores que determinan a un individuo como delincuente.

Delincuente Loco

Dentro este tipo esta el enfermo mental.

Delincuente habitual

O condicional o delincuente por falta de restricciones (Pinatel). Hace del delito su forma de vida basándose en habilidad y fuerza, por ejemplo el carterista.

Este tipo de criminalidad ya va contra la Escuela Clásica. Ferri y Cesare Lombroso ya estudian al delincuente.

La Criminología actual hace eso, estudiar al delincuente, las causas del delito, etc., esto hace para fundamentar la profilaxis criminal o la Política Criminal.

Delincuente Ocasional

Ve la ocasión para delinquir en que no hay nadie que lo detenga o lo restrinja. Dentro esta esfera está quien comete un accidente de tránsito con muerte (homicidio involuntario).

Delincuente pasional

Es el que comete el delito por pasión, por amor, por celos, por sentimiento.

El Determinismo de EnricoFerri y La "Pena Difesa"

Para Enrico Ferri es el medio ambiente conjugado con el factor antropológico y el factor cosmotelúrico que determinan la tendencia del individuo hacia el delito.

En Sustitutivos Penales, Ferri dice que se deben reemplazar las cárceles, por ser causa de criminalidad. Es en las cárceles donde se forman individuos resentidos hacia la sociedad y al salir de las cárceles cometen delitos más atroces como una venganza a la sociedad que los condenó.

Las cárceles deben servir para la readaptación, no para su empeoramiento.

Esto es la defensa del reo a través de la proporcionalidad de la pena (pena difesa).

Los Sustitutivos Penales

Sustitutivos Penales. Medidas de orden económico, político, administrativo, educativo, familiar, etc., distintas de la pena que debe adoptar el Estado, actuando sobre las causas de delincuencia para hacerlas disminuir.

Actualmente se define a los sustitutivos penales como medios de prevención social, se basan sobre el mismo fundamento que la Política criminal y constituyen uno de sus medios de acción.

Ferri aconseja implantar como sustitutivos penales otra clase de penas: las Medidas de Seguridad ya que afirma que las cárceles no readaptan y es el primero en exigir la inimputabilidad de los alienados.
Los frenos inhibitorios

Ferri se pregunta si la miseria y el desempleo esta generalizado en todas las sociedades ¿Entonces porque no se llega al caos total? Porque hay gente que tiene frenos inhibitorios que hacen que no se cometan delitos.

Estos frenos inhibitorios casi no resaltan en la gente que esta en las cárceles donde no existe una buena administración, la conducta de los internos es totalmente violenta. Dentro de estas cárceles se comete toda clase de delitos por ejemplo violaciones, asesinatos, robos, etc. En esta clase de cárceles—sin una buena administración—no entra ni la policía.

Ferri en su libro Sustitutivos Penales propugna reemplazar las cárceles porque son causa de criminalidad, dice "nosotros debemos poner otra clase de castigos, no solamente la pena—evidentemente para delitos graves—pero cárceles que tiendan a la readaptación social, no cárceles que formen delincuentes, donde no hay una resocialización debida."[59]

RAFAEL GARÓFALO

Acuña por primera vez el término de Criminología. Plasma las ideas de Cessare Lombroso en fórmulas jurídicas.

Delito

Es la violación de los sentimientos de piedad y probidad en la medida media en que son poseídos por una sociedad determinada.

Los sentimientos pueden ser:

- Fundamentales como: el de piedad y de probidad; Cuando se ataca la vida o la integridad corporal se está violando el sentimiento de piedad, y cuando se desconoce la propiedad el de probidad.
- Secundarios como el patriotismo, la religión, el honor, el pudor.

Teoría de criminalidad

La Teoría de Criminalidad de Garófalo va contra la corriente de la época: la Escuela positiva y además discrepa con el

---

[59] http://www.geocities.com/cjr212criminologia/ferriEnrico.htm

pensamiento ortodoxo de la Escuela Clásica.

La Teoría Criminal de Garófalo dice que es fundamental la herencia endógena psíquica (instintos) ya que la mayoría de los delincuentes tienen una variación psíquica.

También habla de la anomalía moral, que hace que el delincuente sea un ser inferior, no un ser normal. Esta anomalía es congénita, no es adquirido.

Garófalo toma el atavismo de Lombroso como una variación psíquica y endógena.

Fundamentalmente, aunque su criminal también puede tener rasgos atávicos de características faciales. Considera al delincuente como un anormal psíquico.

Garófalo reconoce poca influencia a los factores ambientales y centra su atención en los instintos personales. Por eso la eliminación de las causas sociales sólo les va a traer beneficios limitados.

No acepta el determinismo

Delincuente

El delincuente es un anormal psíquico.

Es causado por una anomalía moral congénita. El medio

tiene poca influencia sobre el delincuente.

Teoría de la temibilidad

Establece su Teoría de la Temibilidad para sancionar al autor de un delito. La temibilidad es la perversidad constante y activa que hay que temer de parte del delincuente.

Arturo Rocco critica esta teoría, dice que la temibilidad no es característica del autor sino mas bien es repercusión social de esa característica.

Tesis de la peligrosidad

Mas tarde se abandona esta teoría y se la reemplaza por la Tesis de la Peligrosidad como base de la responsabilidad criminal.

Por ejemplo si alguien da un abortivo a una mujer no embarazada, no se debe sancionar el daño objetivo, en realidad no lo hay, sino la peligrosidad subjetiva que emana de la personalidad del autor.

Principios

Enuncia Principios como:

- La Prevención Especial como fin de la pena.
- La Teoría de la Defensa Social como base del derecho

de castigar.
- Métodos de graduación de la pena.

Tipología

Para que exista un delincuente nato establece cuatro tipos:

El asesino

Criminal nato que no tiene sentimientos de altruismo y de probidad, por lo que puede cometer delito cuando se le presente la oportunidad.

El delincuente violento

Le falta sentimiento de piedad, por lo que comete delitos violentos.

El ladrón

Son los que atentan contra la probidad. Este sentimiento no tiene raíces profundas en estos individuos. Le falta el sentimiento altruista y está influenciado por el medio ambiente.

El delincuente lascivo

No encaja en las anteriores, podría ser delincuente sensual.

Teoría de la pena

La pena debe estar de acuerdo a la personalidad del delincuente y no del delito.

Defiende la pena de muerte. La cárcel no intimida a los asesinos, quizá allí cuenten con mayores facilidades que en la vida libre, pero sí los intimida la pena de muerte, a la cual debe serles aplicada. A la pena de muerte, lo llama "darwinismo natural", es decir propugna la aplicación de las leyes naturales de selección de la especie humana.

Afirma que si un hombre no puede vivir en sociedad, en una sociedad que le da normas y por lo tanto las viola, entonces el hombre debe ser muerto. Los asesinos deben ser castigados con la pena de muerte.

Garófalo va contra la teoría retributiva. Sostiene que el delito debe ser castigado, no por retribución, sino porque se ha roto una norma fundamental—respeto a la vida—como lo es en el asesinato.

Objeto de la pena

La pena tiene por objeto de defender a la sociedad de los inadaptados y los socialmente peligrosos, en casos graves, a los primeros se les debe aplicar la pena capital y a los segundos abandonarlos en una isla.

Clases de penas

- Pena de muerte para los asesinos.
- Cadena perpetúa para los delincuentes violentos.
- Trabajo en colonias agrícolas de ultramar para los ladrones."[60]

DIRECCIÓN BIOLÓGICA

En esta investigación abordaremos el tema de la Dirección Biológica, por ser trascendental para el estudio de la Criminología y necesario para saber los alcances que tiene el hombre, pero sobre todo como influye la herencia en éstos, ¿es acaso la herencia un factor determinante en la conducta de un delincuente? porque si no lo es acaso, es una coincidencia que existan factores físicos o sociales que se repitan en los que cometen los delitos de una manera, que por mucho tiempo dio de que hablar.

Por supuesto que un gran número de estudiosos de la criminalidad afirman que es el medio y la sociedad, además de factores como el clima los que determinan que se cometan delitos, ya sea de cierto tipo o con una incidencia determinada pues el hombre, que es el delincuente, se forma de acuerdo con el medio en que se desarrolla; no damos de ninguna manera por descontados estos factores sobre los estudios de la delincuencia ni del delincuente, sin embargo, en esta investigación analizaremos como es que el factor herencia es importantísimo para la disposición genética de

---
[60] http://www.geocities.com/cjr212criminologia/garofalo.htm

cometer crímenes y que si bien es cierto aquí abordaremos temas como: Estadística Familiar, Estudios de Gemelos, Adopción, primero abordaremos como es que la genética aparece en el mundo de la Criminología y en segunda quien hizo el descubrimiento de esta ciencia y de que manera pudo comprobar sus postulados es decir, hablaremos indiscutiblemente de Gregorio Mendel y además de la manera en que se dieron estos descubrimientos.

Gregorio Mendel

Fue un monje agustino y naturalista, nacido en Heinzendorf, Austria (actual Hynčice, distrito Nový Jičín, República Checa), que describió las llamadas Leyes de Mendel que rigen la herencia genética por medio de los trabajos que llevó a cabo con diferentes variedades de la planta del guisante (Pisum sativum). Los primeros trabajos en la genética fueron realizados por Mendel. Para sus estudios escogió plantas de guisantes como la alverjilla. Primero realizó cruces de semillas, las cuales se caracterizaron por salir de diferentes estilos y algunas de su misma forma. En sus resultados encontró caracteres como los dominantes, que se caracterizan por determinar el efecto de un gen y los recesivos por no tener efecto genético sobre una persona heterocigoto.

Mendel nació en un pueblo llamado Heinzendorf, perteneciente al Imperio Austrohúngaro (hoy Hynčice, en el norte de Moravia, República Checa) el 20 de julio de 1822, siendo bautizado con el nombre de Johann Mendel. Tomó el nombre de *padre Gregorio* al ingresar como fraile agustino en 1843, en el convento de agustinos de Brünn. En 1847 se ordenó como sacerdote.

Mendel fue titular de la prelatura de la Imperial y Real Orden Austriaca del emperador Francisco José I, director emérito del Banco Hipotecario de Moravia, fundador de la Asociación Meteorológica Austriaca, miembro de la Real e Imperial Sociedad Morava y Silesia para la Mejora de la Agricultura, Ciencias Naturales y Conocimientos del País, y jardinero (de hecho aprendió de su padre como hacer injertos y cultivar árboles frutales).

Mendel presentó sus trabajos en las reuniones de la Sociedad de Historia Natural de Brünn el 8 de febrero y el 8 de marzo de 1865, publicándolos posteriormente como *Experimentos sobre híbridos de plantas* (*Versuche über Pflanzenhybriden*), en 1866 en las actas de la Sociedad. Sus resultados fueron ignorados por completo, y tuvieron que transcurrir más de treinta años para que fueran reconocidos y entendidos.

Al tipificar las características fenotípicas (apariencia externa) de los guisantes las llamó «caracteres». Usó el nombre de «elemento», para referirse a las entidades hereditarias separadas. Su mérito radica en darse cuenta de que sus experimentos (variedades de guisantes) siempre ocurrían en variantes con proporciones numéricas simples.

Los «elementos» y «caracteres» han recibido posteriormente

infinidad de nombres, pero hoy se conocen de forma universal por la que sugirió en 1909 el biólogo danés Wilhem Ludvig Johannsen, como "genes". Siendo más exactos, las versiones diferentes de genes responsables de un fenotipo particular, se llaman alelos. Los guisantes verdes y amarillos corresponden a distintos alelos del gen responsable del color. Mendel falleció el 6 de enero de 1884 en Brünn, por muerte súbita crónica.

Leyes de Mendel

Primera ley, o Principio de la uniformidad: "Cuando se cruzan dos individuos de raza pura, los híbridos resultantes son todos iguales entre sí". El cruce de dos individuos homocigotas, uno dominante (AA) y otro recesivo (aa), origina sólo individuos heterocigotas, es decir, los individuos de la primera generación filial son uniformes entre ellos (Aa).

Segunda ley, o Principio de la segregación: "Ciertos individuos son capaces de transmitir un carácter aunque en ellos no se manifieste". El cruce de dos individuos de la F1 (Aa) dará origen a una segunda generación filial en la cual reaparece el fenotipo "a", a pesar de que todos los individuos de la F1 eran de fenotipo "A". Esto hace presumir a Mendel que el carácter "a" no había desaparecido, sino que sólo había sido "opacado" por el carácter "A", pero que al reproducirse un individuo, cada carácter segrega por separado.

Tercera ley, o Principio de la transmisión independiente:

Esta ley hace referencia al cruce polihíbrido (mono híbrido: cuando se considera un carácter; polihíbrido: cuando se consideran dos o más caracteres). Mendel trabajó este cruce en guisantes, en los cuales las características que él observaba (color de la semilla y rugosidad de su superficie) se encontraban en cromosomas separados. De esta manera, observó que **los caracteres se transmitían independientemente unos de otros**. Esta ley, sin embargo, deja de cumplirse cuando existe vinculación (dos genes están en loci muy cercanos y no se separan en la meiosis).

Experimentos de Mendel

Mendel inició sus experimentos eligiendo dos plantas de guisantes que diferían en un carácter: cruzó una variedad de planta que producía semillas amarillas con otra que producía semillas verdes, estas plantas forman la **Generación Parental (P)**.

Como resultado de este cruce se produjeron plantas que producían nada más que semillas amarillas, repitió los cruces con otras plantas de guisante que diferían en otros caracteres y el resultado era el mismo, se producía un carácter de los dos en la generación filial. Al carácter que aparecía le llamó **Dominante** y al que no, **Recesivo**. En este caso el color amarillo es dominante frente al color verde.

Las plantas obtenidas de la Generación Parental se denominan **Primera Generación Filial (F1)**.

Mendel dejó que se autofecundaran las plantas de la Primera Generación Filial y obtuvo la **Segunda Generación Filial (F2)** compuesta por plantas que producían semillas amarillas y plantas que producían semillas verdes en una proporción 3:1 (3 de semillas amarillas y 1 de semillas verdes). Repitió el experimento con otros caracteres diferenciados y obtuvo resultados similares en una proporción 3:1.

De esta experiencia sacó la Primera y Segunda ley

Más adelante Mendel decidió comprobar si estas leyes funcionaban en plantas diferenciadas en dos o más caracteres, eligió como Generación Parental plantas de semillas amarillas y lisas y plantas de semillas verdes y rugosas.
Las cruzó y obtuvo la Primera Generación Filial compuesta por plantas de semillas amarillas y lisas, la primera ley se cumplía, en la F1 aparecían los caracteres dominantes (amarillos y lisos) y no los recesivos (verdes y rugosos). Obtuvo la Segunda Generación Filial autofecundando la Primera Generación Filial y obtuvo semillas de todos los estilos posibles, plantas que producían semillas amarillas y lisas, amarillas y rugosas, verdes y lisas y verdes y rugosas, las contó y probó con otras variedades y se obtenían en una proporción 9:3:3:1 (9 plantas de semillas amarillas y lisas, 3 de semillas amarillas y rugosas, 3 de semillas verdes y lisas y una planta de semillas verdes y rugosas).

De esta experiencia dedujo la **Tercera Ley de Mendel.** Así es como el gran Gregorio Mendel hace sus descubrimientos acerca de la herencia y ésta como debemos de saber nos acerca a descubrir factores importantes en la herencia, ya más adelante hablaremos de cómo influye en lo que a nosotros nos interesa, que es la Criminología.

Influencias de los descubrimientos de Mendel en la Criminología.

A partir de los descubrimientos realizados por Gregorio Mendel y sus resultados, nace un ciencia llamada Genética, la cual se encarga de estudiar los fenómenos o las leyes que rigen la transmisión de características hereditarias, que tenemos que subrayar son válidas para todas las especies de la naturaleza.

Es así como se dan los resultados arrojados de los estudios de Mendel en guisantes, mismos que trasladaremos al ámbito de la Criminología, que es los que a nosotros nos importa en principio y que es lo que hereda un padre a un hijo, ésto derivado por los estudios abordados por Mendel sobre los heredables caracteres atómicos, cistológicos (célula) y funcionales, transmitido de padres a hijos. Con los descubrimientos de la informática se han realizado estudios más completos del genoma (factores hereditarios del individuo).

Según la maestra América Plata Luna, a la Criminología interesan particularmente las características genéticas de las poblaciones y de ciertos individuos de conducta peligrosa, aunque como lo mencionan varios estudiosos no se ha descubierto un gen de la criminalidad, sí existe una posibilidad mucho mayor de que se esté predispuesto a la criminalidad. Así como los descubrimientos de la genética llamaron de inmediato la atención de los criminólogos, los cuales buscaron desde luego las posibilidades de que la predisposición que ya mencionamos fuera hereditaria.

Los primeros experimentos y descubrimientos se dieron en enfermos mentales, encontrando la gran incidencia de parentesco consanguíneo entre los parientes de estos mismos.

Así es como podemos deducir que actualmente no se puede afirmar que la existencia de una carga hereditaria es explicativa de la génesis del delito, dado que no es la enfermedad o la criminalidad lo que se hereda, sino la predisposición.

Lo anteriormente explicado como importante aportación a la Criminología nos adentra a estudiar las corrientes que buscan en la herencia la causa de la criminalidad, además de conocer cuáles son los medios que se han empleado para conocer los factores hereditarios y cómo es que éstos influyen en la conducta de los criminales.

Tres son los métodos principales que se han utilizado para esta investigación:

1. El análisis de la genealogía del delincuente;

2. La genealogía estadística; y
3. La investigación en gemelos.

Las familias criminales

Muchos han sido los investigadores que orientaron sus estudios y sus esfuerzos al estudio de familias criminales, realizando una verdadera "genealogía criminal", encontrando concordancias notables, y demostrando que existen familias que se pueden considerar celebres en la criminalidad, abarcando varios tipos de delitos, pues no se dedican en especial a un solo tipo sino que al parecer se dedican a cometer varias diversidades de los mismos.

Aquí citaremos un ejemplo considerado clásico, el de la familia Juke, cuál es su peculiaridad, lo explicaremos mencionando en principio que esta familia fue seguida durante un lapso de tiempo aproximado de 200 años. La familia Juke es fundada por un malviviente alcohólico, el cual tuvo un aproximado de 709 descendientes, de los cuales 77 delincuentes, 202 prostitutas y 142 vagos y malvivientes, aquí surge otro investigador Estabrook el cual amplió las investigaciones, hasta localizar 30 000 descendientes, de los cuáles la mitad son deficientes mentales, y un tercio vagos y prostitutas. Aquí hay que hacer notar como el número de delincuentes aumenta con el paso del tiempo.

Pero también tenemos otro caso, el de la familia Zero, Victoria, Marcus y Kallikak, esta última investigada por Goddard, que encuentra dos ramas, una buena y otra mala, ya que el iniciador tuvo dos mujeres, una mujer denominada normal y una deficiente mental, siendo una familia "normal" y otra "antisocial".

Estos ejemplos nos brindan cuenta de que los hijos de criminales y alcohólicos son más que propensos a cometer crímenes, pero como es obvio los sociologístas alegaron que ésto era producido por el aprendizaje derivado de la convivencia, pues era lógico que los hijos de los criminales siguieran el ejemplo de los padres que es lo que mencionamos con anterioridad, el medio influye, tanto como el ambiente pero no hay por qué descartar y menospreciar que la herencia es parte importante de la criminalidad. Pero como la mayoría de estos datos fueron dados generalmente de manera verbal se llegó a la conclusión que había que buscar nuevos métodos de investigación que aportaran datos más fidedignos, así es como llegamos a la Estadística familiar.

Estadística Familiar

Para que no ocurrieran las mismas dificultades anteriores, los investigadores posteriores se ocuparon por usar la estadística para buscar datos más reales y tener un control.

Es así como varios investigadores coinciden en sus estudios al encontrar que la proporción de delincuentes condenados a prisión por delitos graves es mayor entre aquellos en los que ambos padres fueron delincuentes, que entre aquellos en los cuales sólo un padre fue condenado, y estos últimos son más que aquellos sin padres con antecedentes criminales.

Aquí citaremos un estudio, que Rudolf Bernhardt en 1930 efectuó sobre criminales, dividiéndolos en dos grupos:

a) Aquellos cuyos padres no eran criminales pero los abuelos y otros ascendientes sí; y
b) Aquellos sin parientes criminales.

El resultado fue que en el grupo "a" la proporción de hermanos delincuentes es el doble que en el grupo "b" a pesar de que ambos ambientes fueron considerados no criminógenos.

Los estudios sobre gemelos

Vamos a hablar un poco acerca de que los gemelos son sumamente importantes en los estudios de herencia en la Criminología y de aquí en adelante expondremos por que.

Empecemos por hacer una cita de los diferentes tipos de gemelos que hay, tenemos dos tipos que son:

a) Los llamados Monocigóticos, los cuales son idénticos, también llamados univitelinos, pues son producto de un solo óvulo el cual es fecundado por un solo espermatozoide; y
b) Los llamados Dicigóticos, también conocidos como

heterocigóticos, biovulares, o bivitelinos, que proceden de dos óvulos desprendidos al mismo tiempo y fecundados simultáneamente.

La diferencia es básica en cuanto a los gemelos monovitelinos tienen el mismo genotipo, todas sus características hereditarias son idénticas, por su parte los bivitelinos por el contrario traen una variación, es decir, tienen diferencias en la herencia y aunque puedan ser muy parecidos llegan a tener diferencias tan notables como pueden ser el sexo.

Se había observado que en gemelos hay una mayor correlación en lo que a crimen se refiere, es decir, si uno de los gemelos delinquía había mayor probabilidad de que el otro lo hiciera también, esta probabilidad era menor entre simples hermanos. Pero como la mayoría de las veces, los sociologistas argumentaron que no era prueba de un factor hereditario, sino una afectación del medio, ya que los hermanos gemelos tienen un educación similar.

Pero el medico alemán Johannes Lange publicó un trabajo sobre gemelos en criminología el cual tenia ya de por sí mucho de interesante desde el nombre "Crimen como destino".
El experimento de Lange consistió en estudiar a 30 pares de gemelos, de los cuales uno por lo menos había sido condenado a una pena de cárcel. De estos pares de gemelos trece eran monocigóticos y 17 dicigóticos, entro los 13 primeros el segundo gemelo fue condenado en 10 casos, mientras que entre los dicigóticos solamente encontraron a

dos condenados en el segundo gemelo. Como es posible observar, la teoría de Lange en cuanto a las tendencias innatas juegan un papel preponderante en la criminalidad, causó fuerte impacto, ya que echaban abajo aquello de las ideas del aprendizaje familiar del crimen.

Así es como se da un avance en la herencia como parte de la criminalidad y varios investigadores coincidieron que Lange tenía razón con más y más experimentos que confirmaron los dicho, pero fue Eysenck quien va a encontrar además que, tratándose de gemelos monocigóticos la concordancia, es decir, la coincidencia es del 85% para delincuencia juvenil, 65% para alcoholismo y de 100% para homosexualidad. Sin embargo cabe destacar que en un reciente estudio del año 2004, el cual se practicó con verdaderas gemelas, en un día pero con diversos estímulos. Una escucho su música favoritas, vio películas divertidas, salió de compras y encontró muchos objetos que le agradaron; incluso adquirió para la hermana presentes parecidos a los suyos. A la segunda le pusieron música excitante y películas muy tristes, e indecisa, fue a las tiendas. Cuando se encontraron, esta última casi no había comprado y de lo poco adquirido nada le gustaba. La otra, por el contrario, estaba alegre y encontró varias cosas que le satisficieron. Así que tenemos que decir, que el ambiente también es un factor importante para la formación de la personalidad.

Mencionaremos como dato cultural, un poco de lo que los experimentos con gemelos trajo como consecuencia para algunos desafortunados, porque no todos los estudios tienen los medios idóneos para llevarse a cabo o mejor dicho no se llevan a cabo para los fines del estudio. Así es como mencionaremos la vida y obra de Josef Mengele.

Josef Mengele

Josef era el mayor de los tres hijos de Karl Mengele (1881-1963) y su esposa Walburga (fallecida en 1946), unos acaudalados industriales de la ciudad de Günzburg (Baviera). Estudió medicina y antropología en las universidades de Múnich, Viena y Bonn.

Josef se doctoró en antropología en 1935 con una tesis doctoral acerca de las diferencias raciales en la estructura de la mandíbula inferior, bajo la supervisión del profesor Theodor Mollison. A continuación viajó a Fráncfort del Meno, donde trabajó como ayudante de Otmar von Verschuer en el Instituto de Biología Hereditaria e Higiene Racial de la Universidad de Fráncfort. En 1938 se doctoró en medicina con una tesis doctoral titulada *Estudios de la fisura labial-mandibular-palatina en ciertas tribus*.

Cabe destacar que la incumbencia como médico de Mengele no era tal, sino más bien estaba orientada al estudio genético-racial, más que a la medicina curativa.

Josef, quien pertenecía a las juventudes hitlerianas, se incorporó a las SA en el momento que éstas estaban a punto de desaparecer como grupo armado, y tuvo que renunciar. Intentó incorporarse a las SS pero no tuvo un éxito inicial; debió intentarlo tres años después.

Se casó en 1938 con Irene, una hermosa y educada dama de

religión luterana -a pesar de que Mengele era católico romano- y tuvo un hijo llamado Rolph.

En 1932, a la edad de 21 años, Mengele se afilió a Casco de Acero, *Liga de los soldados de vanguardia* (Stahlhelm, Bund der Frontsoldaten), asociación nazi que se incorporó a la Sturmabteilung (SA) en 1933 y que Mengele abandonó poco después alegando problemas de salud. Se afilió al partido nazi en 1937 y en 1938 entró en la *Schutzstaffel* (SS). Entre 1938 y 1939 sirvió durante seis meses en un regimiento de infantería ligera de tropas de montaña. En 1940 fue destinado a la reserva del cuerpo de médicos, comenzando un período de tres años en el que serviría en una unidad Waffen SS, la 5ª SS Panzergrenadier Division Wiking. En 1942, en Rostov, resultó herido en una pierna en el frente ruso y fue declarado no apto para el combate. Gracias a su comportamiento brillante frente al enemigo en el frente oriental fue ascendido al rango de capitán. Fue re-asignado entonces como *Lagerarzt*, médico de campo de concentración. Mengele fue enviado al campo de concentración de Auschwitz en sustitución de otro doctor que había caído enfermo. El 24 de mayo de 1943 se convirtió en el oficial médico del llamado campo gitano, una parte de Auschwitz-Birkenau, que administraba el KZ para entonces Rudolf HöB.

Fue durante su estancia de 21 meses en Auschwitz cuando el doctor Mengele alcanzó la fama, ganándose el apodo de "ángel de la muerte". Cuando los vagones de tren repletos de prisioneros llegaban a Auschwitz II (Birkenau), con frecuencia Mengele esperaba en el andén junto a otros médicos para seleccionar a los más aptos para el trabajo y la experimentación, así como quiénes serían enviados inmediatamente a las cámaras de gas.

Los supervivientes de este campo que conocieron a Mengele lo describían como un oficial impecablemente acicalado, muy apuesto y perfumado, de gestos aristocráticos y poseedor de una extraña mezcla de condescendencia y una ferocidad morbosa ante el poder de decidir quién vivía o moría. Una característica distintiva de Mengele era un notorio espacio interdental entre los dientes superiores frontales.

Recopilaba datos sobre la muerte por inanición de los infantes.

Mengele explicaba a otros colegas su actitud:

-"Cuando nace un niño judío no sé qué hacer con él: no puedo dejar al bebé en libertad, pues no existen los judíos libres; no puedo permitirles que vivan en el campamento, pues no contamos con las instalaciones que permitan su normal desarrollo; no sería humanitario enviarlo a los hornos sin permitir que la madre estuviera allí para presenciar su muerte. Por eso, envío juntos a la madre y a las criaturas"-

Los gemelos resultaban particularmente interesantes para Mengele. Dicho interés radicaba en las profundas influencias inculcadas por Otmar von Verschuer y Ferdinand Sauerbruch del Instituto Kaiser Wilhelm de Genética y Eugenesia, donde se embebió de los conceptos de herencia y raza pura y el problema judío era el núcleo de las discusiones. Mengele, siguiendo los pasos de Von Verschuer, había desarrollado un fuerte interés por los gemelos como una fuente de información acerca de estos conceptos pseudo-científicos, por tanto, cuando supo que Auschwitz era su destino, no pudo ocultar su satisfacción, pues el campo de concentración era un laboratorio lleno de *ratas judías*. A partir de 1943, los gemelos eran seleccionados y ubicados en barracones especiales. Cuando en la rampa de selección localizaba gemelos, para éstos constituía una esperanza de alargar la vida el pertenecer a esa condición. Los gemelos eran ubicados en un recinto especial y eran tratados algo mejor que los demás internos. Prácticamente todos los experimentos de Mengele carecían de valor científico, pero fueron financiados por el gobierno nazi. Incluyeron, por ejemplo, intentos de cambiar el color de los ojos mediante la inyección de sustancias químicas en los ojos de niños, amputaciones diversas y otras cirugías brutales y, al menos en una ocasión, un intento de crear siameses artificialmente mediante la unión de venas de hermanos gemelos (la operación fue un fracaso y el único resultado fue que las manos de los niños se infectaron gravemente). Las personas objeto de los experimentos de Mengele, en caso de sobrevivir al experimento, fueron casi siempre asesinados para su posterior disección.

Mengele extraía los ojos a sus víctimas y los colocaba en una pared como un muestrario de las variedades heterocromas que existían. Intentó también por la vía química cambiar el color de pelo de los internos mediante la aplicación de dolorosas inyecciones subcutáneas y en algunos casos realizó castraciones y experimentos en la médula espinal dejando paralizados a los intervenidos.

En cooperación con otros médicos, Mengele intentó también buscar un método de esterilización masiva; muchas de las víctimas fueron mujeres a las que se les inyectaba diversas sustancias, sucumbiendo muchas de ellas o quedándose estériles en muchos otros casos.

Mengele también realizó experimentos con gitanos y judíos que tenían enfermedades hereditarias de enanismo, síndrome de Down, siameses y otras afecciones e incluso con mellizos, diseccionándolos vivos y sumergiendo luego sus cadáveres en una tina con un líquido que consumía las carnes, dejando libres los huesos. Los esqueletos eran enviados a Berlín como un macabro muestrario de la degeneración física de los judíos.

Su familia en Alemania le respaldaba económicamente y prosperó en los 1950's, primero montando una tienda de juguetes y después como socio de una empresa farmacéutica, la Fadro Farm. En 1979, su estado de salud estaba en franco deterioro y la familia alemana que lo asistía lo invitó a refrescarse en una playa de pendiente muy suave, Bertioga, y Mengele accedió. Cuando algunos miembros se introdujeron en la playa, Mengele les siguió hasta alcanzar una distancia adentro de 100 metros y a escasa profundidad, entonces por motivos confusos y extraños se ahogó, a pesar de que uno de los amigos llegó pronto a darle auxilio (se estipuló desde calambres, ataque cardíaco, mareos, etc. hasta muerte provocada).

La versión oficial es que *se golpeó con un madero mientras nadaba en una playa llamada Bertioga y se ahogó*. Lo que causa extrañeza es que Mengele no sabía nadar. Fue enterrado en un cementerio en Embu con un nombre falso, Wolfang Gerdhard, con la asistencia de su hijo Rolf, ningún miembro más directo de su familia asistió.

En 1985, seis años después sus restos fueron exhumados e identificados en medio de una mediática presión de Israel, EE.UU, Wiesenthal y otros grupos antinazis. La identificación de los restos, si bien no fue concluyente, en un ciento por ciento resultó satisfactoria para quienes lo buscaban. Un defecto dental que poseía Mengele en sus dientes superiores frontales fue comprobado, además de coincidir en edad y estatura. En 1992, los análisis de ADN confirmaron finalmente su identidad.

Así es como una persona brillante pero sumamente mordaz deja a su paso una ola de terror tan grande y muere en la impunidad.

Estudios de adopción

Los estudios de adopción llevan solo a establecer que hay una relación entre genética y criminalidad. Pues para averiguar la influencia genética frente al medio ambiente, se estudió a hijos de criminales y a hijos adoptivos de criminales llegando a la conclusión de que los hijos de los criminales delinquen con mayor frecuencia que los hijastros de los mismos poniendo en duda los razonamientos sociologistas. Pues estos estudios demostraron que el medio afecta pero que en una proporción interesante hay mayor índice de criminalidad en hijos biológicos de padres delincuentes que en los hijos que son adoptados.

Aquí tenemos un ejemplo que se lleva a cabo en Iowa en 1975 se estudió a 41 mujeres sentenciadas que dieron en adopción a sus hijos, se escogió un grupo de control, resultando que los hijos biológicos de criminales delinquieron en proporción de 8 a 1.

LA DIRECCIÓN SOCIOLÓGICA

Esta área del conocimiento de la Criminología intenta estudiar y descubrir el fenómeno criminal desde el punto social; algunos autores creen que los principales factores criminógenos son los externos y no los internos.

La Dirección Sociológica es de gran importancia por sus estudios del medio ambiente, logró avances notables principalmente en Norteamérica y en los países del régimen socialista.

Algunos autores de esta dirección toman en consideración factores externos de naturaleza no propiamente social, pero que por su influencia en la sociedad y por su interpretación sociológica se incluyen en esta dirección.

ESCUELAS CARTOGRÁFICAS O ESTADÍSTICAS.

También llamada Geográfica. Su fundador es Adolphe Quetelet, de origen belga (Gand, 1796 - 1874), y uno de sus principales exponentes es André Guerra, francés (1802-1866). Ambos pueden considerarse como los fundadores de la corriente sociológica en Criminología, a pesar de que esta ciencia se iniciará años más tardQuetelet y Guerra marcan una dirección definida con sus investigaciones; el crimen es un producto de la sociedad, y deben estudiarse y aplicarse la existencia y distribución de los delitos (manejaban estadísticas judiciales) en la sociedad, siendo los factores externos los prevalentemente importantes.

Para esta escuela, el delito es un fenómeno colectivo y hecho social, regido por leyes naturales, como cualquier otro suceso y requerido de un análisis cuantitativo. No es un acontecimiento individual.

El delito es una magnitud regular y constante. Tiene periodicidad producto de leyes sociales que el investigador debe descubrir y formular. No interesa averiguar las causas del delito, sino observar su frecuencia.

El delito es un fenómeno normal, inevitable, constante, regular y necesario. El único método adecuado para la investigación del crimen como fenómeno social y magnitud es el Método Estadístico.

Quetelet dice que los hechos humanos y sociales se rigen por las leyes que gobiernan los hechos naturales, por leyes físicas, y propugna una nueva disciplina; la mecánica social, y un nuevo método, el método estadístico, para analizar dichos hechos humanos.

Quetelet, aplicando la estadística a los fenómenos sociales en (1835), originó la Antropometría y se ocupó de obtener datos acerca del número de suicidios, delitos, etc.

En conclusión, la Escuela postula que:

   a) El crimen es un fenómeno social de masas, no es individual.
   b) El crimen es regular y constante.
   c) La normalidad del delito, pues, el delito es normal en la sociedad y sólo se lo debe investigar cuando sobrepase los índices normales.

Esta Escuela ha sido criticada por su método ya que los datos estadísticos son sólo presupuestos del crimen y no siempre reflejan la realidad.

LAMBERT ADOLPHE QUETELET.

Personaje extraordinario dentro del mundo de la ciencia; considerado uno de los científicos más notables, astrónomo, demógrafo, sociólogo, catedrático, principalmente conocido por sus estudios matemáticos, pudiendo considerarse como el fundador de la estadística. Manejo y descubrió varias leyes estadísticas, elaborando la curva de distribución normal, que es llamada "*Curva de Quetelet*".

Dentro de sus exámenes estadísticos hizo estudios cartográficos y geográficos, y buscó la distribución estadística de algunos fenómenos dentro de la geografía europea; uno de los fenómenos que más llamó su atención fue el problema de la delincuencia, así, en un libro que llamó "Física Social", escrito en 1835, va a señalar estos hechos fundamentales:

a) Los hechos humanos y sociales se rigen por las reglas generales que gobiernan los hechos naturales.
b) Es posible la formación de una ciencia que estudie a la sociedad en forma tal que se convierta en una verdadera "mecánica social", equivalente a la mecánica celeste de Laplace.
c) Un solo método es válido para llegar a esta mecánica, y este método es el estadístico
d) Debe buscarse en todo fenómeno colectivo la frecuencia media relativa, su distribución serial, etc.

Del estudio del fenómeno criminal como fenómeno colectivo, desprende tres conclusiones:

a) Que el delito es un fenómenos social, producido por hechos sociales que son detectables y determinables estadísticamente; así, "La sociedad lleva en sí, en cierto sentido, el germen de todos los delitos que vendrán cometidos, junto a los elementos que facilitarán su desarrollo".

b) Que los delitos se comenten año con año, con absoluta precisión y regularidad. (Si en el primer punto va a adelantar las críticas que se le iban a hacer a Lombroso, en este segundo punto vemos que Quetelet se adelanta a lo que iban a ser las leyes de saturación de Ferri). Los totales se repiten, anualmente, no sólo en un número de delitos, sino en el tipo de los mismos. La importancia, es que el balance del delito se puede calcular con anticipación.

c) Que hay una serie de factores que intervienen en la comisión de determinados delitos, como son: el pauperismo, la situación geográfica, el analfabetismo, el clima, etc. Pero no puede aceptarse una sola "causa", ya que se demuestra que varias ideas comúnmente aceptadas no son aceptables, por ejemplo, algunos barrios de gran pobreza no son los más criminógenos. Una vez sentados estos tres puntos fundamentales, Quetelet enumera sus famosas leyes térmicas:

1. Que en invierno se comete mayor número de delitos contra la propiedad que en verano. Esto se debe a que la vida es mucho más difícil en invierno que en verano, porque ahora tenemos un fenómeno social muy interesante: la problemática de la navidad, en la cual, hay mucho más dinero y además, por cuestión publicitaria, hay una verdadera euforia de gastar, de regalar cosas, de comprar, de comer, etc., en parte por la abundancia y en parte por la necesidad de hacer regalos.
2. Dice que los delitos contra las personas se cometen fundamentalmente en verano, ya que por la temperatura, las pasiones humanas se ven excitadas, los días son más largos y por lo tanto hay más tiempo para divertirse, además la misma temperatura hace al sujeto irritable, lógicamente se consumen más bebidas, cerveza o vino, y mientras que en invierno la gente no piensa en salir de casa, en verano busca salir del horno que es su habitación, trata de buscar un poco de aire, entonces hay más contacto, más relación social, más enojos, riñas, etc.
3. Los delitos sexuales se presentan con mayor frecuencia en la primavera; no es más que el fenómeno de reproducción de todos los animales, generalmente todos salen en primavera a unirse para poder perpetuar la especie, y, por lo tanto, el hombre no es ninguna excepción.

Intervienen en este tipo de delitos factores psicológicos y sociales, como puede ser la moda, que en primavera es más ligera, y la posibilidad de salir y convivir después del largo encierro que representa para muchos pueblos el invierno.

Para una mayor comprensión de las leyes térmicas, que las estaciones en Europa son más marcadas, diferenciadas entre ellas que en países tropicales, y que a medida que se alejan del Ecuador, las curvas de criminalidad serán más pronunciadas en sus diferencias estacionales.

Para los estudios de las diferencias humanas en general y criminales en particular, Quetelet parte de la regla de que "todo lo que vive, crece o decrece, oscila entre un mínimo y un máximo".

Para calcularlo, se busca un término medio, un "hombre normal", especie de centro de gravedad alrededor del cual oscilan las divergencias individuales.

Quetelet va a descubrir y demostrar, ya estadísticamente, como la criminalidad femenina es inferior a la masculina, en proporción de 6 a 1. Porque el promedio europeo es 5 a 1. En México es de 9 a 1 en sentenciadas.

Igualmente comprobó que el mayor número de delitos los comete el hombre entre los 14 y 25 años, mientras que en la mujer la curvación es entre los 16 y 27 años.

La propensión criminosa se manifiesta en la primera infancia y en la infancia, por los pequeños hurtos domésticos, y más tarde, al impulso de las pasiones aparecen los delitos sexuales; al cumplirse los 20 años, cuando la fuerza física ha completado su desarrollo, pasiones y vicios llevan a delitos violentos, tales como el homicidio. Posteriormente, la madurez del juicio influye transformando los delitos violentos en delitos de astucia y son entonces los abusos de confianza y los fraudes que aprovechan la candidez ajena; al llegar después la decadencia física, con la vejez, la codicia domina entre todas las pasiones, aunque no agotadas ellas del todo, y que recae en los abusos deshonestos con personas menores de edad, como última manifestación de la fuerza sexual en momentánea eflorescencia.

El hombre, como individuo, demuestra tener la más grande libertad de acción, y su voluntad no parece tener límites; todavía mientras más grande es el número de individuos observados, más la voluntad individual parece disminuir, dejando predominar una serie de hechos generales, que dependen de las causas en virtud de las cuales la sociedad existe y se mantiene y mientras resulta muy importante en los individuos, el libre albedrío no tiene efecto apreciable en el cuerpo social, donde en un cierto sentido todas las diferencias sociales se neutralizan una con la otra.

La influencia de Quetelet en la criminología ha sido definitiva, y algunos han considerado que el método estadístico es, en realidad, el único método válido en nuestra ciencia.

ANDRÉ MICHAEL GUERRY.

Publicó en 1833 su *"Ensayo sobre la estadística moral de Francia"*, con datos sobre sexo, edad, instrucción y profesión de los delincuentes, y de la influencia del criminal y geográfica del crimen.

Guerry tenia formación jurídica y aunque su obra es mas descriptiva que interpretativa, llega a conclusiones por demás interesantes ya que reunió todo tipo de estadísticas durante 30 años, no sólo de Francia sino de otros países, principalmente de Inglaterra.

Realizó los primeros mapas de criminalidad en Europa (de aquí el nombre de la escuela, carta significa mapa).

Por este medio queda claro que la criminalidad contra la propiedad se carga al norte, en tanto que los atentados contra las personas son más frecuentes al sur.

Como puede observarse la conclusión geográfica coincide con la térmica, pues hay relación entre lugar y clima, pues hacia al norte hace frío, en tanto que hacia el sur hace calor.

Guerry notó también la relaciones raciales, culturales y laborales del fenómeno, señalando, por ejemplo, que las zonas norte están más industrializadas que la zonas sur.

Entre las proposiciones de Guerry de particular importancia se encuentran:

a) No es posible regular la sociedad con leyes basadas en teorías metafísicas y en la búsqueda de un tipo ideal que responda a una idea de justicia absoluta.
b) "Las leyes no son hechas para los hombres considerados en abstracto, para la humanidad en general, sino para hombres reales, colocados en condiciones particulares y bien determinadas.
c) Los delitos contra la persona provienen de concupiscencia o desorden de la vida privada y no de la miseria.
d) Los delitos se repiten año con año, con sorprendente regularidad.
e) No hay coincidencia absoluta y directa entre ignorancia y delito debe distinguirse instrucción de educación
f) La estadística moral no busca descubrir lo que debería de ser, sino lo que es.
g) Las estadísticas se refieren a una dada categoría de individuos tomados como masa, y no a los sujetos componentes de la categoría, considerados singularmente, por lo tanto es imposible predecir cual será el comportamiento futuro de un individuo en particular, en determinadas circunstancias.
h) La constancia en las cifras de la criminalidad y de sus motivos no excluye la libertad de los individuos que componen la masa.

En México hay varios trabajos estadísticos dignos de mencionar, como los de Rafael Ruiz Harrel, Leticia Ruiz de Chávez y Ma. Luisa Rodríguez Sala de Gómez Gil.

El trabajo más importante realizado en México en esta materia, es el del maestro Quiroz Cuarón que estudia 38 años de la criminalidad mexicana, para mostrarla en su realidad estadística, encontrando datos como los siguientes:

La media anual de presuntos delincuentes a sido de 43 mil 161 llegando a sentencia 25 mil 138, o sea que tan sólo el 58 % de los presuntos delincuentes fue sentenciado.

Se cometían 30 homicidios diarios, de los cuales 17 quedaban impunes; la tasa de homicidio era 48.10 por 100 mil habitantes.

En un estudio más actualizado Quiroz Cuarón descubre que la situación ha mejorado, aunque dista mucho de ser satisfactoria, y señala como característica (1926-1966):

- Los delitos violentos representan el 52.98% del total de delitos.
- De cada 100 presuntos delincuentes 92 son hombres y 8 mujeres.
- De cada 100 presuntos delincuentes son sentenciados 58, de los cuales 93.2% son hombres y 6.8% mujeres
- El horario de la delincuencia mexicana es: un delito cada 12 minutos, un homicidio cada hora veinte

minutos, un delito de lesiones cada 38 minutos, una violación sexual cada 10 horas 2 minutos, un rapto o estupro cada 3 horas 12 minutos, un robo cada 48 minutos, daños en propiedad ajena cada 7 horas 48 minutos, fraude cada 9 horas 21 minutos, y otros delitos cada hora 19 minutos.

ESCUELA ANTROPOSOCIAL

Esta escuela francesa también llamada Escuela de Lyon, fue la gran opositora de la escuela italiana. Da fundamental importancia a los factores sociales, sin los que el crimen no puede presentarse.

La Escuela Francesa se caracteriza principalmente por la gran ascendencia que aquella tuvo, el químico Luís Pasteur, siguiendo así el símil pasteuriano, diciendo que el criminal es un microbio, y así consideran que el microbio como tal, es un estado de asepsia, cuando no está en un medio adecuado, es inocuo, totalmente inofensivo, pero si a éste se le pone en un campo de cultivo adecuado se va a reproducir, a convertirse en terriblemente virulento.

La escuela de Lacassagne va a considerar que el criminal solamente es peligroso en cuanto esté en un medio adecuado.

La Escuela Francesa combatió la idea del criminal nato de Lombroso, y es la primera en usar el término "predisposición"; el criminal nato no está predestinado a delinquir, no existe tal criminal nato, existen sujetos predispuestos a la delincuencia, pero no predestinados.

La Escuela de Lyon dio un gran avance a la Criminología pero no llega a ser Sociología Criminal porque no eran sociólogos, era un grupo de médicos.

Dividen los factores criminógenos en Factores Predisponentes y Factores Determinantes. Nos dicen que en el cerebro existen tres zonas básicas; La zona frontal donde están, las funciones intelectuales del sujeto, mientras que atrás, en la zona occipital, están las afectivas, y en medio, en la parietal, las volitivas; que entre estas tres zonas del cerebro tiene que haber un equilibrio; si no hay este equilibrio el sujeto tiene trastornos considerables, en los que puede encontrarse al estar predispuesto hacia el crimen.

Hay una serie de normas, reglas, conceptos, de la Escuela Francesa que aún se conservan, por ejemplo la frase de Lacassagne de que "las sociedades tienen los criminales que se merecen". Locard, discípulo de Lacassagne completó la frase diciendo: "y yo digo también: las sociedades tienen la policía que se merecen". Otra frase en la que se le nota la influencia de Rousseau, es aquella que dice: "a mayor desorganización social, mayor criminalidad; a menor desorganización social, menor criminalidad; existe más criminalidad entre las sociedades y los Estados desorganizados que entre los Estados y sociedades mejor organizados".

PAUL AUBRY.

En su "Catálogo del homicidio" (1895), había desarrollado la imagen bacteriana al observar que, en una epidemia, ciertos miembros de una familia enferman, otros mueren, y otros quedan intactos, a pesar de estar en contacto con los enfermos. Cundo se trata de un contagio moral, del contagio del delito pasan las cosas del mismo modo con la diferencia de que sólo se puede analizar los elementos nocivos, en vez de examinarlos o cultivarlos.

Los factores predisponentes serían la herencia, el desequilibrio nervioso, las deformaciones anatómicas, etc., en tanto que los agentes que transmiten el contagio son la educación, familia, presión, las malas lecturas (nota roja), las ejecuciones públicas, etc.

LA ESCUELA SOCIALISTA.

En el siglo XIX aparecieron una serie de teorías que son una reacción al industrialismo y a los imperialismos industriales, y que buscan explicar los fenómenos sociales desde el punto de vista económico, creyendo que el mejoramiento o la solución a los problemas económicos resolverá el resto de los problemas sociales, ya que la economía es la estructura y las demás son infraestructuras.

Desde luego, al tratar de dar una interpretación desde el punto de vista del materialismo histórico, dentro del materialismo dialéctico y dentro del materialismo económico, es obvio que el problema criminal lo van a tratar de explicar también desde este punto de vista.

Pocas corrientes son tan exógenas como ésta, aquí no se toma en cuenta para nada a los factores internos, sino sólo se le va a dar al crimen una explicación externa.

Así, partiendo de la teoría de Marx y Engels, el crimen va a tener una explicación económica, es decir, el crimen va a ser producto de la explotación del proletariado, de la desigualdad social, de la lucha de clases.

Fue en Italia, donde un grupo de pensadores desarrolló en principio esta escuela, en mucho como reacción al sistema lombrosiano y al individualismo de la Escuela Positiva.

Está apoyada por el filósofo Durkheim y esta escuela no tiene su fundamento en el contrato sino en la dialéctica.

Esta escuela tiene antecedentes en la cartográfica y en la de interpsicología.

Para la escuela social, el presupuesto operante es el de la desigualdad material y la división del trabajo.

Su sistema jurídico busca ante todo una justicia social y tiene un criterio político que busca la comprensión y mejoras sociales.

El mérito principal de la escuela social radica en introducir el concepto de "función social del derecho", en el cual, la ley aparece como el mejor mecanismo para lograr una justa composición y un equitativo desarrollo de la sociedad.

La principal crítica a la Escuela Socialista es que se trata de una explicación monísta, unilateral, de la criminalidad.

KARL MARX Y FEDERICO ENGELS

Marx (1818-1883), de origen judío-alemán, hijo de un abogado convertido al protestantismo, estudió filosofía, historia, derecho, en las universidades de Bonn y Berlín. Fue toda su vida un luchador por su causa, vivió exiliado en París, Bruselas y Londres. Su obra es muy amplia, resaltando entre ella el "Manifiesto del Partido Comunista" y "El Capital".

Las ideas básicas de los criminólogos socialistas parten de la teoría marxista, desarrollándose principalmente sobre bases marxistas-leninistas; desprendiéndose los siguientes postulados:

1. El mundo se halla en constante movimiento, cambio y desarrollo. Nada es inmutable.
2. El cambio es en forma dialéctica. (tesis-antítesis-síntesis)
3. La base económica de la sociedad determina su estructura social.
4. El poder creador histórico del pueblo no se limita a

lo material, sino que moviliza también la ciencia y la cultura.
5. Un fenómeno o grupo de ellos que son anteriores o interactuantes dan lugar a la causa, y el fenómeno producido se llama resultado. Aunque la causa precede siempre al efecto, el simple pasaje del tiempo no es signo de la condición de la causa.
6. La teoría es materialista. El materialismo dialéctico es determinista.
7. Lo nuevo es consecuencia del desarrollo, y no aparece repentinamente, sino como consecuencia de una serie de prerrequisitos que se llaman posibilidades.
8. El Derecho es el conjunto de principios y reglas de conducta expresados en leyes a cargo del Estado. En la sociedad burguesa el Derecho refleja las ideas de la clase dominante, mientras en la socialista expresa los intereses de la totalidad del pueblo.
9. Con la completa victoria del comunismo, no habrá necesidad del Derecho, pues éste formará parte de los deberes y reglas de la vida comunista.
10. La historia se explica como una lucha de clases.

Para Marx el crimen es una de las patologías del sistema capitalista. Habla de los beneficios del crimen y describe que el criminal no produce tan solo criminalidad, sino también la ley penal, los penalistas, tratados sobre la criminalidad, el aparato policiaco, la administración de justicia con sus jueces, jurados, abogados, verdugos y todas las categorías dentro de la división del trabajo que crean nuevas necesidades y nuevos medios de satisfacerlos.

Por si esto fuera poco, el criminal rinde un "servicio" al agitar los sentimientos morales y estéticos del público, e "interrumpe la monotonía y la seguridad de la vida burguesa".

Económicamente, el crimen quita del mercado de trabajo una porción excedente de la población, disminuye la competencia laboral, y por otra parte, la guerra al crimen absorbe otra parte de la población, abriendo la puerta a múltiples ocupaciones llamadas "útiles".

Adelantándose a la idea de utilidad del crimen de DURKHEIM, Marx termina este estudio diciendo: "El día en que el mal desapareciera, la sociedad se verá averiada, si no es que desaparecerá también".

Explica la violencia como algo dado en toda sociedad de clases, por lo tanto cuando un revolucionario recurre a ella es para oponerse a la violencia establecida. La violencia sólo desaparecerá cuando no existan las clases sociales, pues desaparece el Estado y con él la violencia socialmente organizada.

Engels (1820-1895), explica el fenómeno en los siguientes términos: La rebelión de la clase obrera contra la burguesía comenzó poco después de alcanzar la industria, en el sentido moderno, sus primeras etapas de desarrollo... esta rebelión en su forma más cruda, prematura e infructuosa de manifestarse, asumió las características del crimen. El obrero vivía en la indigencia y en la miseria, viendo que otros llevan una vida feliz. No acertaba a comprender por qué él, que había hecho por la comunidad más que el rico perezoso, había de ser el que llevaba el peso del sufrimiento. La necesidad le obligaba a vencer su respeto tradicional a la propiedad, y se echó a robar. A medida de que el rico progresaba, los delitos aumentaban, y el mínimo anual de condenas correspondía sobre poco más o menos el número de balas de algodón consumidas. Sin embargo, el obrero no tardó en darse cuenta de que con el robo no salía ganando nada. El ladrón sólo podía protestar individualmente, aisladamente, sobre la forma social imperante, y la sociedad caía sobre él con todo su peso, aplastándolo con una abrumadora mayoría. El robo es la forma más primitiva de protesta, por eso no llegó a ser jamás reflejo general del espíritu de la clase obrera, por mucho que los trabajadores la perdonasen secretamente en el fuero interno de sus corazones.

FILIPPO TURATTI

Tratadista y político italiano (1857-1932), uno de los fundadores del Partido Socialista de los Trabajadores Italianos, gran luchador de causa socialista, fue opositor de la Scuola Positiva y tuvo interesantes polémicas con Ferri, al que logró convencer de varios puntos.

Se lanza contra el régimen capitalista, dice que éste produce no solamente indigencia y un aumento de las necesidades, sino que estimula la codicia: favorece la comisión de los delitos contra la propiedad y por lo tanto es producto del crimen; habla de que la codicia se despierta por la enorme diferencia que existe entre los pobres y los ricos.

El régimen capitalista va a producir el fenómeno del proletariado que son aquellas grandes masas obreras que dan como resultado de grandes concentraciones, promiscuidad y pobreza, por lo tanto el problema proletario es un problema criminógeno.

El error está en creer que el único factor criminógeno es la miseria o la mala distribución de la riqueza; es uno de los factores de importancia, pero no el único, ni decir que desapareciendo las masas proletarias desaparece el crimen, o por el hecho de ser proletario se es ya criminal, lo que se puede decir es que el industrialismo, el capitalismo y el fenómeno del proletario son factores criminógenos.

Turatti razona en el sentido de que, aceptando los tres órdenes de factores criminógenos (físicos, antropológicos y sociales), y la clasificación de delincuentes (locos, natos, pasionales, habituales y ocasionales), es evidente que la mayoría de los delincuentes lo son por razones sociales, pues haciendo las necesarias exclusiones sólo quedaría un 10% de delitos en los que el origen es predominantemente personal.

Así concluye que, una vez modificado el ambiente social, que es el que hace el ciudadano, aún la pequeña minoría de delincuentes alienados, natos y pasionales desaparecerán lenta y gradualmente como resultado de un mejor orden social basado en la cultura, el bienestar material, y en una selección natural ayudada y no contrariada.

NAPOLEÓN COLAJANNI.

Jurista, sociólogo italiano (1847-1921), profesor en Nápoles, diputado y autor prolífero, sus principales obras son Socialismo y Sociología Criminal (1884) y Sociología Criminal (1889), las que constituyen una crítica a la Escuela Positiva más que un tratado de los problemas criminales.

Acepta el estudio del hombre delincuente en lugar del delito, la influencia de la herencia psíquica, las medidas preventivas, etc.

Fue discípulo de Lombroso, busca teorías socio-económicas, el sistema económico mundial para la prevención de la delincuencia, llegando a una conclusión; el régimen que logrará la mejor distribución de la riqueza, sería el régimen mundial contra la criminalidad. A mejor distribución de la riqueza, menos criminalidad.

Quitó a la interpretación atávica todo elemento orgánico o físico, reduciéndola al elemento puramente psicológico. "El atavismo psicológico es la reaparición en los hombres de una determinada raza, de caracteres (psíquicos) propios de fases de evoluciones recorridas".

Negó que el alcoholismo sea causa de miseria, sino que es la miseria, la que empuja a las clases sociales al alcoholismo.

Su obra más importante la representan sus estudios sobre la influencia directa e indirecta del factor económico en su estática y en su dinámica.

Siendo el factor económico el sobresaliente, debe estudiársele en cuanto tiene una acción directa sobre el génesis de la delincuencia, pues la carencia de satisfactores es estímulo suficiente para empujar al hombre para proveerse de medios de cualquier forma, honrada o criminal. Indirectamente, lo económico influye en múltiples situaciones como la guerra, vagancia, prostitución, educación, familia, etc.

ENRICO FERRI

Nos concentraremos básicamente en aspectos fundamentales y originales, como la clasificación del delincuente, la teoría de saturación criminal, los substitutivos penales y la naturaleza del delito.

Clasificación del delincuente.

La clasificación de los delincuentes de Ferri parte de la de Lombroso y en realidad fue la adoptada por la escuela positiva.

Se consideran cinco especies de delincuentes:

1. Nato: Es aquel que tiene una carga congénita y orgánica que es la razón de su delito, lo que hace la prognosis altamente desfavorable.
2. Loco o alineado (pazzo): El que padece una grave anomalía psíquica, pero que además tiene atrofiado el sentido moral.
3. Habitual: Su tendencia a delinquir es adquirida, aunque tenga base orgánica, ya que no se adquieren hábitos que no estén conforme al propio ser.
4. Ocasional: Cede ante la oportunidad de delinquir, es el medio el que lo arrastra, y su base orgánica es pequeña.
5. Pasional: Es una variedad del ocasional, pero presenta características que lo hacen típico, principalmente la facilidad con que se enciende y explota en su parte sentimental.

Factores Criminógenos

1. Factores antropológicos:

    a. La constitución orgánica del criminal (todo lo somático: cráneo, vísceras, cerebro, etc.)
    b. La constitución psíquica (inteligencia, sentimientos, sentido moral, etc.)
    c. Los caracteres personales (raza, edad, sexo, estado civil, educación, etc.)

2. Factores físicos (telúricos): Clima, suelo, estaciones, temperatura, agricultura, etc.
3. Factores sociales: La densidad de población, la opinión pública, la religión, la moral, la familia, la educación, el alcoholismo, la justicia, la policía, etc.

Ley de Saturación Criminal

Ferri considera el crimen como un fenómeno social y esta ley indica que, en un medio social determinado, con condiciones propias tanto individuales como físicas se cometerá en un número exacto de delitos, si estas condiciones no cambian.

Hay una regularidad de la criminalidad, y no es posible por lo tanto que las penas sean siempre las mismas, ni que sean un remedio eficaz.

Los sustitutivos penales.

Habiendo demostrado la ineficacia de la pena, como instrumento de defensa social, Ferri propone medios de defensa indirecta, que llama "sustitutivos penales", que se resumen en lo siguiente:
"El legislador, observando los orígenes, las condiciones, los efectos de la actividad individual y colectiva, llega a conocer las leyes psicológicas y sociológicas por las cuales él podrá controlar una parte de los factores del crimen, sobre todo

los factores sociales, para influir indirecta pero seguramente sobre el movimiento de la criminalidad".

Divide los sustitutivos en siete grupos:

- De orden económico, como el libre cambio, la libertad de emigración, la disminución de tarifas aduanales, impuestos progresivos, impuestos a los productos de lujo.
- De orden político, que van dirigidos a evitar crímenes políticos, rebeliones, conspiraciones, y aún, una guerra civil. Todo lo anterior debe basarse en la más absoluta libertad de opinión y el respeto continuo que los derechos individuales y sociales.
- De orden científico, entendiendo que el progreso en la ciencia debe proveer el antídoto para evitar la criminalidad con mayor efectividad que la represión penal.
- La fotografía, la química, la medicina forense, la toxicología, han inventado o descubierto cosas que pueden ser utilizadas para delinquir, pero al mismo tiempo deben proveer los medios para evitar su utilización criminal.
- De orden legislativo y administrativo, donde se resalta que es necesario establecer y bien reglamentar, el abogado de los pobres (defensor de oficio), el auxilio a las víctimas de los delitos, los jurados de honor (para evitar duelos, el notariado, el Registro Civil, los orfanatos, los centros para madres solteras, los

- patronatos para reos liberados, etc.)
- De orden religioso, una religión corrompida puede favorecer la criminalidad, así como una religión que vea por el bien de todos y no el de una casta, podría impedir cantidad de crímenes.
- Como medidas concretas, Ferri propone: prohibir las procesiones públicas (riñas, desorden), suprimir los conventos (vagancia, mendicidad), disminuir el lujo de las iglesias (robos), abolir las peregrinaciones (orgías, estupros), permitir el matrimonio de los ministros de los cultos (delitos sexuales, etc.).
- De orden familiar, dado que el divorcio es uno de los principales, evita adulterios, bigamia, homicidios, infanticidios, etc.
- De orden educativo, ya que el alfabetizar al pueblo indudablemente ayuda contra la criminalidad, aunado a otra serie de conocimientos útiles para la vida.

La naturaleza del delito.

Para Ferri, el delito es un fenómeno de :

I. Normalidad:
    a. Biológica (Albretcht)
    b. Social (Durkheim).
II. Anormalidad biológica:
    a. Atavismo:
        i. Orgánico y psíquico (Lombroso, Kurella)
        ii. Psíquico (Colajanni)

- b. Patología de :
    - i. Neurosis (Dally, Minzloff, Maudeley, Virgilio, Jelgersma, Bleuler)
    - ii. Neurastenia (Benedikt, Liszt, Vargha).
    - iii. Epilepsia (Lombroso, Lewis, Roncoroni)
    - iv. Degeneración (Morel, Sergi, Fere, Zuccarrelli, Magnan, Corre, Laurent)
- c. Defecto de nutrición del sistema nervioso central (Marro).
- d. Defecto de desarrollo de los centros inhibidores (Bonfigli)
- e. Anomalía moral (Despine, Garófalo)

III. Anormalidad social por:
- a. Influencias económicas (Turatti, Battaglia, Loria)
- b. Inadaptación jurídica (Vaccaro).
- c. Influencias sociales complejas (Lacassagne, Coljanni, Prins, Tarde, Topinard, Manouvrier, Raux, Baerkin, Gumpowickz).

IV. Anormalidad biológica, física y social:
- a. Ferri.

JEAN GABRIEL TARDE.

Nació en el pueblo de Sarlat, Francia (1843-1904), miembro de familia aristocrática. Su padre fue militar que después de las Guerras Napoleónicas siguió la carrera de derecho y fue juez en su pueblo. Tarde estudió en una escuela de jesuitas latín, griego, historia y matemáticas.

Una enfermedad en la vista a los 19 años, producida a consecuencia de estudios excesivos, lo llevó a estudiar la carrera de derecho en la Universidad de Toulouse, relatando que quizá no tanto por vocación personal, sino que por imitación, costumbre, es por lo que ingresó a la magistratura. Aceptó ser juez de instrucción en Sarlat, negándose a aceptar todos los ascensos que le proponían por estar junto a su madre y después por optar entre su ascenso profesional y su desenvolvimiento personal por el estudio, mediante el empleo científico de numerosos ocios y dicha elección fue obra de poco tiempo.

En 1893, fue invitado por el Ministro de Justicia a preparar un trabajo sobre la organización de la estadística criminal, y en 1894 fue nombrado director de Estadística Criminal del Ministerio de Justicia en París. Ya en la capital pudo publicar el grueso de su obra.

Fue el más radical enemigo de Durkheim, y son célebres sus polémicas públicas en 1903. Fue opositor de la Nueva Escuela Italiana, llegó a ser director de los Archivos de Antropología Criminal que había fundado Lacassagne.

Para Tarde toda la ciencia tiene por objeto comprobar repeticiones, porque el mundo es, al fin y al cabo, una repetición que se manifiesta en el orden físico, como herencia en el orden orgánico, y como imitación en el orden social.

La teoría sociológica de Tarde gira alrededor de tres conceptos centrales: invención, imitación y oposición.

Los inventos, que son creaciones de los talentos individuales, son diseminados a través del sistema social por los procesos de imitación y avanzan hasta encontrar el obstáculo el cual tendrá oposición, y que podrá ser anulado, superado, o que triunfará iniciando un nuevo proceso. La invención es la fuente primaria de toda innovación y progreso, es el punto de partida. La fuente de toda invención se encuentra en las asociaciones creativas que se originan en las mentes de los individuos, los cuales:

a) Reconocen que determinada meta es deseable.
b) Tratan de llegar a esa meta con los medios existentes.
c) Por alguna razón los medios son insuficientes.
d) Afirman la necesidad de generar nuevos medios para lograr alcanzar la meta.
e) Crean, inventan, algo apropiado.

La imitación es una cuasi fotografía reproducción de una imagen cerebral, puede ser de dos tipos.

La imitación lógica es aquella en la cual los aspectos racionales y lógicos son enfatizados, y cuando una particular invención está más cerca de la más avanzada tecnología en la sociedad, más será imitada.

La imitación extralógica sigue leyes especiales, por ejemplo: en su origen las invenciones tienden a ser imitadas por aquellas partes de la sociedad que están más cerca de la fuente de invención, y posteriormente serán irradiadas hacia las partes más distantes. La imitación extralógica desciende de las capas socialmente más altas hacia las capas bajas.

La imitación es extralógica cuando no deriva del valor de la novedad adoptada.

La sociedad es una reunión de gentes que se imitan. La imitación es la conformidad psicológica, orgánica, entre los asociados, por virtud de la cual se repiten ideas, se comulga en idénticos pensamientos, se siente al unísono, es lo característico de lo social. Así un grupo social es una colección de seres, en tanto se imitan unos a otros, o bien sin imitarse actualmente se parecen, y sus rasgos comunes son copias antiguas de un mismo modelo.

La aplicación de esta teoría tardiana de la criminología, es decir, el crimen como fenómeno de imitación y el criminal como un ser que imita.

Para Tarde el criminal es poco original, es hipnotizado o sonámbulo, que no sabe lo que hace o lo hace como estando en sueños.

Pensamiento Criminológico

Tarde difiere de la escuela positiva; piensa que la misma sociedad con sus influjos psicológicos y morales, su propagación de ideas malas o buenas, por vía de la imitación influye más inmediatamente sobre el individuo que el clima, la herencia, el morbo o la epilepsia. Dice que van perdiendo importancia mientras que la civilización va progresando, ya que esto, va sustituyendo los factores telúricos y otros como la raza y el sexo, por factores sociales.

Un factor importante es el crecimiento de las grandes ciudades, en las cuales el fenómeno de la imitación es más fácil y frecuente, donde hay mayor número de bienes y satisfactores, y los riesgos son menores por la facilidad de esconderse o no ser reconocido, además de la bondad de los sistemas penales.

Los factores criminógenos básicos no son la pobreza o la riqueza, sino el sentimiento de la felicidad o la infelicidad, de satisfacción o insatisfacción basadas en la difusión de necesidades artificiales y en la hiperestimulación de las aspiraciones.

El incremento de la tasa de la criminalidad en el mundo moderno puede deberse a cinco factores:

1. La quiebra de la tradicional moral basada en el sistema ético del cristianismo
2. Desarrollo en las clases media y baja de la sociedad de un deseo por avanzar, por superarse socialmente, y por una gran demanda por lujos y comodidades. Éste lleva a la movilidad geográfica y a un debilitamiento de los lazos que hay en las familias.

3. El éxodo del campo a la ciudad, lo que lleva a una exagerada demanda de empleos frente a una oferta insuficiente.
4. Formación de subculturas desviadas, con debilitamiento de la moral.
5. Las clases superiores se convierten cada vez menos seguras de sí mismas, como un modelo para la conducta social hacia las clases inferiores.

La principal solución puesta al problema general, es la reunificación de la familia y su fortalecimiento hasta llegar a la fortificación de las naciones.

Para Tarde los dos elementos fundamentales de la personalidad son: la creencia y el deseo. La creencia que se refiere al componente cognoscitivo; mientras que el deseo lo hace al afectivo; éstos son introyectados por los individuos a través de un proceso de imitación.

La Responsabilidad.

En su obra Filosofía Penal, Tarde propone dos fundamentos de la responsabilidad:

a) La identidad personal: para que se pueda hacer a un sujeto responsable tiene que haber identidad entre su personalidad y el delito, pues su personalidad tiene que ser idéntica antes del delito, en el momento del delito y después del delito. Si no encontramos la identidad durante estos tres momentos, estaremos ante un sujeto anormal y no responsable.

Es decir, que la responsabilidad moral se funda en la identidad personal del delincuente normal consigo mismo, antes y después de la infracción.

b) La similitud social: dentro del grupo social cada individuo debe estar adaptado, es decir, debe tener similitud con su grupo social, si carece de esas similitudes, la responsabilidad del sujeto es limitada o no existe. Si el sujeto es inadaptado no puede ser responsable, por lo tanto no se le podrá imponer una pena si no una medida de seguridad.

EMILIO DURKHEIM

Nació en Epinal, Francia en 1858. Miembro de una prominente familia judía; su padre era rabino, por lo que pensó en la carrera religiosa, idea que después abandonó. En 1893 se doctoró en filosofía, sus principales obras: De la división del trabajo social, Las reglas del método sociológico y El suicidio.

El crimen fenómeno normal

El punto de partida de su teoría es el hecho social considerado como cualquier sistema o fenómeno generalizado en todas las sociedades de tipo individual, en un particular estudio de su desarrollo. El fenómeno que responda con estas características debe ser considerado normal, que para Durkheim es un estado de hecho, no un juicio moral o filosófico; es una conclusión estadística.

El delito debe ser aceptado como un hecho social, como parte integrante de una sociedad, que no puede ser eliminado con un acto de voluntad. El delito es un hecho normal, pero no quiere decir que el criminal lo sea.

Hacer del crimen una enfermedad social, sería admitir que la enfermedad no es cualquier cosa accidental, sino al contrario, deriva en ciertos casos de la constitución fundamental del ser viviente. Cuando el crimen tiene formas anormales es porque llega a tasas exageradas.

El gran error de Durkheim es considerar al crimen como algo normal. Normal para él es un hecho imposible, y agrega que si hay un hecho en el que el carácter patológico parece incontestable, éste es el crimen.

El crimen no es ni puede ser un fenómeno normal, es constante, y lo encontramos en todo tipo y en todo lugar, pero es grave confundir constancia con normalidad. Si encontramos que en todo tiempo y en todo lugar hay enfermedades, no se puede decir que la enfermedad es algo normal, sino constante. Igualmente hay que considerar el crimen como enfermedad social.

Utilidad del crimen.

Durkheim dice que el crimen es inevitable, indeseable, debido a la incorregible maldad de los hombres; esto es afirmar que es un factor de la salud pública, una parte integrante de toda sociedad sana.

El delito está ligado fundamentalmente a las condiciones de la normal evolución de la moral y del derecho. El crimen es por lo tanto necesario; está ligado a éstas condiciones de toda la vida social, pero por ello mismo él es útil.

Crimen y pena.

Durkheim define el crimen en función de la pena. La pena consiste en una reacción pasional, de intensidad graduada, que la sociedad ejerce por el intermedio de un cuerpo constituido, sobre aquellos miembros que han violado ciertas reglas de conducta. La pena no sirve, o no sirve más que secundariamente, a corregir al culpable o a intimidar a sus posibles imitadores. No es una medicina que sana una enfermedad.

La anomia

Durkheim clasifica el suicidio en tres tipos diferentes:

- a) El egoísta, con una excesiva afirmación del ego, el yo individual se afirma con el exceso del yo social.

b) El altruista, es por el contrario una despersonalización, y tiene como causa en espíritu de renunciación y de abnegación.
c) Anómico, caracterizado por la ausencia de normas de conducta claramente definidas en el sujeto que se priva de la vida.

Las formas de anomia:

1. Aguda: producida en casos de rápido y violento cambio social, en los cuales las reglas tradicionales son eliminadas y los individuos y las clases pierden su lugar y proporción.
2. Crónica: surge al aceptarse indiscriminadamente la teoría del progreso más rápido y despiadado, en la que las relaciones industriales y comerciales quedan libres de todas las restricciones.

Su fundamento teórico está basado en la anomia, situación en la cual el desarrollo social desborda al control institucional.

El presupuesto está fundamentado en la desigualdad material y una mayor división del trabajo.

Sigue la responsabilidad en el campo individual pero aparece la tendencia a socializarla. El principal aporte fue víctima de las peores críticas y rechazos: interpretación de la delincuencia proletaria, estadísticamente muy representada en las cifras policiales.

La prevención.

Para que en una sociedad los actos reputados criminales pudieran cesar de ser cometidos, haría falta que los sentimientos que ellos lesionan se encontrasen en todas las conciencias individuales sin excepción y sin el grado de fuerza necesaria para contener los sentimientos contrarios.

Cuando el sentimiento social contra el crimen se hace más fuerte, al punto de hacer callar a todas las conciencias la pendiente que inclina al hombre al robo, el hombre será más sensible a las lesiones que hasta ahora no le tocaban más que ligeramente; reaccionará contra ellas con más vivacidad serán el objeto de una reprobación más enérgica que hará pasar algunas de entre ellas de simples faltas morales al estado de crímenes.

EDWIN H. SUTHERLAND

Nace en 1883 y muere en 1950. Dice que el problema para la criminología está en explicar el carácter criminal del comportamiento como tal, debe ser definido con precisión y claramente distinguido del comportamiento no criminal.

El comportamiento criminal se puede explicar de manera científica, sea en función de los elementos que entran en juego en el momento en que la infracción es cometida, sea en función de los elementos que han ejercido su influencia anterior en la vida del delincuente. En el primer caso la explicación puede ser calificada como mecánica, situacional o dinámica; en el segundo de histórica o genética.

Las circunstancias exteriores tienen una gran importancia para la criminalidad, ya que aportan la ocasión de realizar un acto criminal.

En el sentido psicológico o sociológico, la situación no puede ser disociada del individuo. Es definida en función de sus inclinaciones y de sus aptitudes adquiridas. La teoría está fundada sobre la hipótesis de que un acto criminal se produce si existe una situación apropiada para un individuo determinado.

Para que exista crimen se necesitan reunir las condiciones siguientes:

1. Los valores ignorados o negados por los criminales deben ser apreciados por la mayoría de la sociedad global, o por lo menos por aquellos que son políticamente importantes.
2. El aislamiento de ciertos grupos hacen que ellos se separen de las normas de cultura global y entren en conflicto con ella.
3. Es la mayoría la que marca la minoría de sanciones.

Esta teoría describe el proceso por el cual una persona en lo particular llega a realizar una conducta criminal:

1. El comportamiento criminal es aprendido no hereditario.
2. El comportamiento criminal es aprendido en contacto con otras personas por un proceso de comunicación.
3. El comportamiento criminal se aprende, sobre todo, en el interior de un grupo restringido de relaciones personales.
4. Cuando la conducta criminal es aprendida, el aprendizaje incluye:
    a. Técnicas de comisión del crimen, algunas veces complejas, en ocasiones simples.
    b. Orientación de móviles, tendencias impulsivas, razonamientos y actitudes.
5. La orientación de los móviles y de las tendencias impulsivas está en función de la interpretación favorable o desfavorable de las disposiciones legales.
6. Un individuo se hace criminal cuando las interpretaciones desfavorables al respecto de la ley, superan a las interpretaciones favorables. Los que se hicieron criminales fue porque estuvieron en contacto con modelos criminales.
7. Las asociaciones diferenciales pueden variar en cuanto a la frecuencia, duración, prioridad e intensidad.
8. El proceso de aprendizaje de la conducta criminal por asociación con modelos criminales o anticriminales, incluye todos los mecanismos que son incluidos en todo otro aprendizaje.
9. Mientras que el comportamiento criminal es la

expresión de un conjunto de necesidades y valores, no se explica por esas necesidades y valores, ya que el comportamiento no criminal es la expresión de las mismas necesidades y valores.

Una de las mayores aportaciones de Sutherland es la teoría de la "criminalidad de cuello blanco". Parte de la idea de que las estadísticas muestran un alto índice en la clase socioeconómica baja y uno muy bajo en la alta, lo que lleva a graves errores, pues las cifras están prejuiciadas por una doble razón:

a) Las personas de clase socio-económicamente alta son más poderosas política y financieramente, y escapan al arresto y a la condena mucho más que las personas que carecen de ese poder, aún cuando son igualmente culpables de delitos.
b) La parcialidad de la administración de la justicia penal, en las leyes que se aplican exclusivamente a los negocios y a las profesiones.

El delito de cuello blanco es como un delito cometido por una persona de respetabilidad y estatus social alto, en el curso de su ocupación ha sido desestigmatizado, y sin embargo, es un caso de delincuencia organizada que reune determinadas características:

- Es persistente, la reincidencia es común.
- Es mucho más extensa de lo que se consigna.

- El delincuente de cuello blanco, no pierde su estatus, ni se siente delincuente.
- El delincuente de cuello blanco siente y expresa desprecio por la ley, el gobierno y sus representantes.

Sutherland estudió setenta grandes corporaciones, viendo violaciones a la restricción de comercio, patentes, marcas y derechos de autor, publicidad fraudulenta, prácticas laborales injustas, manipulaciones financieras, y lo que se llama "delitos de guerra": el criminal aprovechamiento de los conflictos armados. Este autor mejor que nadie, destrozó el mito de la igualdad ante la ley.

RECKLESS.

Teoría de la contención social.

Su máximo exponente es Reckles quien se pregunta cómo un individuo pobre residente de una zona con elevado índice de criminalidad puede resistirse al delito.

La respuesta la busca en mecanismos de contención interna y externa:

- Internos: la solidez de la personalidad del individuo. Destacan el concepto de sí mismo; viene a ser el componente diferencial que explica el porqué unos individuos caen en la tentación y otros no. El concepto ofrece firmeza frente a los golpes de la vida en la elaboración interna de las experiencias.

- Externos: no se puede olvidar la vida familiar o la organización social y son importantes en cuanto pueden repercutir en el individuo positivamente en cuanto le prevean de firmeza.

Además hay mecanismos de presión divididos en: impulsos internos (descontento individual, hostilidad, rebelión); presiones externas (condiciones de la vida adversas); influencias externas (conducta desviada de compañeros, influencia de los medios de comunicación).

Para él, la conducta criminal responde a estos dos mecanismos: Mecanismo de contención y mecanismo de presión criminógena.

FRANCO FERRACUTI

Junto a Marvin Wolfgang, estructuraron una interesante teoría de subculturas, a partir del comportamiento violento de ciertos grupos.

Subcultura implica que existen juicios de valor o un sistema social de valores separados y al mismo tiempo perteneciente a un sistema de valores más amplio o central.

Puede suceder que el hombre nazca en una cultura determinada, también fácilmente puede acontecer que nazca en una subcultura.

Una subcultura difiere sólo en parte de la cultura madre. Implica que haya una variedad de valores significativos compartidos entre la cultura madre y la cultura hija.

Puede suceder que sociedades muy diversas, desde el punto de vista político y étnico, tienden a tener valores y esquemas de comportamiento comunes.
Una subcultura puede existir ampliamente distribuida en el espacio, y sin ningún contacto interpersonal entre los individuos singulares o grupos enteros de individuos.

Puede suceder que el individuo esté interesado más en mantenerse asociado al grupo que a compartir verdaderamente los valores.

Solamente en sociedades heterogéneas pueden existir subculturas. Esto implica que en nuestra compleja sociedad contemporánea, un sujeto pueda participar en varias subculturas.

La pertenencia a un grupo cualquiera puede en parte ser conquistada con la adopción de aquellos específicos valores típicos del grupo mismo, que lo distinguen de otros grupos; pareciera entonces que la violación de estos valores debe provocar automáticamente la cesación de la pertenencia del grupo en cuestión.

Pueden existir, dos tipos de valores subculturales:

1) Valores concordantes tolerados. Consisten en diferencias toleradas, las cuales no provocan una fractura, no causan

ninguna ofensa, ni implican una amenaza potencial de ofensa social a la cultura dominante.
2) Valores discordantes no tolerados. Algunas diferencias de las subculturas son conflictivas, provocan fracturas, causan agravio e implican una amenaza potencial de ofensa social a la cultura dominante.

Teorías subculturales y contraculturales.

A. Subculturas.

En un sentido sociológico, la expresión cultura se vincula a significados atribuidos a costumbres, creencias y relaciones con los semejantes y con las instituciones sociales.

Como las sociedades humanas son complejas, muchas veces cabe aceptar que grupos humanos inmersos en la colectividad, tengan ideas, valores, creencias o pautas de conducta distintas del gran núcleo social. Se habla así de las subculturas.

Esta denominación de subcultura surge en la década de 1940 y se define como la subdivisión de la cultura nacional que resulta de la combinación de situaciones sociales tales como la clase social, la procedencia étnica, la coincidencia regional rural o urbana, la religión y todo ello formando una unidad funcional que repercute en el individuo.

Las teorías nacen en EE.UU. y surgen como respuesta a la problemática que existe en este país con respecto a las teorías marginales (étnicas y raciales, culturales, etc.).

Consiguen con Cohen, convertirse en teorías explicativas de conducta desviada y llegan a ser teorías importantes dentro de la Sociología criminal americana.

El concepto presupone la existencia de una sociedad rural. Supone a la vez un examen desde dentro del mundo de las minorías, desde la propia óptica de los desviados y sobre todo, en el caso de la delincuencia, supone una decisión simbólica de rebeldía, en el caso de la delincuencia juvenil, hacia los valores de las clases medias.

Discrepan de los postulados de la Escuela de Chicago, al considerar que no son determinadas áreas de la ciudad las que van a generar la criminalidad de las capas más bajas de la sociedad, sino que el delincuente es consecuencia de los códigos de valores propios de la subcultura y que al mismo tiempo, esos son ambivalentes respecto de la sociedad oficial. Se señala que tanto la conducta normal, conforme a derecho, como la irregular se definían en relación a los respectivos sistemas de normas y valores oficiales suboficiales, quiere decir que estos sistemas de valores van a contar con una estructura muy semejante, con valores que interiorizan refuerzan y transmiten a través de los mecanismos de aprendizaje socializante.

La adaptación de Cohen es la más importante. Centró su estudio en la delincuencia juvenil de status más bajos y concluyó que las áreas delincuenciales no eran ámbitos desorganizados, sino con normas y valores distintos de los oficiales.

La subcultura opera como una evasión a la cultura general, o como una reacción negativa; será como una cultura de recambio que ciertas minorías marginales crean dentro de la cultura con el propósito de dar salida a la ansiedad y a la frustración. Opera como válvula de escape frente al conflicto de no poder participar de las expectativas que ofrece la sociedad, una gran cantidad de autores que creen que la única dificultad importante existente entre delincuente y no delincuente reside en el grado de exposición a una subcultura.

Las características de las subculturas son: no utilitarias (robar por robar), maliciosas, negativistas de otras culturas.

La delincuencia juvenil y la subcultura aparecen sobre todo concentradas en los sectores masculino y de baja condición social.

La razón que Cohen da es que es precisamente la clase trabajadora la que se va a encontrar con el grado más alto de frustración. Los miembros pertenecientes a estas subculturas, vivan donde vivan, y sean de la condición que sea, están unidos por los valores de las clases medias y éstos son el éxito a perseguir metas cada vez mayores (con ello obtendrán respetabilidad, relaciones sociales).

El problema de la cultura es que, al tener interiorizados los valores de la clase media, su actitud siempre será de rechazo hacia esos valores debido a la frustración y ésto se verá reflejado en actos de vandalismo creando posteriormente unos valores propios.

B. Contraculturas

La palabra contracultura se usa cada vez que el sistema normativo de un grupo contenga un tema de conflicto con los valores de la sociedad y en que las variables de la personalidad están directamente envueltas en el desarrollo y mantención de los valores del grupo y en que sus normas pueden ser comprendidas sólo mediante referencias a las relaciones del grupo con la cultura dominante que lo rodea.

De esta forma, ciertos delincuentes poseen una contracultura con valores, pautas de conducta, creencias, costumbres, estilos de vida y lenguaje particular que se opone a aquellos imperantes en las culturas o subculturas nacionales.

En la contracultura de los delincuentes se destacan como elementos distintivos:

1. Un sistema de estratificación; este sistema, implica la existencia de diversos niveles de prestigio de acuerdo al tipo de actividad criminal, su grado de especialización, modalidades de ejecución y tipo habitual de víctima.
2. Un conjunto de valores particulares: entre los valores de esta contracultura aparecen:
    a) Orgullo profesional;
    b) Eficiencia profesional;

c) Lealtad;
d) Dignidad;
e) Solidaridad.
3. Un conjunto de creencias particulares
4. Un cierto estilo de vida
5. Un lenguaje típico.

Escuela Ecológica de Chicago.

Si los teóricos plurifactoriales son los que han marcado el inicio de la configuración del crimen como hecho que responde a una pluralidad de factores, ésto encontrará su consagración en la Escuela de Chicago.

Nace bajo el espíritu o carácter pragmático de la escuela americana con la intención de resolver los problemas sociales delincuenciales de Chicago.

No es una escuela teórica, esperan que sus teorías solucionen problemas reales derivados de la inmigración.

En 1860, numerosos inmigrantes llegan a Norteamérica, estos inmigrantes se concentran en las ciudades del medio oeste, aumentando la población, desde 1860 a 1910.

Esta inmigración masiva, unida a un proceso de industrialización, provoca un tipo de hábitat distinto del tradicional.

La gran ciudad se convertirá en un conjunto entremezclado de etnias, religiones, culturas y al mismo tiempo en un foco de problemas fundamentalmente sociales; pobreza, marginación, suicidio, alcoholismo, prostitución y criminalidad.

Esta escuela, y ante estos problemas, investigará con una finalidad práctica: búsqueda de soluciones. Pretenden dar un diagnóstico fiable sobre los urgentes problemas de esa realidad americana.

Su objeto de estudio será la gran ciudad, con análisis de su crecimiento, de su desarrollo individual y la morfología del criminal que se produce en ese nuevo medio.

El mérito de esta escuela es que supo sumergirse en el corazón de la gran ciudad, conocer y comprender desde dentro el mundo de los desviados para analizar todos los mecanismos de aprendizaje y transmisión de esta cultura.

1. La primera teoría es la "ecológica", sus representantes son Park, Burgués y Mac-Kenzie, con el estudio de la desorganización social y las conductas que esta desorganización genera dentro de la ciudad.

Observan que se generan una serie de fenómenos y que la macro ciudad provocará una serie de consecuencias.

Hay cuatro puntos fundamentales:

a) Analizan y observan el debilitamiento de los vínculos que mantenían unidos a los grupos primarios.
b) Observan que se produce una modificación de las relaciones interpersonales y otra que tiende a que las relaciones sean más impersonales y más superficiales.
c) Observan una pérdida de arraigo en los lugares donde se vive.
d) También una relajación de los frenos de inhibiciones de los grupos primarios bajo la influencia del ambiente urbano.

Estas circunstancias serán las responsables del aumento de la criminalidad. El debilitamiento del control social informal producía un peligro evidente, la ruptura de los lazos primarios y el relajamiento de los vínculos y de las inhibiciones del grupo primario, por influencia del entorno urbano, son los responsables de aumento del vicio / criminalidad en las grandes ciudades.

Su gran mérito es haber situado las causas del delito en el medio social. Si la sociedad es la que desencadena el hecho criminal habrá que incidir sobre el medio cambiando las estructuras sociales.

2. La segunda, es la Teoría del "contagio social": se produce en la gran ciudad un proceso mediante el cual los comportamientos desviados se transmiten entre individuos de características similares.

Autores demostraron que la cifra de criminalidad disminuía

con el alejamiento del centro urbano, incrementándose en este centro y en zonas industriales.

Mantienen que la criminalidad potencial se concentraba en las áreas delincuenciales: proximidades de establecimientos comerciales, industriales, porque ahí existe un debilitamiento del control social y consideran que si éste no está debilitado no se produciría ésta en las zonas residenciales de los núcleos urbanos.

ROBERT K. MERTON

Desarrolló parte de su teoría a partir de Durkheim. Refiriéndose a las civilizaciones de tipo capitalista, dice que éstas nos obligan a aceptar los tres axiomas siguientes:

1) Todos deben tender a lograr los fines más elevados, los cuales están al alcance de todos.
2) El fracaso aparente y momentáneo no es más que un estimulante hacia el éxito final.
3) El verdadero fracaso consiste en restringir las propias ambiciones.

En términos de sociología, estos axiomas podrían interpretarse así; el primero es una reducción de la capacidad crítica de la estructura social y de sus efectos; el segundo refuerza la estructura de poder, empujando a los individuos situados bajo de la escala social a no identificarse con sus congéneres sino con aquellos que están en alto de la escala; el tercero es una incitación a conformarse al orden cultural para sentirse miembro de la sociedad.

Partiendo del concepto de anomia de Durkheim, Merton elabora una teoría del crimen, considerando que, principalmente en los países de estructura capitalista, teóricamente las oportunidades para el triunfo son iguales para todos, pero en realidad ciertas clases tienen vedadas las vías de acceso para poder desenvolverse.

Existe un contraste entre la estructura cultural y la estructura social, ciertas clases son más que otras, vulnerables a las tendencias anómicas, ya que su posibilidad de acceso a la educación o a los medios materiales de éxito son muy limitadas.

Los individuos componentes de estos grupos se ven en un estado de frustración que los lleva a romper las reglas de juego, y a buscar el éxito por medios que pudieran considerarse poco legítimos.

El fenómeno de las grandes ciudades modernas, de gran tamaño, rápido cambio, y gran anonimidad, facilitan a los sujetos que no pueden obtener satisfactores por vías legítimas, a tratar de obtenerlos sin importar los medios, siendo acicateados también por la gran cantidad de bienes que pueden encontrarse, y por la posibilidad de llegar a triunfar con un riesgo mínimo de perder el prestigio social.
Merton considera 5 tipos de adaptación, claro que estas

categorías se refieren al comportamiento de un individuo en función de su papel en la situación dada y no a su personalidad:

a) Conformismo. En la medida en la que una sociedad es estable, es el más abundante. En estos casos en que hay conformidad a la vez a los fines y a los medios para lograrlo, se puede hablar con mayor propiedad de una sociedad y no de una simple masa de hombres.

b) Innovación. Por la gran importancia que ciertas civilizaciones dan al triunfo, ciertos individuos utilizan medios prohibidos pero eficaces para llegar a aquello que sería un simulacro de éxito; riqueza y poder. Aquí es donde se encontraría la mayoría de los crímenes de cuello blanco.

c) Ritualismo. Está sobre todo extendida en las sociedades en las que la posición social de cada uno depende de gran parte de su éxito; así, la competencia incesante provoca la ansiedad, que produce la reducción de las aspiraciones. El miedo suscita la inacción o más precisamente, hace la acción rutinaria. El sujeto perdió los fines pero sigue poniendo los medios.

d) Evasión. Adaptación sumamente rara, las personas que las emplean son "en" pero no "de" la sociedad, sociológicamente son verdaderamente extranjeras. Son todos aquellos que abandonan los fines prescritos y no actúan según las normas (enfermos mentales, parias, errantes, vagabundos, drogadictos, alcohólicos, etc.). El individuo resuelve su conflicto abandonando al mismo tiempo los fines y los medios, la evasión es completa, el conflicto es eliminado y el individuo se convierte en un asocial.

e) Rebelión. Lanza a los individuos fuera de la estructura social y los empuja a intentar hacer una nueva. Lo anterior supone que los individuos son extraños a los fines y a los medios de la sociedad en la cual viven, que éstos le parecen puramente arbitrarios, sin autoridad ni legitimidad.

Así surge un mito nuevo, y la doble función de este mito es por una parte buscar en la estructura social el origen de las frustraciones colectivas, y por la otra de hacer el esquema de otra estructura en la cual el hombre de mérito, no sea más, jamás frustrado.

Merton hace estudios importantes sobre la familia como factor anómico y criminógenos; sus principales conceptos son:

La familia es el correo de trasmisión más importante de las normas culturales de generación en generación. Generalmente se ha olvidado precisar que la familia trasmite la civilización de una clase social, por lo tanto de una parte pequeña de la sociedad.

Llega a suceder que los niños descubren y asimilan normas y valores implícitos que nunca fueron presentados como reglas. La proyección de las ambiciones de los padres sobre el niño es un elemento muy importante. Son exactamente los padres derrotados y frustrados quienes son los menos capaces de dar, proveer a sus niños los medios de llegar, triunfar, y son ellos los que ejercen las más grandes presiones a favor de éxito, y los incitan de esa forma a la realización de un comportamiento desviado.

MÉXICO

El maestro Alfonso Quiroz Cuarón (1910-1978), tiene importantes estudios en lo referente a los cambios económicos y la delincuencia, a la interrelación que tiene el aumento de precios, el aumento de cantinas, etc., con la delincuencia, y además ha realizado dos estudios trascendentales:

Teoría económica de los disturbios:

Quiroz Cuarón llega a las siguientes conclusiones:

a) La criminalidad es directamente proporcional a la población e inversamente proporcional al ingreso.
b) En cualquier núcleo humano se romperá la estabilidad socio-política si la tasa del aumento del ingreso real es menor del doble de la tasa del aumento de la población más el cuadrado de esa tasa.
c) La criminalidad está determinada fundamentalmente por la tasa de variación de la población y del ingreso real por persona.
d) Es menos difícil, más natural, quizás más complejo, pero sí de consecuencias más rápidas, el influir sobre la tasa del ingreso que hay sobre la población.

El costo social del delito:
Para lograrlo tomaron en cuenta:

1) Costo intrínseco del delito.
2) Lo que dejó de producir el delincuente y las víctimas.
3) El descenso de productividad de las familias de las víctimas y de los delincuentes.
4) Lo que el delincuente o sus familiares pagaron a intermediarios y autoridades, más lo que pagaron las víctimas.
5) Sueldos, salarios, compensaciones y prestaciones al personal encargado de investigación y persecución del delito.
6) Amortización, mantenimiento y conservación de edificios, equipo inmobiliario e instalaciones ocupadas por policía y Ministerio Público.
7) Pagos por concepto de corrupción hechos por delincuente y víctima, al personal corrompido.
8) Sueldos al personal encargado de administrar justicia (Poder Judicial).
9) Amortización, mantenimiento y conservación de los edificios, más reparación y renovación de equipo de los juzgados, equipo penitenciario y cárceles preventivas.
10) Costo de defensores y perito de víctima y victimario.
11) Costo de primas pagadas por concepto de fianzas.
12) Sueldos, salarios al personal penitenciario.
13) Zona (cifra) negra.

De aquí se deduce la necesidad de la prevención, que sale

más barata que la represión.

El segundo tratadista mexicano es el maestro Héctor Solís Quiroga (1912-2001), que escribió "Sociología criminal", donde explica los factores sociológicos del crimen que considera la familia como núcleo fundamental, que cuando está mal integrada es un factor preponderante criminógeno, demostrando que los menores infractores tienen una familia con problemas. También son notables sus estudios sobre regularidad y tendencias observables en la delincuencia.

Raúl Carrancá y Trujillo publica sus "Principios de sociología criminal y de derecho penal" en el que, siguiendo la tradición ferriana, desarrolla una teoría general de la criminalidad desde el enfoque social.

BIBLIOGRAFÍA

1. Cejas Sánchez, Antonio, Criminología, Universitario, 1965.
2. De Quiroz Constancio, Bernardo, Las nuevas teorías de la criminalidad, editor, Jesús Montero, 1946.
3. Enrico Ferri, principios de derecho criminal.
4. Enrico Ferri, Sociología.
5. Plata Luna América, Criminología, criminalística y victimología, Oxford, México, 2007.
6. Programa Educativo Visual, Gran Diccionario Enciclopédico Visual, México, 1993.
7. Quiroz Cuarón, Alfonso, La criminalidad de la

República Mexicana, Instituto de Estudios sociales, UNAM, México, 1958.
8. Rodríguez Manzanera, Luís, Criminología, Porrúa, México, 2006.
9. Tarde Gabriel, La criminalidad.

BIBLIOGRAFÍA WEB

1. http://www.monografias.com/trabajos7/holis/holis.shtml)
2. http://es.wikipedia.org/wiki/Antropolog%C3%ADa
3. http://es.wikipedia.org/wiki/Alienaci%C3%B3n).
4. http://www.geocities.com/cjr212criminologia/ferriEnrico.htm
5. http://www.geocities.com/cjr212criminologia/garofalo.htm

LA DIRECCIÓN BIOLÓGICA

Objetivo: Analizará algunos estudios concretos desde el punto de vista de la Biología Criminal direcciones antropológicas y biológicas de la criminología.

1. Familias criminales
2. Estudios de gemelos
3. Estudios de adopciones
4. Aberraciones cromosomáticas
5. Estudio electroencefalográficos

FAMILIAS CRIMINALES

"La herencia criminal. El campo de la herencia es factor decisivo en la conducta delictiva; en Alemania se iniciaron estudios de tal influencia, Johannis Lange los llevó a cabo en gemelos (hijos de padres criminales) para establecer el influjo de la herencia mediante la evaluación de calidad y cantidad.

Esos estudios se efectúan en varios países, como Francia, Holanda y Estados Unidos de América.

El factor genético es de suma importancia; se advierte en enfermedades degenerativas y en el alcoholismo, por ejemplo, pero el ambiente sigue siendo determinante. De tal forma, se esperan los resultados de todos los estudios que se realizan en genética para establecer cómo pueden resolverse problemas relacionados con la delincuencia, el tema que nos ocupa.

Por lo pronto, vale sumarse a la opinión del tratadista Manuel López Rey y de franceses como Gerard López o Serge Bornstein, pues si bien la herencia es muy importante, los medios socioeconómicos desfavorables y la diversidad de factores no han de soslayarse.

La profundización en el conocimiento de las leyes fundamentales de la herencia en los seres humanos ha enfrentado dificultades para establecer una estadística familiar fidedigna. Se tenía la imposibilidad de experimentar con seres humanos; todo esfuerzo mostraba gran lentitud en la reproducción para fijar y comparar caracteres, pues en un siglo apenas si se consiguen unas cuatro generaciones. Además, el gran número de cromosomas llega a dar lugar a combinaciones casi infinitas.

Sin embargo, deben considerarse los estudios de Goring y Lunder; encontraron que el padre y la madre de la mayoría de los que cometen delitos graves (se trató de investigaciones conducidas en prisión) eran criminales"[61]

ESTUDIOS DE GEMELOS

"Los univitelinos ("provenientes de un solo óvulo") son los llamados verdaderos gemelos, en tanto que los bivitelinos ("de dos óvulos") reciben el nombre de cuates o falsos gemelos.

Para los investigadores, los gemelos univitelinos resultan importantes porque pueden aislarse en un principio; la disposición criminal que hay en uno debe figurar en el otro. Sin embargo, el padre y la madre vienen de progenitores distintos, lo cual vuelve muy difícil que el estudio resulte fidedigno.

El profesor Lange comparó 13 parejas de verdaderos gemelos y 17 de falsos, que hasta pueden ser de diferente sexo. Los resultados fueron que en 10 de los univitelinos ambos cometieron delitos e ingresaron en prisión; de las tres

---

[61]   Ob. cit. Plata Luna América, pp. 63, 64.

restantes, sólo uno llegó a ella. En los bivitelinos únicamente dos parejas tuvieron conducta delictiva.

Los verdaderos gemelos tienen el mismo genotipo, es decir, características hereditarias idénticas. Los falsos gemelos pueden ser muy diferentes. Sin embargo, pese a comprobarse hasta en 85% de verdaderos gemelos y 75% de falsos en los análisis de Shields y Slater, la estadística será útil en cuanto se les eduque en diferentes familias en uno de los últimos estudios.

En 2004 se practicó un estudio con verdaderas gemelas, en un día pero con diversos estímulos. Una escuchó su música favorita, vio películas divertidas, salió de compras y encontró muchos objetos que le agradaron; incluso adquirió para la hermana presentes parecidos a los suyos. A la segunda se pusieron música excitante y películas muy tristes e, indecisa, fue a las tiendas. Cuando se encontraron, esta última casi no había comprado y de lo poco adquirido nada le agradaba. La otra, por el contrario, estaba alegre y encontró varias cosas que le satisficieron. El ambiente también es un factor importante para la formación de la personalidad"[62].

ESTUDIOS DE ADOPCIONES

"Los estudios de adopción llevan únicamente a establecer que hay una relación entre genética y criminalidad, sin que esto resulte concluyente en la comisión de delitos; se ha

---

62   Ob. cit. Plata Luna América, pág. 64.

comprobado que sólo una genética y educación inadecuadas podrían producir infractores, pero las diversas combinaciones entre herencia mala y educación buena o viceversa no permiten hoy predecir qué clase de hijos se van a tener cuando son adoptados. Si esto constituyese un hecho verificable, no se admitirían las adopciones de vástagos de padres antisociales o desconocidos por ignorar su genética"[63].

ABERRACIONES CROMOSOMÁTICAS

"Los genes –ya se vio- se transmiten en los cromosomas; la red de cromatina se halla en el núcleo celular, en determinados momentos de actividad fisiológica.

En criminología, muchos investigadores y especialistas en la materia sostienen que existen claras correlaciones entre estas irregularidades genéticas y ciertos trastornos comportamentales.

Las aberraciones son malformaciones debidas a que durante el desarrollo embrionario, algunos gametos (células sexuales) presentan un número anormal de cromosomas, bien por exceso o por defecto. Si gametos con un número mayor o menor de 23 participan en el proceso de la fertilización, el cigoto generado y, consecuentemente, el ser humano que de él proceda, presentará defectos genéticos, resultantes de un número de cromosomas superior o inferior a 46.

---

[63]   Ob. cit. Plata Luna América pp. 64, 65.

La genética ha encontrado sujetos con mayor o menor cantidad de cromosomas. En la especie humana, el número de cromosomas es de 23 pares, denominado heterosómico, que determina el sexo de un nuevo ser. Así, cuando el óvulo es fecundado por el espermatozoide, los cromosomas de cada célula se agrupan en dos, formando 22 pares muy parecidos; se designan como XX en la mujer y XY en el hombre.

En fechas relativamente recientes se han multiplicado los estudios que dan distintos síndromes XXY, XXX, XYY. El XXY se relaciona con la morfología y ha dado un índice mínimo de delincuentes, débiles mentales y una característica de eunuco: voz aguda y particularidades femeninas. También muestran carencia de desarrollo sexual, con comportamiento criminal.

Los síndromes de Klinefelter (XXY) y de Turner (XXX) producen degeneración de las características masculinas y de las femeninas, respectivamente. El primero, llamado hipogonadismo, muchos lo consideran el origen de las orientaciones homosexuales, exhibicionistas, fetichistas; en opinión de muchos estudiosos, quienes lo padecen se dedican a delitos banales.

La hipergenitalidad se atribuye a ciertos agresores sexuales, en particular a violadores recidivistas, a quienes se pueden proponer tratamientos inhibidores de la líbido.

Hay muchas dudas respecto de anomalías endocrinas que

den lugar a problemas de identidad sexual. Cualquier tipo de anomalía que se presente conduce a la búsqueda de tratamientos eficaces pero, evidentemente, debe hablarse de causas reales"[64].

ESTUDIO ELECTROENCEFALOGRÁFICO

"Utilizado desde hace muchos años, el electroencefalograma consiste en gráficas para marcar la actividad eléctrica del cerebro mediante electrodos, que se fijan en el cuero cabelludo y que, unidos a un osciólografo, captan la actividad de las neuronas de la corteza cerebral. Las ondas varían de amplitud y frecuencia según el nivel de actividad mental.

Se han buscado cambios de las ondas cerebrales de los delincuentes. En la actualidad la tomografía (o mapeo) computarizada sirve para hacer cortes cerebrales perfectos y en color; mide la actividad mental y encuentra daños como los producidos en la amígdala cerebral y que pueden dar como resultado asesinos seriales. Indica, según un examen especial (como el TEP)[65*], si un individuo tiene imágenes normales y en buen estado de funcionamiento. Asimismo, puede revelar quién ha cometido homicidio y si el sistema límbico presenta disfunción, entre otras muchas aportaciones.

Se propone utilizar el electroencefalograma sólo si no puede efectuarse un mapeo cerebral. Este estudio debe

---

64   Ob. cit. Plata Luna América, pp. 65, 66.

65   * El examen consiste en oprimir un botón cada vez que aparece el número cero. Se trata de una labor tediosa que requiere mucha concentración.

complementarse con pruebas Psicológicas como las de Rorschach u otras especializadas en la personalidad"[66].

---

[66] Ob. cit. Plata Luna América, pág. 66.

LA DIRECCIÓN SOCIOLÓGICA

Objetivo: Analizará algunos estudios concretos desde el punto de vista sociológico.

1. Sutherland y Cressey
2. Robert K. Merton
3. Ferracuti
4. La Escuela de Chicago
5. Teorías de la anomia
6. Teorías subculturales

SUTHERLAND Y CRESSEY

"Edwin H. Sutherland (1883-1950) y Donald R. Cressey (1919-1987) comentan que para que exista crimen se necesitan reunir las condiciones siguientes (Sutherland y Cressey, 1960:75-77):

a) Los valores distorsionados, ignorados o negados por los criminales deben ser apreciados por la mayoría de la sociedad global, o por lo menos por aquellos que son políticamente importantes;

b) El aislamiento de ciertos grupos hace que ellos se separen de las normas de cultura global y entren en conflicto con ella;

c) Es la mayoría la que marca la minoría de las sanciones;

Esta teoría describe el proceso por el cual una persona en particular llega a realizar una conducta criminal, y es el siguiente:

1. El comportamiento criminal es aprendido (no hereditario).

2. El comportamiento criminal es aprendido en adherencia con otras personas por un proceso de comunicación.

3. El comportamiento criminal, se aprende, sobre todo, en el interior de un grupo restringido de relaciones personales.

4. Cuando la conducta criminal es aprendida, el aprendizaje incluye:

   a) Técnicas de comisión del crimen, algunas veces complejas, en ocasiones simples;
   b) Orientación de móviles, tendencias impulsivas, razonamientos y actitudes.

5. La orientación de los móviles y de las tendencias impulsivas está en función de la interpretación favorable o desfavorable de las disposiciones legales.

6. Un individuo se hace criminal cuando las interpretaciones desfavorables al respecto de la ley, superan a las interpretaciones favorables. Los que se hicieron criminales fue porque estuvieron en contacto con modelos criminales, y que no tenían ante si modelos anticriminales.

7. Las asociaciones diferenciales pueden variar en cuanto a la frecuencia, la duración, la prioridad, y la intensidad.

8. El proceso de aprendizaje de la conducta criminal por asociación con modelos criminales o anticriminales

incluye todos los mecanismos que son incluidos en todo aprendizaje.

9. Mientras que el comportamiento criminal es la expresión de un conjunto de necesidades y de valores, no se explica por esas necesidades y esos valores, ya que el comportamiento no criminal es la expresión de las mismas necesidades y de los mismos valores.

La dialéctica de Sutherland y Cressey, esta basada en mi opinión en la introyección de normas y valores éticos, ya que si estos hubiesen sido introyectados adecuadamente, hubieran tenido mecanismos para rechazar la influencia de personas o conductas criminales.

ROBERT K. MERTON
(1910-2003)

Robert King Merton refiere que las civilizaciones de tipo capitalista nos obligan a aceptar tres axiomas que son los siguientes:

1º. Todos deben tender a lograr los fines más elevados los cuales están al alcance de todos.

2º. El fracaso aparente y momentáneo no es más que un estimulante hacia el éxito final.

3º. El verdadero fracaso consiste en restringir las propias ambiciones.

Partiendo del concepto de anomia de Durkheim, Merton elabora su teoría del crimen, considerando que, principalmente en los países de estructura capitalista, teóricamente las oportunidades para el triunfo son iguales para todos, pero en realidad ciertas clases tienen obstaculizadas las vías de acceso para poder desenvolverse. Existe un contraste entre la estructura cultural y la estructura social; ciertas clases son más que otras vulnerables a las tendencias anómicas, ya que su posibilidad de acceso a la educación o a los medios materiales de éxito, son muy limitadas.

Los sujetos que integran estos grupos se ven en un estado de frustración que los lleva a romper las reglas del juego, y buscar el éxito por medios que pudieran considerarse poco justos.

El fenómeno de las grandes ciudades modernas; de gran tamaño, rápido cambio, y gran anonimidad, motivan a los sujetos que no pueden obtener satisfactores por vías legitimas a tratar de obtenerlos sin importar los medios, siendo seducidos también por la gran cantidad de bienes que pueden obtenerse, y por la posibilidad de llegar a triunfar con un mínimo riesgo de perder el prestigio social.
Merton (2002) considera 5 tipos de adaptación, y estos tipos se refieren al comportamiento de un individuo en función del rol en la situación dada y no a su personalidad. Cada una de

ellas consiste en:

1. Conformismo. En la medida en que una sociedad es estable, este primer tipo de adaptación es la más común. Hay conformidad o acuerdo de la gran parte de la población para alcanzar medios y fines;

2. Innovación. La gran importancia que ciertas civilizaciones dan al éxito, ciertos individuos encuentran medios sucios pero eficaces para llegar a su idea de éxito (criminales de cuello blanco y cuello dorado)

3. Ritualismo. En las sociedades en que el status depende en gran medida del éxito individual; así, la competencia incesante provoca ansiedad, que al no cumplir objetivos, produce la frustración de aspiraciones. El miedo suscita la inacción o, más bien, hace la acción rutinaria.

4. Evasión. Consiste en abandonar lo sustancial. El individuo ha internalizado plenamente las metas culturales de éxito, pero encuentra inaccesibles los métodos institucionalizados para lograrlos. El sujeto resuelve su conflicto abandonando al mismo tiempo los fines y los medios, la evasión es completa, el conflicto es eliminado y el individuo se convierte en un asocial.

5. Rebelión. Este tipo de adaptación lanza a los individuos

fuera de la estructura social y los empuja a intentar hacer una nueva, se trata vigorosamente de introducir un nuevo patrón tanto de fines como de medios. Las personas rechazan la estructura social convencional y tratan de establecer otra nueva o muy modificada. Esta forma de adaptación surge cuando se considera el sistema institucional como una barrera contra la satisfacción de metas legítimas.

Merton manifiesta que la familia es la cuna de introyección más importante de normas culturales y en cuanto a los padres derrotados y frustrados son los menos capaces de dar, de proveer a sus hijos los medios de subsistir, de triunfar, y son ellos mismos quienes ejercen sobre sus hijos la más grande presión a favor del éxito, y los incitan de esta forma a la adopción de un comportamiento desviado.

FERRACUTI

Franco Ferracuti y Marving E. Wolfgang estudian el comportamiento violento dentro de las subculturas. Dicen que el "concepto de subcultura implica que existen juicios de valor o un sistema social de valores separados y al mismo tiempo perteneciente a un sistema de valores más amplio o central" (Wolfgang y Ferracuti, 1982).

El hombre nace en una cultura determinada, conforme al tiempo se adhiere a una subcultura y adopta nuevas ideologías. Una subcultura difiere solo en parte de la cultura madre. Esto implica que se genere una variedad de valores significativos compartidos entre la cultura madre y la cultura hija. Wolfgang y Ferracuti mencionan que pueden existir dos tipos de valores subculturales:

a) Valores concordantes, tolerados. Estos valores consisten en discrepancias toleradas, las cuales no provocan una ruptura, no generan ninguna ofensa, ni implican una amenaza potencial de ofensa social a la cultura dominante.

b) Valores discordantes no tolerados. Algunas diferencias de las subculturas son conflictivas, provocan ruptura, generan ofensa e implican una amenaza potencial de ofensa social a la cultura dominante."[67]

LA ESCUELA DE CHICAGO

"En sociología y, posteriormente, criminología, la Escuela Sociológica de Chicago (a veces descrita como la Escuela Ecológica) se refiere al primer corpus principal de trabajos que emergieron en los años 1920 y 1930 especializados en sociología urbana, y la investigación hacia el entorno urbano combinando la teoría y el estudio de campo etnográfico en Chicago, aplicado ahora en muchas otras partes. Aunque recogía el trabajo de académicos de varias universidades de Chicago, el término se usa frecuentemente para referirse al

[67] http://www.monografias.com/trabajos62/tendencias-criminologicas/tendencias-criminologicas3.shtml

departamento de sociología de la Universidad de Chicago - uno de los más antiguos y prestigiosos.

A partir de la II Guerra Mundial, apareció una "Segunda Escuela de Chicago" cuyos miembros emplearon el Interaccionismo simbólico combinado con métodos de investigación de campo para crear un nuevo corpus de trabajos.

Los principales investigadores en esta escuela incluyeron Ernest Burgess, Ruth Shonle Cavan, Edward Franklin Frazier, Everett Hughes, Roderick D. McKenzie, George Herbert Mead, Robert Ezra Park, Walter C. Reckless, Edwin Sutherland, W. I. Thomas, Frederick M. Thrasher, Louis Wirth y Florian Znaniecki,

La Escuela de sociología de Chicago surge en EE.UU. en los años 20 en un contexto de aparición de la opinión pública moderna, el desarrollo de las tecnologías de la información, el sistema democrático y la inmigración europea. Estudian la comunicación como un hecho social significativo y muestran un considerable interés por la opinión pública. Inauguran el conductismo social en un contexto en que o bien se trabajaba con el individuo como una máquina aislada (conductismo mecanicista) o bien con la sociedad como una máquina aislada (funcionalismo).

Estudios

Los objetos de estudio más significativos de esta escuela son:

- Ecología humana, la ciudad como laboratorio social (Park y Burguess): permite observar dinámicas sociales de mestizaje, adaptación, conflicto e interacción grupal en tres niveles:

    1. Físico-biológico, pertenencia a un grupo en un espacio geográfico;
    2. Social, moral o voluntad colectiva de orden pragmático; y
    3. Cultural, entramado de representaciones, significados y prácticas simbólicas.

- Relación individuo/comunidad: La cultura y el universo simbólico son la base de la interacción entre individuo y sociedad, siendo la comunicación la forma dominante de interacción. Cooley define el grupo primario como aquel en el que la interacción y la cooperación tienen un carácter desestructurado e íntimo, fuente y mediador de la identidad individual frente al grupo secundario de naturaleza más formal y estructurada.

- La comunicación no se simplifica en el esquema estímulo-respuesta, sino que es expresión, interpretación y respuesta. Cuando el proceso está mediado por las técnicas de comunicación masivas, los acontecimientos se convierten en otra cosa al ser publicados: las noticias construyen la sociedad, la prensa se convierte en forma de integración y motor del cambio social y el cine produce efectos psicosociales provocando procesos de individualización, imitación y personificación."[68]

"Constituye desde los años 20 uno de los focos de mayor expansión para el estudio de la Criminología. Esta teoría se llama también ecología social o ecológica porque estudia el medio ambiente en el cual se desarrolla el individuo. Para esta escuela los factores que van a influir en el desarrollo de la delincuencia están en el medio ambiente.

Entre los precursores de esta corriente esta Adolfo Quetelet[69*] con su Estadística Moral Y Guerry. Quetelet da las pautas para la fundación de la escuela de sociología criminal. Quetelet hablaba de la estadística criminal de la incidencia de los determinados delitos en ciertos lugares geográficos.

El objeto es el estudio de la Escuela de Chicago, es el área de mayor delincuencia. La inmigración hacia los EE.UU. trae como consecuencia la formación de subculturas y la formación de ghettos, como fueron en sus inicios las llamadas Little Italia o también la Chinatown. Fueron barrios marginados,

---

68 http://es.wikipedia.org/wiki/Escuela_de_Sociolog%C3%ADa_de_Chicago
69 * Lambert Adolphe Jacques Quételet (Gante, 22 de febrero 1796 – Bruselas, 17 de febrero de 1874) fue un astrónomo y naturalista belga, también matemático, sociólogo y estadístico.Fundó y dirigió el Observatorio real de Bélgica. Influyó, y también fue criticado, por la aplicación de los métodos estadísticos a las ciencias sociales. Algunas fuentes de la lengua francesa indican que su apellido es Quetelet. Él aplicó métodos a conjuntos y es reconocido como uno de los padres de la Estadística moderna. Aplicó el método estadístico al estudio de la sociología; Destacan sus obras: 1.Sobre el hombre y el desarrollo de las facultades humanas: Ensayo sobre física social de 1835 (L'homme et le développement de ses facultés, ou Essai de physique sociale). ISBN 0-8201-1061-2 2.La antropometría, o medida de las diferentes facultades del hombre, 1871(http://es.wikipedia.org/wiki/Adolphe_Quetelet)

que se han desarrollado subculturas sin tocar ni mezclarse con la cultura dominante, o sea la sociedad norteamericana. La criminalidad tiene lata incidencia en estos grupos de inmigrantes.

Al margen de esto, otro factor que causa este aislamiento es también el idioma, las costumbres, etc. Estos factores van a redundar en un problema psíquico y por los cuales puede existir una conducta desviada.

El enviroment, o sea, el medio ambiente que rodea al individuo hace que se agrupen en algo parecido a ghettos. ¿Por qué? Porque tienen las mismas costumbres, hablan el mismo idioma, la misma religión, etc. Y es de observar que, por ejemplo en la ciudad de Panamá la criminalidad era alta en el lado panameño, pero no así en el lado norteamericano.

Esta ecología social humana preocupa ante todo a los procesos de interacción de los inmigrantes con la sociedad norteamericana. De esta manera nace un afán de establecer relaciones y estudiar el medio ambiente social.

REPRESENTANTES

Entre los representantes de la Escuela de Chicago o Ecológica están:

- ANDERSON, Nels.
- BURGESS, Ernest W.
- McKENZIE, R. D.
- PARK, Robert Ezra.
- SHAW, Clifford R.
- SIMMEL, Georg.
- THOMAS, William I.
- WEBER, Max.
- ZNANIECKI, Florian.

APORTACIÓN DE LA ESCUELA DE CHICAGO

- Investigación de campo desde dentro de las áreas de la delincuencia.
- Desde el punto de vista criminológico se ha resaltado que el índice de criminalidad es alto en las áreas pobres y deterioradas económicamente.
- Resalta también que en estas zonas no hay un control social efectivo.

Critica a la escuela de Chicago o ecológica.

- No hay una analogía entre las comunidades humanas, por eso esta teoría no serviría para aplicarla a la sociedad latinoamericana.
- La ecología humana no es nada mas que una manifestación de Sociología urbana.

- Existe un esquema generalizador. Dice que todos los que se vayan a vivir a estas zonas de transición se van a contagiar del delito, lo que no es así generalmente (ALIHAM).
- El método empírico—inductivo no es el apropiado (ROBINSON)"[70]

TEORIAS DE LA ANOMIA

"El término "anomia" se refiere a ciertos estados de vacío o carencia de normas en una sociedad, que provoca, entre otras consecuencias, la conducta desviada de algunos de sus miembros. Esta situación de crisis guarda estrecha relación con la estructura, organización y el grado de desarrollo social.

Durkheim es el primero que desarrolla, desde un punto de vista criminológico, la teoría de la anomia, replanteando posteriormente su contenido, el sociólogo norteamericano Robert Merton.

Merton parte de la misma idea propuesta por Durkheim en el sentido de que el delito es un fenómeno social normal, aportando a esta teoría un concepto fundamental: La ruptura entre fines sociales y medios para alcanzarlos…. La conducta delictiva refleja la discrepancia entre las expectativas culturalmente preexistentes y los medios determinados por la estructura social para satisfacer tales expectativas. Merton introduce muy claramente la variable estructural al proponer

---
70 http://www.geocities.com/cjr212criminologia/escueladechicago.htm

una teoría general del comportamiento desviado, señalando que su primer propósito "...es descubrir cómo algunas estructuras sociales ejercen una presión definida sobre ciertas personas de la sociedad para que sigan una conducta inconformista y no una conducta conformista...".

El comportamiento desviado, como expresión de una conducta inconformista, tiene, según Merton, causas sociales y culturales, ya que, como se expuso, tal conducta se origina en la discrepancia entre las aspiraciones culturalmente determinadas y los medios socialmente aceptados para obtenerlas. La estructura social le facilita a los grupos dominantes la obtención de los valores culturales, pero se lo hace difícil o imposible de alcanzar a los demás. La estructura social actúa como una barrera o como una puerta abierta para la acción impuesta por los mandatos culturales. Si no existe una adecuada integración entre la estructura cultural y la estructura social exigiendo la primera una conducta y unas actividades que la segunda impide, surge una definida tendencia que va desde el quebrantamiento de las normas hasta su abolición. Así, la estructura cultural convierte la acumulación de riqueza material en un valor supremo para todos los ciudadanos, mientras que la estructura social restringe a ciertos grupos sociales el acceso efectivo a los procedimientos legítimos que permitirían lograr tal meta. Esta es la situación que Merton define como uno de los procesos favorables al estado social de anomia.

La presión de la estructura social sobre el individuo propicia cinco "tipos de adaptación" y que Merton denomina de la siguiente forma:

1. Conformismo;
2. Innovación;
3. Ritualismo;
4. Retraimiento; y
5. Rebelión.

Todos estos tipos de adaptación, excepto el primero, representan modalidades de conductas "desviadas" aunque no necesariamente "criminales". Al asumir una actitud innovadora, el sujeto conserva las metas culturales, pero rechaza los medios institucionales para lograrlas. Esta adaptación la asumen las personas de estratos sociales altos y bajos, manifestándose, de igual forma, en la delincuencia de "cuello blanco". El delincuente económico casi siempre presenta las características que definen la reacción innovadora, aunque si se trata de una sofisticada defraudación en las altas finanzas, no será fácil determinar que lo que parece un "negocio genial", en realidad es un procedimiento ilegítimo y socialmente reprochable. También este planteamiento es aplicable a la delincuencia común, pues cuando existe poca movilidad social y los valores predominantes son el éxito económico y el ascenso social, la conducta desviada se convierte en una "reacción normal" de las clases subalternas. También el comportamiento desviado o delictivo se podría manifestar a través de la rebelión. En este caso son comportamientos en los que no sólo se rechazan los fines culturales, sino que también se rechazan los medios institucionalizados para obtenerlos, proponiéndose, en último término, un cambio total. El revolucionario es el ejemplo que mejor sintetiza las características que definen la rebeldía. La delincuencia de cuello blanco casi siempre presenta las características que definen la adaptación innovadora, ya que la "rebelión" supone una ruptura que difícilmente asume la criminalidad económica. Es en los niveles económicos superiores en donde puede apreciarse la presión hacia la innovación, que en muchas ocasiones parece borrar "...la diferencia entre esfuerzos a manera de negocios del lado de acá de las costumbres y prácticas violentas más allá de las costumbres. Como observó Veblen, -...no es fácil en ningún caso dado- en realidad, es imposible a veces hasta que no han hablado los tribunales-; decir, si es un caso encomiable del arte de vender o si es un delito punible...- La historia de las grandes fortunas norteamericanas está llena de tendencia hacia innovaciones institucionalmente dudosas, como lo atestiguan los numerosos tributos pagados a los Magnates del Robo. La repugnante admiración expresada con frecuencia en privado, y no rara vez en público, a esos -sagaces, vivos y prósperos individuos, es producto de una estructura cultural en la que el fin sacrosanto justifica de hecho los medios-...". En un sistema social en el que el valor cultural dominante es el éxito económico, la presión estructural es intensa hacia la conducta desviada, ya que los medios legítimos para lograr tal enriquecimiento, están limitados por una estructura de clases que no le brinda, en todos los niveles, iguales oportunidades a los individuos capaces. La presión dominante se orienta hacia la utilización creciente de los procedimientos ilegítimos, ya que los legítimos resultan, generalmente, ineficaces. La actitud innovadora y los procedimientos legítimos limitados para lograr el enriquecimiento, constituyen las características más sobresalientes del delito de cuello blanco dentro de la teoría de la anomia planteada por Merton. A esta teoría se le han hecho diversas críticas, señalando, especialmente, que la desviación innovadora de las clases más desfavorecidas, no puede tener la misma función explicativa respecto a la criminalidad de cuello blanco. Es decir, que cuando se trata de personas pertenecientes a los grupos económicamente más poderosos, tal como ocurre con la criminalidad económica, difícilmente puede admitirse que sean sujetos que no tengan fácil acceso a los medios legítimos para obtener el éxito económico. En este punto el planteamiento de Merton se resquebraja, sin que identificara el nexo funcional objetivo de la criminalidad de cuello blanco y la gran criminalidad organizada, dentro de la estructura del proceso de producción y del proceso de circulación del capital; es decir, que existe, según se ha puesto en evidencia en diversas investigaciones sobre la gran criminalidad organizada, una relación funcional objetiva en la sociedad capitalista, entre los procesos legales y los procesos ilegales de acumulación. Por ejemplo, una parte del sistema productivo legal obtiene importantes beneficios de las actividades delictivas de gran estilo. Este vínculo estructural entre la delincuencia dorada y el sistema político económico, no permite considerar a la primera como un mero problema de socialización y de interiorización de normas, como lo sugiere Merton"[71].

TEORIAS SUBCULTURALES

"Las teorías de la subcultura o teorías subculturales del crimen estudian la conducta antisocial de grupos y pandillas juveniles de delincuentes integrantes de las clases denominadas bajas, que al sufrir necesidades y ver frustradas sus aspiraciones de acceso al estado social -*status*- de las clases medias y altas, acuden a variadas actividades generadoras de conductas desviadas. El alcoholismo y consumo de drogas, el patoterismo[72*] y el actuar en bandas, las violaciones y el asesinato, son tristes ejemplos de las desviaciones de los componentes de la que ha sido catalogada como *juventud insatisfecha*.

Este modo de proceder para el logro de un *status* no acorde con la ética social, invierte los valores comunes dominantes (creencias, costumbres, normas conductuales), compartidos por los demás -la imponente mayoría-, dando entrada y paso a la subcultura criminal, cuyo caldo de cultivo es la desorganización social.

Puede aceptarse que la teoría de la subcultura es una aplicación del argumento de la anomia y de la conducta

---

71   http://luzdeesperanza.iespana.es/Teoria%20para%20nuestro%20trabajo.htm

72   * Patota: Pandilla de jóvenes gamberros que deambulan por la vía pública con actitud provocativa: con chaquetas de cuero y armados con cadenas y cuchillo, imitando a las patotas de las películas (http://www.diccionarioweb.org/d/ES-ES/patota), patoterismo: pandillerismo, patotero: pandillero.

desviada a los problemas sociales de las juventudes descontentas e insatisfechas.

La teoría de la asociación diferencial se puede explicar, en pretendida síntesis, como la criminalidad del gueto, y, también, paralelamente, como la criminalidad llamada "*de cuello blanco*". No cuaja en la especulación de la asociación diferencial, la criminosidad de la clase media, pues por naturaleza -dada su posibilidad de un desenvolvimiento equilibrado-, carece de tendencia criminal.

La criminalidad del gueto es la llevada a cabo por agentes disolutas, de baja vida, de condición marginal. En ese sentido es empleada la voz gueto -*ghetto*-, como sinónimo de *slum* o *slumdom*.

La *criminalidad de cuello blanco* es la que ejecutan sujetos de las altas esferas sociales, cuyo poder político o económico les otorga un basto aval de impunidad.

Los dos tipos de criminalidad quedan comprendidos por la teoría de la asociación diferencial de Sutherland, para quien la conducta de estos agentes es producto del adiestramiento de la cultura criminal, adquirida en la interacción de los individuos por los mismos procesos de comunicación -verbal, gestual, etc.- con los que se aprende la cultura conformista -que está de acuerdo con lo establecido-, dependiendo la preeminencia de un aprendizaje sobre el otro de la eficiencia en la transmisión de los códigos del comportamiento y de la predisposición del sujeto para seleccionar la ilustración.

La teoría de la asociación diferencial ha procurado explicar el gangsterismo norteamericano de los años 20 y 30, como el quehacer de las prostitutas y el rufianismo y bandolerismo organizado.

Teoría de la neutralización o de la justificación moral del comportamiento ilegal.

Esta teoría, denominada de la neutralización, cuya ideación corresponde a Gresham Sises y David Matza, partiendo de la premisa de que la sociedad sana se ve imposibilitada, por la realidad, de ser ajena al crimen, y de que el mundo de los delincuentes está inserto en ella -en la sociedad-, intenta encontrar técnicas de neutralización del crimen o motivos moralmente justificantes del delito.

Por ejemplo:

a) Reputar el acto criminal como fenómeno no querido, resultando su realización condicionada por factores externos al agente (medio ambiente, *status* económico-social).
b) Suponer al hecho criminal como acto ilícito necesario.
c) Negar autoridad moral a las fuerzas del orden para aprehender y a la organización jurisdiccional para juzgar, atribuyéndoles robo y corrupción.
d) Pretender otorgar razón al acto por motivos de lealtad

insalvable al grupo al que el sujeto pertenece.

e) Excusarse de responsabilidad alegando que la víctima del acto no ha sufrido daño o un perjuicio real (caso del robo discreto a un millonario o estafa moderada a una compañía de seguros), etc.

Se ha opinado, tal vez no sin razón, que los argumentos que preceden no es sino "el empleo de un conjunto de racionalizaciones estereotipadas del comportamiento ilegal" con propósitos de neutralizar (contrarrestar, compensar, equilibrar, igualar) los valores y modelos de las diferentes clases sociales"[73].

"La teoría de las Subculturas Criminales nace en el ámbito de la denominada sociología académica, precisamente a mediados de los años cincuenta. En esta época comenzaron a florecer y a tener fuerza propia aquellos movimientos sociales asentados en la conciencia de minorías marginadas, minorías étnicas, culturales y políticas que a medida que fueron poniendo en evidencia el papel que les correspondían dentro del cuerpo social, revelaron asimismo una capacidad de autonomía suficiente como para poder poner en peligro el poder social dominante.

Existen diversas teorías sociológicas de la delincuencia, tales como la Teoría de la Asociación Diferencial de Edwin H. Sutherland, la Teoría de la Subcultura Criminal de Albert Cohen, la Teoría de la Oportunidad Diferencial de Richard

---

[73] W. Rodríguez Agustin y Galetta de Rodríguez Beatriz, Fundamentos de derecho penal y criminología, Juris, pp. 36-39

Cloward y Lloayd Ohlin, la Teoría de la Adaptación Cultural de Walter B. Miller, la Teoría de los Valores Subterráneos de Gresham M. Sykes y David Matza, la Teoría del Conflicto Cultural de Sellin, la Teoría de la Masificación de Peter Heintz y la Teoría de las Áreas Delincuentes de Schulman.

Algunas teorías psicogenéticas pretendieron ofrecer una explicación de la delincuencia juvenil, sosteniendo la idea de que la delincuencia es una expresión de los impulsos antisociales innatos o un síntoma de disturbios emocionales engendrados por sentimientos de frustración, inseguridad, ansiedad, sentimientos de culpa y otros conflictos. Sin embargo la mayoría de los estudiosos considera que la única diferencia importante entre el delincuente y el no delincuente reposa en el grado de exposición a una subcultura criminal, por lo que esta subcultura constituye el eje de sus intereses teóricos.

La cuestión más atractiva e importante para Cohen (estudioso criminólogo) era saber por qué una persona, más precisamente un joven, adopta el ejemplo cultural al cual estuvo expuesto, mientras que la dificultad más largamente ignorada por los criminólogos fue la de saber por qué existe una cultura delincuente ya que nunca se trata de algo que se genera espontáneamente.

A estas subculturas Cohen les atribuyó las siguiente características:

- "no utilitarias": en el sentido de que muchos de los robos que absorben el interés de algunas organizaciones delictivas no constituyen medios racionales para un fin determinado;
- "maliciosas": en tanto que sus miembros encuentran una aparente diversión en causar la disconformidad de otras personas o una satisfacción en el desafío a los tabúes sociales; y
- "negativistas": porque el comportamiento criminal dentro de ellas solo es permitido o aceptado con indiferencia cuando representa la polaridad negativa a las normas de respeto de la sociedad de clase media.

Cohen, consideraba que la mayoría de los psicoanalistas que estudian la delincuencia, proporcionan en sus tipologías un tipo "social" de delincuente, o sea "el delincuente con el superego criminal". Así también Cohen considera que este hecho no se diferencia mayormente del delincuente socializado en una cultura criminal, que el tipo de delincuente estudiado por Sutherland. Esta coyuntura le posibilitó a Cohen confirmar un desajuste de la delincuencia culturalmente orientada al no encontrar explicación sobre la presencia de una cultura delincuente, concretamente, en cierto lugar y tiempo.

Cohen se preguntaba si se aceptaba la transformación en el delincuente por la adopción de patrones de conducta tomados del medio ambiente, así se formulaba las siguientes interrogantes: "¿por qué está allí esa norma de conducta para ser adoptada? ¿por qué tiene ese particular contenido y por qué está distribuida como lo está entre los sectores varios del sistema social?". Es por ello que tanto la Teoría de la Transmisión Cultural y la Teoría Psicogenética tienen ciertos rasgos en común la cual radica fundamentalmente en que ambas se preocupan por el modo en virtud de la cual los individuos se transforman en delincuentes. Además debemos precisar que ambas teorías tratan de las transacciones entre el individuo y el medio ambiente que lo rodea.

No obstante ello existe una diferencia sustancial en la Teoría de la Transmisión Cultural y la Teoría Psicogenética: toda vez que los escritores psicogenéticos pusieron más énfasis en el primitivo ambiente familiar y la dinámica psicológica interna mientras que los sostenedores de la Teoría de la Transmisión Cultural subrayaron el aspecto ambiental descriptible como "norma de cultura" y atenuaron su preocupación por la dinámica psicológica.

Por estas dos consideraciones orientadas psicológicamente, Cohen fundamentó su objeción, sosteniendo, que los defensores de la Teoría de la Transmisión Cultural no explican de cómo el ambiente educativo sea suficiente para comprender las razones por las cuales el individuo tiene variaciones en su comportamiento, aspecto que corresponde al campo psicológico, "cuando llegamos a encararlo como explicación y no como antecedente, nos trasladamos al nivel sociológico".

Es así que el término "subcultura" se emplea, conforme

sostiene Cohen, cuando se está interesado en una cultura en relación con otra matriz y con un sistema social más grande en los que se enclava. Así pues, la cultura de los Estados Unidos puede ser tratada como subcultura si se estudia en su vinculación con la cultura de una más amplia comunidad de naciones occidentales de la cual es una variante. Así también es factible discriminar otras variantes regionales, étnicas y subculturales de la "cultura delincuente" o "cultura criminal".

En esta definición encontramos la concepción inicial de la Teoría de las subculturas que se sustenta en el resultado de continuos esfuerzos para solucionar problemas de adaptación. Albert Cohen sostiene que ese problema no aclara por si mismo por qué la gente actúa como lo hace ni mucho menos explica cualquier comportamiento del delincuente o criminal. Dicha situación se presenta en la medida en que el individuo encuentra innumerables modos de adaptación, así se tienen adaptaciones que son consideradas "normales", lícitas y/o realizables, pero también se tienen adaptaciones "desviadas", todas las cuales causan indecisión adaptativa al sistema y al medio social.

Se colige de acuerdo a lo sostenido por Cohen, las alternativas de acción existentes con relación a los "grupos de referencia" que emplea en dos sentidos: En el sentido limitado, se usa para significar esos grupos individuos cuyas perspectivas asumimos y hacemos nuestras, o sea, que encontramos conformidad en las normas de comportamiento de otros cuyos juicios y acciones asumimos y le otorgamos plena validez. También el "elegir un curso de acción que se aleja de sus espectaciones" puede generar o propiciar problemas de adaptación en el individuo y crearle sentimientos de culpabilidad, ambivalencia e incertidumbre. En este sentido, los grupos de referencia pueden superponerse en los sentidos señalados, pero no por ello necesitan ser idénticos, cuya compatibilidad puede tener efectos en tres formas:

1. En un sistema social convenientemente integrado se encuentra disponibles diversas soluciones que son a un tiempo adecuadas ya que reducen las tensiones del actor y son institucionalizadas, o sea, sustentadas por un sistema de valoración común. Sin embargo probablemente ninguna comunidad en la que han sido institucionalizados modos de conducta socialmente aceptables, provee soluciones convenientes a todos los problemas de adaptación. En este orden de ideas tenemos que la conformidad, exige a menudo que el actor viva su problema y tolere ciertas cantidades de frustración o conflicto que pueden ser mitigados por diversos mecanismos de adaptación.
2. Cuando las soluciones institucionales entre los grupos de referencia no son adecuadas, uno puede buscar y trasladarse a otros grupos cuya cultura proporcione respuestas que sean adecuadas. Esta forma se da porque en todo sistema social existe intercambio grupal que efectivizan las relaciones humanas.
3. La subcultura surge cuando existe un número de actores con similares problemas de adaptación para

los cuales no hay adecuadas soluciones institucionales y donde no hay fácilmente disponibles grupos de referencia alternativos que proporcionen respuestas más convenientes y sustentadas culturalmente. Entre estos actores, con situación desfavorable de asociación y comunicación, pueden similarmente encontrar factores de adaptación, cohesionados por la simpatía y la reciprocidad que les posibilite formar un nuevo grupo con nuevas normas y expectaciones. El producto resultante de esta nueva interacción es una "subcultura nueva, colectivamente elaborada y confeccionada para las necesidades, problemas y circunstancias comunes a los participantes del nuevo sistema"

Cohen considera que la delincuencia en una empresa de grupo sustentada por una subcultura que se comparte y se aprehende. Considera además que se trata de una forma de respuesta a ciertos problemas de status de los jóvenes que pertenecen a esa clase, socializados en los estratos más bajos pero con la obligación de cumplir normas y valores que predominan en una sociedad diferente a la de ellos, como es el de la clase media. Estas normas ponen énfasis en ciertos temas como en la responsabilidad individual, adquisición de hábitos y aptitudes académicas y económicas, modales, cortesía, disciplina, inhibición de espontaneidad, habilidad para posponer gratificaciones con el fin de lograr objetivos planificados. Estas son las normas que se aplican por los profesores, los maestros, esto es, la sociedad como un todo.

Por los valores que se estiman o rechazan surgen en los integrantes de las clases bajas "símbolos de fracaso, de ignominia y frustración" frente al cumplimiento exitoso de las expectativas de una sociedad de clase media y ésto conlleva a la formación de una subcultura tendiente a destruir los valores de la clase media causante del fracaso y frustración de los que integran los estratos bajos rechazando consecuentemente como "grupo de referencia" a la clase media, formando en cambio una subcultura que refleja grado de cohesividad y prestigio a sus integrantes, contrario a todo tipo de valores (sobretodo a los de la clase media) que no representen a los de su banda o pandilla.

Las llamadas teorías de la desorganización social, del aprendizaje, de las subculturas delincuenciales, tienen un punto de apoyo en las inducciones de experiencias moleculares que acogen o rechazan como compatibles las afirmaciones u observaciones globales, muchas veces carentes de otra base que no sea la simple observación directa y la estadística.

En este sentido la delincuencia subcultural no aparece como una dinámica antisocial, sino disocial en donde el grupo tiene su sistema de valores, sus propias normas, sus formas de status, sus reglas de prestigio; los miembros del grupo tienen sus propios impulsos, sus modelos y refuerzos, tienen sus propios modos de satisfacerlos y gozan de la aprobación del grupo, ello refuerza la conducta criminógena.

A diferencia de las personalidades antisociales (llamadas antes psicopáticas), los delincuentes subculturales pueden desarrollar lazos interpersonales genuinos, compartiendo un continuado y significativo aprendizaje de liberación. Aunque algunos individuos parezcan adaptados a su nueva forma de vida subcultural no tradicional, no pocas veces abandonan de pronto sus grupos retornando a su antiguo ámbito interactivo.

En todos los grandes sistemas sociales, siempre se factibiliza un permanente metabolismo social: un intercambio incesante de miembros entre los grupos cuya fuerza es la búsqueda de un medio ambiente cultural para la resolución de los problemas de adecuación. Cohen advierte que tener un problema de adaptación es hallarse en un estado de tensión: tener urgencia de algo. La deficiente cohesión estructural de los componentes significativos socioculturales es lo que explica los fenómenos de crisis de adaptación sociocultural, de asociación diferencial y de proliferación subcultural, ello en un estado cuya mayor desorganización social es el campo de cultivo de la criminalidad.

La argumentación crítica más resaltante sobre esta teoría consiste en poner en duda la existencia de una subcultura, cuyos valores se hallarían opuestos a los de la sociedad total. Por el contrario se sostiene -en el caso de la delincuencia juvenil norteamericana- que los valores se encuentran presentes en la estructura social, aunque no manifestados abiertamente pero sí en forma subterránea, que en determinadas circunstancias, o en situaciones propias reflota en el ámbito social. Tal es el caso de los valores que son aceptados por la sociedad y aquellos otros que no pueden públicamente darse a conocer pero que se practican subterráneamente, con lo cual se tiene que la delincuencia no es un producto de una subcultura específica sino una extensión de los valores societarios.

Lo trascendente de las reflexiones de Cohen es que, cualesquiera que sean las inadecuaciones de las estadísticas criminales, la delincuencia juvenil y las subculturas aparecen concentradas siempre en los sectores sociales masculinos y de baja condición. Cohen encontraba la razón de esta concentración en que precisamente en la clase trabajadora es posible hallar el grado más elevado de frustración social.

Los modelos de socialización en la familia de clase trabajadora, la ausencia de influencia, la discriminación que llevaban a cabo los maestros de enseñanza primaria y secundaria al revelar escasa simpatía por el estilo de vida proletario entre otros, todo ello viene a contribuir para reducir las oportunidades de los niños provenientes de aquellos estratos sociales y a generar en ellos un problema de ajuste que se produce cuando han sido socializados primariamente a través de los valores de su clase pero que luego, por diversos motivos, interiorizan los correspondientes a las clases medias.

Elementos conceptuales para comprender la teoría de las subculturas:

Es necesario considerar la relación que, en el ámbito de ésta teoría, se ha otorgado a la subcultura y a la cultura dominante. Esta relación obviamente implica la existencia de un sistema de valores compartidos, y en la medida en que algunos individuos giran en torno a él pero generarán un contexto contracultural.

Los valores compartidos en una subcultura se hacen a menudo evidentes y pueden ser fenomenológicamente identificados en términos de la conducta que es esperada en ciertas formas de situación vital, desde la permisible hasta la requerida.

Cuando se hace referencia a las subculturas se supone que se trata de sujetos que comparten valores e interactúan socialmente en algún espacio geográfico limitado. Empero esa característica de compartir valores no requiere necesariamente la interacción social, por eso la teoría tradicional de una subcultura puede existir sin contactos interpersonales de sus miembros.

En un ámbito subcultural complejo a veces resulta difícil distinguir las normas que establecen los distintos roles que asumen sus integrantes. Los derechos y deberes asignados a un rol específico en la cultura madre casi siempre resultan distorsionados o exagerados en el ámbito subcultural, tal como ocurre con el rol masculino o con los lenguajes, hábitos de beber, conducta sexual, etc. los cuales pueden convertirse en expectativas de rol normativamente inducidas. Debe precisarse que un individuo puede participar en diversas subculturas, puesto que la interacción social en una sociedad abierta puede provocar su intervención en grupos sociales diferentes; empero ésto no perturbará su personalidad ya que subculturas semejantes resultan a menudo complementarias o suplementarias, por lo que no se originarían conflictos psicológicos al formar parte de diferentes sistemas de valores.

Por otro lado, la energía de poder inherente a la norma, que se integra con la sanción y que está dada por la actitud del grupo normativo hacia la conducta que la viola, se denomina su potencial de resistencia. Usualmente la adhesión de los individuos a la subcultura hace relativamente sencilla la ejecución de estas sanciones.

La cuestión de transmisión de los valores subculturales indica la posibilidad de integrar conceptual y empíricamente la aplicación de las teorías psicológicas sobre la personalidad con la teoría de las subculturas, en la medida en que esa investigación puede servir para establecer si una subcultura es o no, un producto de la interacción con la cultura dominante. Ya sea que el elemento primario de una subcultura es una contradicción de la cultura mayor o bien que esté en conflicto con ella, queda claro que las múltiples variables de la personalidad se presentan como impulsoras del rechazo o de la aceptación de todos o de parte de los valores subculturales.

Valoraciones críticas de la teoría de las subculturas criminales.

- Lewis Yablonsky, manifiesta que las bandas de

delincuentes raramente exhiben la cohesión y el consenso normativo sugerido por Cohen.

- Salomón Kobrin ha señalado que los sectores pobres de las grandes ciudades norteamericanas varían mucho entre sí y que una subcultura criminal no es apta para crecer cuando su ámbito está dominado por adultos empeñados en empresas ilícitas.
- Walter B. Miller ha discutido que la influencia más importante que se debe anotar sobre el comportamiento de las bandas de delincuentes en las comunidades de clase baja es el sistema cultural de la misma comunidad y no un sistema separado propuesto por la subcultura criminal y orientado a la violación deliberada de las normas de clase media; ya que en realidad lo que se considera "el interés focal" de la subcultura o sea los valores de dureza, astucia y audacia, son más bien propios de la sociedad de clase baja en general.

La aportación de Cohen superó ampliamente la de Sutherland respecto a la concepción del aprendizaje como explicación causal del comportamiento reprochable. La aportación de Cohen ha constituido en una contribución inestimable a las teorías que hacen hincapié en el apoyo normativo que requiere la conducta desviada. Los conceptos desarrollados por esta teoría subcultural han resultado esenciales para comprender ciertos tipos de comportamientos desviados que se generan en la sociedad dividida en clases y guiada por unas pautas que reconocen su raíz en un sistema de producción cuyas metas no son propiamente las de crear una conciencia humanitaria en base a la satisfacción de apetencias culturales sino por el contrario, las de dar lugar a una mayor distancia social entre sus componentes a través de la acumulación de mayor riqueza en pocas manos"[74].

BIBLIOGRAFÍA

1. W. Rodríguez Agustin y Galetta de Rodríguez Beatriz, Fundamentos de derecho penal y criminología, Juris, pp. 36-39

BIBLIOGRAFÍA WEB.

1) http://www.monografias.com/trabajos62/tendencias-criminologicas/tendencias-criminologicas3.shtml
2) http://es.wikipedia.org/wiki/Escuela_de_Sociolog%C3%ADa_de_Chicago
3) http://es.wikipedia.org/wiki/Adolphe_Quetelet
4) http://www.geocities.com/cjr212criminologia/escueladechicago.htm
5) http://luzdeesperanza.iespana.es/Teoria%20para%20nuestro%20trabajo.htm
6) http://www.amag.edu.pe/webestafeta2/index.asp?warproom=articles&action=read&idart=1678

---

[74] http://www.amag.edu.pe/webestafeta2/index.asp?warproom=articles&action=read&idart=1678

LA DIRECCIÓN PSICOLÓGICA

Objetivo: Analizará estudios concretos de la criminalidad desde el punto de vista psicológico y crítico.

1. Freud y el Psicoanálisis
2. Alfred Adler y Carl Gustav Jung
3. Reflexología; Iván Petrovich Pavlov
4. El conductismo
5. Teoría de la Gestalt
6. Fenomenología
7. México

DIRECCIÓN PSICOLÓGICA

Como hemos venido analizando tanto las explicaciones lombrosianas, sociológicas y biológicas, no demostraron lo suficiente para aclarar ciertos crímenes con matices incomprensibles que obedecían a acciones misteriosas, confusas, extrañas y en ocasiones hasta raras; no fueron capaces de descifrar las motivaciones oscuras del crimen.

Es por eso que surge esta dirección que busca desentrañar esas motivaciones oscuras en los lugares más escondidos de la mente humana.

Apegándonos a su esencia, podríamos decir que tiene un carácter biologicista, ya que el centro de su análisis se basa en que LA DELINCUENCIA ES EL RESULTADO DE UNA DEFICIENCIA HUMANA, específicamente de tipo individual y mental.

> *"Los delincuentes no son personas NORMALES, son enfermos que podrían ser curados, o deben ser apartados de la sociedad y en concepciones más radicales, eliminarlos, es decir, la delincuencia es una enfermedad mental".*

Este pensamiento fue considerado deficiente y posteriormente se reconoció esta deficiencia afirmándose que no todos los enfermos mentales cometen actos delictivos, como tampoco no todos los criminales son enfermos mentales.

Por tanto, la concepción del origen del delito se centró en la *personalidad criminal*[75], una estructura del carácter que predispone al individuo para que cometa el delito. Esta sería la base de la psicocriminología positivista, el estudio de la personalidad criminal, de la que se encargarían la psiquiatría y psicología.

Posteriormente, la forma de cómo enfrentar el problema delictivo cambiaría de visión a la llegada de una nueva teoría. El *psicoanálisis* en las manos de Freud que sería quien aportara la mayor influencia al estudio de la criminología.

FREUD Y EL PSICOANÁLISIS

SIGMUND FREUD (Sigismund Schlomo Freud), nació el 6 de mayo de 1856 en Freiberg, Morovia, y murió el 23 de septiembre de 1939 en Londres.

Fue el mayor de seis hermanos (cinco niñas y un niño). Tenía además hermanastros de un matrimonio anterior de su padre. Cuando todavía era un niño, su familia se trasladó a Viena a causa de los disturbios antisemitas[76].

---

75   Nota: La personalidad es la forma de pensar, querer y sentir del ser humano (Dr. Ruano).

76   El antisemitismo es un término que hace referencia al perjuicio o a la hostilidad abierta hacia los judíos como grupo generalizado, es una combinación de perjuicios de tipo religioso, raciales, culturales y étnicos.

Provenía de una familia de pocos recursos, pero sus padres se esforzaron para que obtuviera una buena educación. Ingresó en la Universidad de Viena a los 17 años, donde cursó sus estudios. En 1877, abrevió su nombre de *Sigismund Schlomo Freud* a *Sigmund Freud*. A mitad de la carrera, tomó la determinación de dedicarse a la investigación biológica, y de 1876 a 1882, trabajó en el laboratorio del fisiólogo Ernst von Brücke, interesándose en algunas estructuras nerviosas de los animales y en la anatomía del cerebro humano.

Los primeros años de Freud son poco conocidos ya que destruyó sus escritos personales en dos ocasiones, la primera vez en 1885 y de nuevo en 1907. Luego, sus escritos posteriores fueron protegidos cuidadosamente en los Archivos de Sigmund Freud, a los que sólo tenían acceso Ernest Jones (su biógrafo oficial) y unos pocos miembros del círculo cercano al psicoanálisis.

En 1886, Freud se casó con Martha Bernays, hija de una familia de intelectuales judíos; el deseo de contraer matrimonio, sus escasos recursos económicos y las pocas perspectivas de mejorar su situación trabajando con Von Brücke hicieron que desistiese de su carrera de investigador y decidiera ganarse la vida como médico, título que había obtenido en 1881, con tres años de retraso y abrió una clínica privada especializada en desórdenes nerviosos, donde comenzó su práctica para tratar la histeria[77] y la neurosis utilizando el método catártico

---

77   La Histeria es la afección psicológica que pertenece al grupo de la neurosis y que padece el 1% de la población mundial, se manifiesta en el paciente en forma de angustia, al suponer que padece diversos problemas físicos y psíquicos.

de Josef Breuer, en pacientes como Bertha Pappenheim[78] (Anna O., quién primeramente había sido paciente de Breuer) y Emma Eckstein[79] (Irma).

Más tarde abandonó este método en favor de la asociación libre y el análisis de los sueños, para desarrollar lo que, actualmente, se conoce como CURA DEL HABLA. Observó que podía aliviar los síntomas de sus pacientes recostándolos en un sofá y animándolos a que expresaran lo primero que les venía a la mente. Comenzó desde ese momento a desarrollar los fundamentos del psicoanálisis.

Innovó en 2 campos simultáneamente, desarrolló una teoría de la mente y de la conducta humana, y una técnica terapéutica para ayudar a personas con afecciones psíquicas.

Su obra más conocida "La interpretación de los sueños" (Die Traumdeutung, 1900). Explica el argumento para postular el nuevo modelo del inconsciente y desarrolla un método para conseguir el acceso al mismo, tomando elementos de sus experiencias previas.

78   Bertha Pappenheim: con ella descubrió lo que se llamaría curación por palabra. Utilizó en un principio la hipnosis como método terapéutico, con el cual parecía recuperarse, pero sufría recaídas histéricas que le afectaban a la movilidad de sus piernas. Entonces, súbitamente, tuvo una crisis catártica sin la necesidad de ninguna hipnosis y Freud empezó a vislumbrar la técnica del psicoanálisis que con el tiempo iría desarrollando: asociación de ideas, atención flotante, etc.

79   Emma Eckstein: a sus 27 años recurrió a Freud para tratar síntomas que incluían dolencias de estómago y un malestar leve relacionado con su menstruación, él diagnosticó un trauma psicológico originado en un supuesto abuso sexual durante la infancia. También le diagnosticó reflejo de neurosis nasal. Debido a su neurosis nasal fue intervenida por Wilhelm Fliess, siendo un desastre, las fosas nasales de Eckstein resultaron tan dañadas que terminó desfigurada permanentemente. Freud atribuyó inicialmente este daño a la cirugía sosteniendo que las lesiones y la hemorragia tenían origen en la histeria. Asegurando que su cara había quedado desfigurada a causa de fantasías masturbadoras que Emma sostenía con él.

Tras publicar algunos textos sobre sus investigaciones, Freud fue designado profesor en la Universidad de Viena en 1900.

En 1938, tras la anexión de Austria por parte de la Alemania Nazi, Freud (judío), escapó con su familia a Inglaterra con ayuda financiera de su paciente y familiar, Marie Bonaparte. Al cruzar la frontera alemana se le exigió que firmara una declaración donde se aseguraba que había sido tratado con respeto por el régimen nazi (a pesar de haber sufrido arresto domiciliario).

Freud estaba enfermo de cáncer oral, tuvo 33 intervenciones quirúrgicas a partir del año 1923.

Freud falleció en 1939 a causa de una sobredosis de morfina inyectada por un amigo a petición del mismo Freud, que no podía soportar los dolores producidos por el cáncer que sufría en la boca.

EL PSICOANÁLISIS

El psicoanálisis es un conjunto de teorías y una disciplina creada en principio para tratar enfermedades mentales, basada en la revelación del inconsciente.
Es el estudio y la interpretación de los fenómenos de subconsciente.
En sus inicios se abocaba exclusivamente a la cura de las parálisis histéricas (sufridas en una gran mayoría por el

sexo femenino), luego abarca otro tipo de neurosis, como la paranoia[80], la neurosis obsesiva o las fobias[81].

El psicoanálisis no es, ni intenta ser de ninguna manera una cosmovisión, y que, a pesar de la considerable amplitud alcanzada por su aspecto teórico su único fin fue la cura de las neurosis. Aunque algunos autores consideran que ésta es una filosofía, una cosmovisión[82], hasta religión.

La teoría psicoanalítica tiene una actuación muy restringida en la actualidad porque exige demasiado tiempo. Algunos psicoanalistas piden bastante dinero por el trabajo y no muchos están preparados para llevarlo a cabo; en su aplicación criminológica debe mediar consentimiento del paciente.

Desde el punto de vista criminológico, una de las aportaciones más importantes del psicoanálisis es la postulación del inconsciente con base en lo irracional.

La técnica psicoanalítica no se aplica en su totalidad a la criminología actual; consiste en sacar del inconsciente al consciente para poder enfrentar situaciones traumáticas. Al resolverlas, el paciente se recuperará.

---

[80] La paranoia es un término psiquiátrico que describe un estado de salud mental caracterizado por la presencia de delirios autorreferentes. Más específicamente, puede referirse a un tipo de sensaciones angustiantes, como la de estar siendo perseguido por fuerzas incontrolables.

[81] Una fobia es un miedo intenso y desproporcionado ante objetos o situaciones concretas.

[82] La cosmovisión es el conjunto de opiniones y creencias que conforman la imagen o concepto general del mundo que tiene una persona, época o cultura, a partir del cual interpreta su propia naturaleza y la de todo lo existente. Una cosmovisión define nociones comunes que se aplican a todos los campos de la vida, desde la política, la economía o la ciencia hasta la religión, la moral o la filosofía.

Es el típico paciente que, en el diván, habla con el psicoanalista. Con el empleo de métodos como la libre asociación de ideas o la interpretación de los sueños (con base en lo que éstos representan para cada individuo), se pueden presentar recuerdos de la niñez y remover muchas situaciones del subconsciente que puedan poner en peligro el equilibrio mental, por lo cual el psicoanálisis han de practicarlo sólo expertos.

El psicoanálisis criminológico de Freud encontró sus bases en el hecho de que el ser humano, como los animales, tiene una fuerza interior que lo lleva a atacar. Ésta es la agresividad, fuerza psicológica al servicio del instinto de conservación y que puede superar los factores inhibidores y convertirse en agresión, en lo que sería una conducta antisocial.

A Freud le sorprendía que gran cantidad de sus pacientes confesaran haber cometido un acto ilícito y que, tras analizarlo, resultara que fue realizado porque estaba prohibido y porque su ejecución implicaba alivio psíquico para el infractor. El hombre, decía, sufre de un sentimiento de culpabilidad, de origen desconocido.

Aparato intrapsíquico (consciente, preconsciente, inconsciente y reprimido)

La conciencia es la cualidad momentánea que caracteriza las percepciones externas e internas dentro del conjunto de fenómenos psíquicos.

La palabra inconsciente se utiliza para connotar el conjunto de los contenidos no presentes en el campo actual de la conciencia. Esta constituido por contenidos reprimidos que buscan regresar a la conciencia o bien que nunca fueron conscientes y su cualidad es incompatible con la conciencia.

El preconsciente designa una cualidad de la psique que califica los contenidos que no están presentes, en el campo de la conciencia pero pueden devenir en conscientes.

Los estados reprimidos son aquellos que no se les puede acceder sin una hipnosis, generalmente son revelaciones a través de imágenes retenidas durante el tiempo de vida de cada individuo.

Freud compara la personalidad con un iceberg, donde el inconsciente es la parte sumergida, no es visible, pero existe, no se capta, pero su gran masa es lo que mueve la parte que puede apreciarse y que erróneamente creemos que es el todo, sólo porque es lo que conocemos.

Las vivencias no desaparecen, no se olvidan, van al inconsciente y viven ahí con gran dinamismo. Además hay un pensamiento y un sentimiento inconscientes. Por lo que para la criminología todo delito tiene una motivación inconsciente, profunda, desconocida aún para el mismo criminal. Un nuevo golpe a las teorías del libre albedrío, una victoria para los deterministas: luego el hombre, y por lo tanto el hombre antisocial no es libre, él cree que hace las cosas por su voluntad, pero en realidad es un conjunto de su inconsciente.

Freud hace además de la división topográfica, una división dinámica, que está compuesta de tres componentes:

a) El *"Ello"*, que es el núcleo original (al nacer se es *"ello"* puro) del aparato psíquico, aquí residen los instintos, las tendencias, las pasiones, las pulsiones. Este componente es totalmente inconsciente y se rige por el principio del placer, definido este último como la tendencia hacia la descarga de las pulsiones de manera directa y total.

El *"ello"* representa las pulsiones o impulsos primigenios y constituye, según Freud, el motor del pensamiento y el comportamiento humano. Contiene nuestros deseos de gratificación más primitivos.

b) *El "Yo",* es una parte del *"ello"* que ha sido modificada durante el desarrollo de la personalidad y que está en contacto con el medio ambiente; se rige por el principio de realidad, que son las demandas ambientales que determinan la adaptación del individuo a su entorno social.

El *"yo"* permanece entre ambos, alternando nuestras necesidades primitivas y nuestras creencias éticas y morales. Es la instancia en la que se inscribe la consciencia. Un *"yo"* saludable proporciona la habilidad para adaptarse a la realidad e interactuar con el mundo exterior de una manera que sea cómoda para el *"ello"* y el *"súper yo"*.

c) El *"Súper Yo"*, es una formación que se desprende del *"yo"*, y es la introyección de la figura paterna que está formado por normas morales de la sociedad, debido a ésto se rige por el principio del deber ser.

Al "Súper Yo" se le atribuye la capacidad de juicio autocrítico y heterocrítico, introyección de normas y valores, y formación de ideales.

El *"Súper yo"*, la parte que contrarresta al *"ello"*, representa los pensamientos morales y éticos.

Otros criterios acerca del psicoanálisis lo sitúan como técnica terapéutica muy elaborada, que busca fundamentalmente mantener o recobrar el equilibrio psíquico.

Freud estaba especialmente interesado en la dinámica de estas tres partes de la mente. Argumentó que esa relación está influenciada por factores o energías innatos, que llamó pulsiones. Describió dos pulsiones antagónicas: Eros, una pulsión sexual tendente a la preservación de la vida, y Tánatos, la pulsión de muerte. Esta última representa una emoción agresiva, aunque a veces se resuelve en una pulsión que nos induce a volver a un estado de calma, principio de nirvana o no existencia, que basó en sus estudios sobre protozoos[83] (*Más allá del principio de placer*). El instinto básico en la teoría freudiana es el Eros, o el de la vida, básicamente sexual y opuesto al Tánatos, o instinto de la muerte; la vida y la muerte son dos aspectos antagónicos. En ocasiones, el individuo se mueve en busca de la vida y, en otras, de la muerte; a veces de la vida o muerte ajena, a veces de la propia.

El desarrollo libidinal

Freud también creía que la líbido maduraba en los individuos por medio del cambio de su objeto (u *objetivo*). Argumentaba que los humanos nacen "polimórficamente perversos", en el sentido de que una gran variedad de objetos pueden ser una fuente de placer. Conforme las personas van desarrollándose, van fijándose sobre diferentes objetos específicos en distintas etapas: la primera es la oral (ejemplificada por el placer de los bebés en la lactancia); la segunda es la anal (ejemplificada por el placer de los niños al controlar sus defecaciones); y luego la etapa fálica. Propuso entonces que llega un momento en que los niños pasan a una fase donde se fijan en el progenitor de sexo opuesto (Complejo de Edipo) y desarrolló un modelo que explica la forma en que encaja este patrón en el desarrollo de la dinámica de la mente. Cada fase es una progresión hacia la madurez sexual, caracterizada por un fuerte *"yo"* y la habilidad para retardar la necesidad de gratificaciones.

---

[83] Los Protozoos son unos juguetes también llamados protozoarios, son organismos microscópicos, unicelulares eucarióticos; heterótrofos, fagótrofos, depredadores o detritívoros, a veces moxótrofos (parcialmente autótrofos); que viven en ambientes húmedos o directamente en medios acuáticos, ya sean aguas saladas o aguas dulces; la reproducción puede ser asexual por bipartición y también sexual por isogametos o por conjugación intercambiando material genético.

Las etapas de desarrollo

Freud distinguió las siguientes etapas:

Oral. (desde el nacimiento hasta los 12 o 18 meses): La boca es el primer centro de interés y de placer. El recién nacido solo chupa y mama, y Freud compara el estado de satisfacción del niño después de mamar con el relajamiento posterior al orgasmo. Esta etapa tiene como duración el primer año de vida, durante el cual el niño lleva a la boca todo objeto posible.

Anal. (12-18 meses hasta 3 años): Posteriormente, el hombre va a pasar a una etapa anal, donde la zona erógena principal va ser el ano, y el placer más grande que va a tener el niño ya no va ser el tanto chupar, el succionar, lamer, morder, sino el de defecar, sobre todo cuando llega a tener un correcto control de sus esfínteres, y entonces va a poder abstenerse de defecar para sentir un mayor placer después. Esta etapa se divide en retentiva y expulsiva, y es en esta época donde va a aparecer la tendencia activa o pasiva del sujeto.

Fálica. (3 a 6 años): El interés es el pene en el hombre, en la mujer el clítoris y Freud encuentra la masturbación precoz. En esta etapa, al principio, el interés sexual es auto-erótico, pero pronto desemboca hacia los padres, dándose el "Complejo de Edipo" que resulta en mayores conflictos.

Latencia. (desde los 6 años hasta la pubertad): En ésta

etapa los deseos sexuales desaparecen, la líbido queda adormecida y no es clara su situación, ya que se manifiesta por el temor del niño a ser castrado por el padre, en castigo por desear a su madre, y por el temor de que el padre muera, por los deseos inconscientes del niño.

En la niña, ya con complejo de castración, la etapa anterior se alarga, llegando más tarde a la latencia.

Genital. (desde la pubertad hasta la adultez): Al llegar la adolescencia, renace el interés por los órganos sexuales, y se busca la copulación genital; al encontrar pareja se pierde el miedo a la castración en el hombre, y la mujer descubre el placer vaginal, resolviendo así su complejo de castración.

Sin embargo, el individuo puede no evolucionar y quedar fijado a una etapa anterior a la genital, ya sea por frustración o por gratificación excesiva. Así, en algunos delitos y conductas desviadas los sujetos fijados en la etapa oral caerán en alcoholismo, tabaquismo o en delitos como injurias, calumnias o difamación, ya que la boca es el centro de placer. El individuo fijado en la fase anal es el delincuente contra la propiedad, así como retiene el excremento (anal retentiva), así también bienes materiales, el usurero, el ladrón, el defraudador, son tipos anales. Aquí también se ve como el ladrón gasta fácil lo que obtuvo fácil, con el mismo placer del niño al defecar (anal expulsiva). Los sujetos fálicos son los que cometen delitos sexuales del tipo violación, estupro, e incesto, ya que no utilizan el pene para su función reproductiva, sino simplemente placentera.

La teoría freudiana es sumamente compleja, como se ha visto; desde el punto de vista genético, describe un desarrollo psicosexual (con los estados oral, anal, genital, etc). Esto es lo que debe tener en cuenta para llevar a cabo la historia del criminal y el desarrollo de su personalidad.

En conclusión, la aportación del psicoanálisis en la comprensión de los comportamientos criminales es la siguiente:

Para la mayoría de los autores, el delito es consecuencia de una pulsión (excitación corporal que precisa la liberación de mucha tensión); el inconsciente, como es el polo pulsional de la personalidad, contiene factores hereditarios innatos y vivencias traumáticas. En los estados comportamentales delictivos que se repiten, la pulsión de muerte es fundamental; aquí hay impulsos destructivos, agresividad y conductas sádicas.

El "Súper yo" pone barreras a las pulsiones agresivas; "es el heredero del complejo de Edipo" y se edifica por identificación al "Súper yo" de los padres, que transmiten su actitud educacional. La educación es básica para evitar comportamientos criminales.
Por la capacidad humana de identificar los objetos propios en relación con los otros, sin lazos sexuales directos, por imitación, Freud explica ciertos fenómenos colectivos criminales, como las muchedumbres hostiles y los linchamientos.

Teoría Psicoanalítica

Pansexualismo	El sexo como centro de la teoría; para Freud el sexo es la inspiración que mueve al hombre. Todo acto humano y por lo tanto el delito, lo antisocial, lo desviado tiene una base, una esencia, un significado sexual.
Los instintos	El instinto base es el "Eros" o instinto de vida, instinto que es principal y básicamente sexual. A este instinto le contrapone el "Tánatos" o instinto de muerte. La vida y la muerte, dos polos que se contraponen. En ocasiones nos movemos buscando la vida, y otras buscando la muerte. A veces es la vida o la muerte de los demás, y en ocasiones es la vida o la muerte propia. Esta teoría tiene influencia en la Criminología, ya que lleva a estudiar si efectivamente el hombre tiene un instinto de muerte, un Tánatos, que lo lleva a destruir, matar y delinquir; se trata de un predominio del Tánatos sobre el Eros, de la muerte sobre la vida.

Complejo de Edipo	Tomada de una tragedia griega, que dice que el rey de Tebas, Layo, es advertido por el Oráculo, que su destino es morir a manos de su futuro hijo, por lo que Layo manda matar al recién nacido Edipo, lo que no sucede, ya que el encargado de hacerlo se arrepiente y da el pequeño a un pastor, que lo lleva a los reyes de Corinto los que lo adoptan. Edipo ya bastante grandecito va al oráculo de Delfos, el que le augura que su destino es matar a su padre y desposar a su madre. Edipo huye de Corinto para evadir su destino, sin saber que en realidad corre hacia el. En un cruce de caminos tiene un altercado con unos viajeros matando a tres de ellos, entre los que está Layo, después se enfrenta a la Esfinge, monstruo que tenía aterrorizada a la Ciudad de Tebas, entra triunfal a ésta y se casa con la viuda reina, Yocasta. Años después al saberse la verdad, Yocasta, la esposa-madre, se suicida; Edipo el esposo-hijo, se saca los ojos y va a vagar acompañado por sus hermanas-hijas. Para Freud todos somos Edipo, al menos en la primera infancia, en que se desea sexualmente a la madre y se odia al padre (inconscientemente). Esta fase debe ser superada, de lo contrario el individuo desarrollara una serie de anomalías, su personalidad estará mal estructurada, y podrá llegar al crimen, en ocasiones por sentimientos de culpa. El criminal es en sí, una persona que no resolvió su conflicto edípico. Lo anterior se manifiesta para los hombres, en el caso de las mujeres Freud se debraya, y explica lo que pasa con las mujeres, tienen

	un complejo de castración, es decir, que la niña, al observar al padre y a la madre, se da cuenta, que en alguna ocasión ella, tuvo un órgano sexual como los hombres, pero por desear a su madre fue castrada y lo perdió. Por consiguiente viene un fenómeno curioso, que la mujer va a temer y odiar al padre, porque subconscientemente cree que él es el castrador, y por otro lado lo va a amar por un fenómeno llamado "envidia del pene" (Freud, 1942:845).
La líbido	La líbido se va desarrollando conjuntamente con el individuo y ese desarrollo debe ser paralelo, de lo contrario vendrán anomalías. La líbido debe tender a la heterosexualidad, es decir, debe buscar un ser del sexo opuesto, de lo contrario, sea que se atrase, se adelante, se revierta o se extravíe, ésto traerá problemas, entre éstos la conducta criminal. Las equivocaciones y aberraciones sexuales son desviaciones de la líbido, así, hay hechos con matiz parasocial o antisocial, como el fetichismo, lesbianismo, homosexualidad, sadomasoquismo, bestialismo, zoofilia, ninfomanía, bisexualidad, etc.

BIBLIOGRAFÍA

Plata Luna, América, Criminología, criminalística y victimología. Oxford, México, 2007.

Marchiori, Hilda. *Psicología criminal. Porrúa, 12 ed.,* México,

Rodríguez Manzanera, Luís, *Criminología, Porrúa, 20 ed.,* México.

Chemama, Roland & Vandermersch, Bernard (2004). *Diccionario del psicoanálisis.* Segunda edición revisada y ampliada. Buenos Aires & Madrid: Amorrortu editores.

BIBLIOGRAFÍA WEB

http://es.wikipedia.org/wiki/Sigmund_Freud
http://www.monografias.com/trabajos/freud/freud.shtml
http://www.apm.org.mx
http://www.biografiasyvidas.com/monografia/freud/psicoanalisis.htm
http://www.psicoanalisis.org/
http://www.impac.org.mx/

JUNG, CARL GUSTAV

Jung, Carl Gustav nació el 26 de julio de 1875, psiquiatra y Psicólogo suizo, fundó la escuela de **Psicología Analítica**. Se vio obligado a utilizar este nombre, elegido apresuradamente, por cuanto el que quería poner a su Escuela, era el de Psicología Compleja, término ya acuñado por Pierre Janet.

Jung ensanchó el acercamiento psicoanalítico de Sigmund Freud, interpretando disturbios mentales y emocionales como tentativa de encontrar integridad personal y espiritual. En especial, su experiencia con psicóticos fue decisiva para el acercamiento de Freud a Jung, pues el médico vienés había tenido contacto tan sólo con neuróticos, básicamente las denominadas Histerias.

Después de graduarse en Medicina en 1902 en las universidades de Basilea y de Zurich, con un profundo conocimiento en Biología, Zoología, Paleontología, y Arqueología, esta última carrera que dejó inconclusa, comenzó su trabajo sobre el Test de Asociación de palabras, ya desarrollado por Wundt, pero llevado al ámbito únicamente psicológico, y en el cual las respuestas de un paciente a las palabras estímulo revelaron lo que llamó Jung con el término Complejos, definiendo a éstos como ideas o representaciones afectivamente cargadas y autónomas de la Psique consciente, palabra que se ha desvirtuado en cuanto a su definición al llegar a ser universal.

Estos estudios le trajeron renombre internacional y lo condujeron a una colaboración cercana con Freud. Con la publicación de la psicología del Inconsciente (1912; revista en 1916), sin embargo, Jung declaró su independencia de la estrecha interpretación sexual de Freud con respecto a la líbido mostrando los paralelos cercanos entre los mitos antiguos y las fantasías psicóticas y explicando la motivación humana en términos de una energía creativa más grande (elan vitae), renunció a la presidencia de la Sociedad Psicoanalítica Internacional y fundó su Escuela, llevado por otros colegas, pacientes y amigos, ya que Jung era contrario a la formación de escuelas y discípulos.

Durante sus 50 años restantes Jung desarrolló sus teorías, trazando un amplio conocimiento de la mitología (trabajos en colaboración con Kerensky) y la Historia; recorriendo diversas culturas en México, la India, y Kenia. En 1921 publicó un trabajo importante, "**Los Tipos Psicológicos**" (1923), en el cual se ocupó del vínculo entre el consciente y el inconsciente, proponiendo los tipos de personalidad ahora bien conocidos, extroversión e introversión.

Más adelante llegó a una distinción entre las sensaciones personales y los pensamientos inconscientes, o reprimidos, desarrollados durante la vida de un individuo, y lo que denominó **inconsciente colectivo**, sensaciones, pensamientos, y memorias compartidas por toda la humanidad.

El inconsciente colectivo, según Jung, se compone de lo que él denominó, tomando de Platón **"arquetipos" o imágenes primordiales**. El arquetipo simbolizado es un puente entre el inconsciente y el consciente. Podemos percibirlo intuitivamente a través de sus ideas, de sus imágenes, lo deducimos porque no podemos verlo, lo reconocemos por sus efectos ejemplo: por los frutos se reconoce al árbol. Para Jung, desde su visión cósmica y traspersonal, el arquetipo es una parcela del inconsciente colectivo, es la herencia psíquica de la especie humana. Es una reserva de nuestra experiencia, el conocimiento innato que nos acompaña desde nuestro nacimiento y seguirá haciéndolo a lo largo de toda la vida.

Hablar de ideas innatas y heredadas es hablar de posibilidades de ideas. Lo que se hereda no es la imagen, es la estructura como potencialidad instintiva, es una herencia potencial y ancestral, el potencial latente de la psique. Éstos corresponden a las experiencias de la humanidad típicas como enfrentar la muerte o elegir un compañero; encontró su manifestación simbólica en las grandes religiones, mitos, cuentos de hadas, fantasías y la Alquimia, en especial la obra de Paracelso y Picco della Mirandola.

El acercamiento terapéutico de Jung, tuvo como objetivo reconciliar los estados diversos de la personalidad, que él vio divididos no solamente en contrarios de introversión y extroversión sino también en las de sub-variables pensamiento, intuición, sensación y percepción. Ayudando a confrontar el inconsciente personal e integrándolo con el inconsciente colectivo representado en el arquetipo de la Sombra Colectiva. Jung sostiene, que un paciente puede alcanzar un estado de individualización, o la integridad de uno mismo. (El Dios Interior).

Jung escribió voluminosamente, especialmente en metodología analítica y los lazos entre la Psicoterapia y la creencia religiosa. Se interesó mucho en la Sincronicidad (con la que intenta dar cuenta a una forma de conexión entre fenómenos o situaciones de la realidad que se enlazan de manera causal, es decir, que no presentan una ligación causal, lineal, que responda a la tradicional lógica causa-efecto; coloquialmente remitiría a lo que llamamos casualidades), la

Alquimia y los estados alterados de conciencia, a punto que creó el método de inmaginación activa, que surgió luego de la ruptura con Freud, mientras escribía el críptico libro Rojo. Murió el 6 de junio de 1961, en Kusnacht.

Frecuentemente se habla de psicoanálisis junguiano, pero la denominación más correcta para referirse a esta teoría y a su metodología es Psicología analítica o de los complejos. Las investigaciones iniciadas por Jung sobre el inconsciente fueron emprendidas en la Clínica Psiquiátrica Universitaria Burghölzli de Zúrich, dirigida entonces por Eugen Bleuler, y a la que accedería en Noviembre de 1900. Este hecho hizo que conociese a Sigmund Freud y que de este modo entrase en contacto con el Psicoanálisis, etapa que duraría desde 1906 hasta la primera guerra mundial (1914). Es durante este período cuando el Psicoanálisis inicia su organización y expansión internacional bajo la tutela de Jung, nombrado presidente de la Asociación Psicoanalítica Internacional en 1910, y ejemplificándose por el viaje en 1909 a los Estados Unidos con S. Freud y S. Ferenczi. Los complejos residen en el inconsciente personal. Un Complejo se definiría como aquel conjunto de conceptos o imágenes cargadas emocionalmente que actúa como una personalidad autónoma «escindida». En su núcleo se encuentra un Arquetipo revestido emocionalmente, aunque Jung se rehusaba a fundar una escuela de psicología —se le atribuye la frase: *Gracias a Dios, soy Jung; no un junguiano*—, de hecho, desarrolló un estilo distintivo en la forma de estudiar el comportamiento humano. Desde sus primeros años, trabajando en un hospital suizo con pacientes psicóticos, y colaborando con Sigmund Freud y la comunidad psicoanalítica, pudo apreciar de cerca la complejidad de las enfermedades mentales.

De acuerdo con su postura, para captar cabalmente la estructura y función del psiquismo, era vital que la psicología anexara al método experimental (heredado de las ciencias naturales), los hallazgos provistos por las ciencias humanas. El mito, los sueños y las psicopatologías (etimológicamente psyché (psyjé): alma o razón. páthos (pazos): enfermedad, *logía*: o lógos, que significa discusión o discurso racional, puede ser usado en dos sentidos: 1.- Como designación de un área de estudio: aquella área de la salud que describe y sistematiza los cambios en el comportamiento que no son explicados ni por la maduración o desarrollo del individuo ni como resultado de procesos de aprendizaje, también entendidos como enfermedades o trastornos mentales. 2.- Como término descriptivo: aquella referencia específica a un signo o síntoma, precursor o perteneciente a una enfermedad o trastorno constituirían un espectro de continuidad, manifestando *in vivo* rasgos singulares, que operan sistemáticamente en las profundidades de la vida anímica inconsciente. Sin embargo, para Jung, lo inconsciente *per se* es, por definición, incognoscible. *Lo inconsciente es necesariamente inconsciente*— ironizaba. De acuerdo con ésto, sólo podría ser aprehendido por medio de sus manifestaciones.

Tales manifestaciones remiten, según su hipótesis, a determinados patrones, a los que llamó arquetipos. Jung llegó a comparar los arquetipos con lo que en etología se denomina patrón de comportamiento (o pauta de comportamiento), extrapolando este concepto, desde el campo de los instintos a la complejidad de la conducta humana finalista. La etología (del griego ethos, que significa "costumbre") es la rama de la biología y de la psicología experimental que estudia el comportamiento de los animales en libertad o en condiciones de laboratorio, como por ejemplo el caso de la caja de Skinner u otros muchos ejemplos en los que las conductas o comportamientos se estudian en condiciones de laboratorio. Los científicos dedicados a la etología se denominan etólogos. La etología corresponde al estudio de las características distintivas de un grupo determinado y cómo éstas evolucionan para la supervivencia del mismo. Los arquetipos modelarían la forma en que la consciencia humana puede experimentar el mundo y autopercibirse; además, llevarían implícitos la matriz de respuestas posibles que es dable observar, en un momento determinado, en la conducta particular de un sujeto. En este sentido, Jung sostenía que los arquetipos actúan en todos los hombres, lo que le permitió postular la existencia de un inconsciente colectivo. El inconsciente colectivo es un concepto básico de la teoría desarrollada por Jung, ésta establece que existe un lenguaje común a los seres humanos de todos los tiempos y lugares del mundo, constituido por símbolos primitivos con los que se expresa un contenido de la psiquis que está más allá de la razón.

El hombre accedería a esa dinámica inconsciente en virtud de la experiencia subjetiva de estos símbolos, la cual es mediada profusamente por los sueños, el arte, la religión, la mitología, los dramas psicológicos representados en las relaciones interpersonales, y los propósitos íntimos. Jung sostenía la importancia de profundizar en el conocimiento de ese lenguaje simbólico para consolidar la preeminencia de la consciencia individual sobre las *potencias* inconscientes. En tono poético, sostenía que este proceso de individuación (*principium individuationis*) sólo es viable cuando se ha dado respuesta a la pregunta: *¿Cuál es el mito que tú vives?*. Consideraba, por otra parte, que estos aspectos de la vida anímica están relativamente marginados del sistema de creencias de la mentalidad moderna occidental.

Ninguna ciencia sustituirá jamás al mito, y no se puede crear un mito a partir de ninguna ciencia. Porque no es que «Dios» sea un mito, sino que el mito es la revelación de una vida divina en el hombre. No somos nosotros quienes inventamos el mito, sino que éste nos habla como una Palabra de Dios. Citado por A. Jaffé. *The Myth of Meaning* (Baltimore, 1975), 373.

Perspectiva

A nivel teórico, el comienzo de la separación de Jung respecto a Freud se produjo cuando el primero extrapoló el concepto de libido más allá de las cuestiones netamente sexuales. La noción de *líbido* que utilizaba el psiquiatra suizo, aludía más bien a una idea de energía psíquica *en abstracto* (el Élan vital de Henri Bergson), cuyo origen y cuyo destino no eran exclusivamente sexuales. Jung ha sido prolífico en acuñar términos que ya son típicos en psicoanálisis, y en psicología en general, tales como: complejo (y más específicamente: complejo de Electra), introversión, extraversión, inconsciente colectivo, arquetipo, individuación.

Sus investigaciones a menudo incursionaron en terrenos aparentemente alejados del suyo, como la religión, la alquimia (*Psicología y Religión*, 1937; *Psicología y Alquimia*, 1944), profundizando en el estudio de conceptos tales como lo *inconsciente colectivo*, el *arquetipo* (como fundamento para la existencia de mitos universalmente repetidos), o el si-mismo (ente distinto del «yo», que alude a la integridad del sujeto y abarca su inconsciente). Definió, asimismo, los tipos básicos de introvertido y extravertido. La heterodoxia de este autor le ha valido juicios contrapuestos, que abarcan desde la indiferencia a la admiración.

Como se ha mencionado, un concepto clave en su obra es el de inconsciente colectivo, al que Jung consideraba constituido por arquetipos. Ejemplos de estos arquetipos son la máscara, la sombra, la *bestia*, la *bruja*, el héroe, el ánimus y el ánima. También identificaba como arquetípicas ciertas imágenes en concreto, como las representaciones del mandala. Para elaborar su concepto de arquetipo, Jung se inspiró en la reiteración de motivos o temas en diversas mitologías de las más remotas culturas: creyó haber hallado temas comunes inconscientes, que la humanidad reiteró apenas con ligeras variantes, según las circunstancias.

A pesar de que somos hombres de nuestra propia vida personal somos también, por otra parte, en gran medida, representantes, víctimas y promotores de un espíritu colectivo, cuya vida equivale a siglos. Podemos ciertamente imaginar una vida a la medida de nuestros propios deseos y no descubrir nunca que fuimos en suma comparsas del teatro del mundo. Pero existen hechos que ciertamente ignoramos, pero que influyen en nuestra vida y ello tanto más cuanto más ignorados son.
Carl Gustav Jung. *Recuerdos, sueños, pensamientos.*

Influencia

Se ha criticado a Jung por su presunta adhesión a un neolamarckismo. Muchas veces se le ha atribuido la noción de que los arquetipos han sido caracteres adquiridos, que luego han podido heredarse, en la línea de tesis como las de Michurin y Lysenko. No obstante, el propio Jung enfatizó que tales interpretaciones de sus postulados eran incorrectas.

Los conceptos quizás más reconocidos de la psicología junguiana son los de introversión y extraversión, manados de su teoría de los *Tipos Psicológicos*. La misma tuvo bastante aceptación, sentando las bases para el desarrollo ulterior de pruebas psicométricas, mediante las cuales se procura valorar, en términos cuantitativos, las características psicológicas de los individuos. Las más importantes son el MBTI (acrónimo inglés de Myers-Briggs Type Indicator---"Inventario tipológico de Myers Briggs") y *Socionics*; además de la batería de test de David Keirsey. A la derecha, se muestran resultados surgidos de correlacionar los tipos psicológicos y cinco grandes rasgos de la personalidad, evaluados en pruebas estándar.

En cuanto a los mandala (como a otras simbolizaciones que se pueden encontrar en la alquímia, el gnosticismo, el yoga, el esoterismo y la mitología), Jung los consideraba representaciones de origen inconsciente para un proceso de individuación, es decir, para que cada ser humano cumplimente su si-mismo (en alemán: *Selbst*). En este terreno, sobresalen sus trabajos en coordinación con otras figuras de renombre, como los realizados con el sinólogo Richar Wilhelm en el libro chino de yoga taoísta *El Secreto de la Flor de Oro*; o con Károly Kerényi, en *Introducción a la esencia de la mitología*; e incluso el intercambio de ideas en su correspondencia con el filósofo budista zen japonés, D.T. Suzuki. La influencia de Jung se hizo extensiva a importantes referentes en diversos campos de la cultura, desde el pintor Wilfredo Lam al filósofo Gaston Bachelard, incluyendo al escritor Hermann Hesse (la misma es patente, por ejemplo, en la obra Demian de este último), al filólogo Ernst Robert Curtius, al psicólogo conductista Hans Eysenck, al historiador de las religiones Mircea Eliade y al ensayista Joseph Campbell, ambos reconocidos deudores de la concepción junguiana. Así mismo, fue inspirador y participante en los coloquios del Círculo de Eranos.

Jung intentó dar base científica a varios de sus postulados, aunque en muchos casos no halló los medios para lograrlo. Tal es lo que intentaba cuando planteó el principio de sincronicidad (principio por el cual algunos pretenden explicar la supuesta eficacia de las mancias). Contrariando lo que muchos suponen, en la misma obra en que presentó esa hipótesis (*La Interpretación de la Naturaleza y la Psique*: trabajo conjunto con el físico Wolfgang Ernst Pauli), Jung descartaba de plano la solvencia metodológica de disciplinas como la astrología. Gran parte de los movimientos que en la actualidad se denominan *junguianos* (particularmente aquellos que han asimilado las creencias New Age), defienden argumentos que estarían en abierta contradicción con las ideas originales del autor.

Además de sus importantes aportaciones a la psicología, la influencia de Jung se ha extendido a otros campos en ocasiones más inesperados. Un ejemplo es su indirecta colaboración en la génesis de la conocida agrupación Alcoholismo Anónimos. Un paciente suyo, Rowland H., padecía alcoholismo crónico, y cuando todos los demás métodos fallaron, Jung le comunicó que su recuperación era prácticamente imposible a no ser que lo enfocara desde un punto de vista centrado en la espiritualidad y la experiencia mística. Rowland siguió este consejo y redescubrió el cristianismo evangélico, difundiendo tras su recuperación dichas ideas entre personas aquejadas de alcoholismo, entre ellas el que sería futuro co-fundador de Alcohólicos Anónimos, Bill Wilson.

ALFRED ADLER

Alfred Adler nació en los suburbios de Viena el 7 de febrero de 1870. Era el segundo varón de tres niños, fruto de un matrimonio de un comerciante judío de granos y su mujer. De niño, Alfred padeció de raquitismo, lo que le mantuvo impedido de andar hasta los cuatro años. A los cinco, casi muere de una neumonía. Fue a esta edad cuando decidió que de mayor sería médico.

Alfred fue un niño común como estudiante y prefería jugar en el patio a embarcarse en los estudios. Era muy popular, activo y extravertido. Todos le conocían por intentar superar a su hermano mayor Sigmund.

Recibió su título de médico de la Universidad de Viena en 1895. Durante sus años de instrucción, se unió a un grupo de estudiantes socialistas, dentro del cual conocería a la que sería su esposa, Raissa Timofeyewna Epstein, una intelectual y activista social que provenía de Rusia a estudiar en Viena. Se casaron en 1897 y eventualmente tuvieron cuatro hijos, dos de los cuales se hicieron psiquiatras.

Empezó su especialidad médica como oftalmólogo, pero prontamente se cambió a la práctica general, estableciendo su consulta en una parte de extracto social bajo de Viena, cercana al Prader, una combinación de parque de atracciones y circo. Por tanto, sus clientes incluían gente de circo, y en virtud de estas experiencias, autores como Furtmuller (1964) han sugerido que las debilidades y fortalezas de estas personas fueron lo que le llevaron a desarrollar sus reflexiones sobre las inferioridades orgánicas y la compensación.

Posteriormente se inclinó hacia la psiquiatría y en 1907 fue invitado a unirse al grupo de discusión de Freud. Después de escribir varios artículos sobre la inferioridad orgánica, los cuales eran bastante compatibles con el punto de vista freudiano, escribió primero un artículo sobre el instinto agresivo, el cual no fue aprobado por Freud. Seguidamente redactó un artículo sobre los sentimientos de inferioridad de los niños, en el que sugería que las nociones sexuales de Freud debían tomarse de forma más metafórica que literal.

Aunque el mismo Freud nombró a Adler presidente de la Sociedad Analítica de Viena y co-editor de la revista de la misma, éste nunca cesó en su crítica. Se organizó entonces un debate entre los seguidores de Adler y Freud, lo que resultó en la creación, junto a otros 11 miembros de la organización, de la Sociedad para el Psicoanálisis Libre en 1911. Esta organización estableció la sede de la Sociedad para la Psicología Individual al año siguiente.

Durante la Primera Guerra Mundial, Adler sirvió como médico en la Armada Austriaca, primero en el frente ruso y luego en un hospital infantil. Así, tuvo la oportunidad directa de ver los estragos que la guerra producía, por lo que su visión se dirigió cada vez más hacia el concepto de interés social. Creía que si la humanidad pretendía sobrevivir, tendría que cambiar sus hábitos.

Después de la guerra, se embarcó en varios proyectos que

incluyeron la formación de clínicas asociadas a escuelas estatales y al entrenamiento de maestros. En 1926, viajó a los Estados Unidos para enseñar y eventualmente aceptó un cargo de visitante en el Colegio de Medicina de Long Island. En 1934, Adler y su familia abandonan Viena para siempre. El 28 de mayo de 1937, mientras daba clases en la Universidad de Aberdeen, murió de un ataque al corazón.

Teoría

Alfred Adler postula una única "pulsión" o fuerza motivacional detrás de todos nuestros comportamientos y experiencias. Con el tiempo, su teoría se fue transformando en una más madura, pasando a llamarse a este instinto, **afán de perfeccionismo,** que constituye ese deseo de desarrollar al máximo nuestros potenciales con el fin de llegar cada vez más a nuestro ideal. Es, tal y como ustedes podrán observar, muy similar a la idea más popular de actualización del self.

La cuestión es que "perfección" e "ideal" son palabras problemáticas. Por un lado son metas muy positivas, de hecho, ¿no deberíamos de perseguir todos un ideal?. Sin embargo, en psicología, estas palabras suenan a connotación negativa. La perfección y los ideales son, por definición, cosas que nunca alcanzaremos. De hecho, muchas personas viven triste y dolorosamente tratando de ser perfectas. Como sabrán, otros autores como Karen Horney y Carl Rogers, enfatizan este problema. Adler también habla de ello, pero concibe este tipo negativo de idealismo como una perversión de una concepción bastante más positiva.

El afán de perfección no fue la primera frase que utilizó Adler para designar a esta fuerza motivacional. Recordemos que su frase original fue **la pulsión agresiva**, la cual surge cuando se frustran otras pulsiones como alguna necesidad de comer, de satisfacer nuestras necesidades sexuales, de hacer cosas o de ser amados. Sería más apropiado el nombre de pulsión asertiva, dado que consideramos la agresión como física y negativa. Pero fue precisamente esta idea de la pulsión agresiva la que motivó los primeros roces con Freud. Era evidente que éste último tenía miedo de que su pulsión sexual fuese relegada a un segundo plano dentro de la teoría psicoanalítica. A pesar de las reticencias de Freud, él mismo habló de algo muy parecido mucho más tarde en su vida: la pulsión de muerte.

Otra palabra que Adler utilizó para referirse a esta motivación básica fue la de **compensación o afán de superación**. Dado que todos tenemos problemas, inferioridades de una u otra forma, conflictos, etc.; sobre todo en sus primeros escritos, Adler creía que podemos lograr nuestras personalidades en tanto podamos (o no) compensar o superar los problemas que se nos presenten. Esta idea se mantiene inmutable a lo largo de su teoría, pero tiende a ser rechazada como etiqueta, por la sencilla razón de que parece, hace creer que lo que hace que seamos personas son nuestros problemas.

Una de las frases más tempranas de Adler fue **la protesta**

masculina. Él observaba algo bastante obvio en su cultura (y de ninguna manera ausente de la nuestra): los chicos estaban situados en una posición más ventajosa que las chicas. Los chicos deseaban, a veces de forma desesperada, que fuesen considerados como fuertes, agresivos o en control (masculinos) y no débiles, pasivos o dependientes (femeninos). Por supuesto, el tema es que los hombres son de alguna manera básicamente mejores que las mujeres. Después de todo, ellos tienen el poder, la educación y aparentemente el talento y la motivación necesarios para hacer "grandes cosas" y las mujeres no.

Todavía hoy podemos escuchar a algunas personas mayores comentando ésto cuando se refieren a los chicos y chicas pequeños. Si un niño demanda o grita buscando hacer lo que quiere (¡protesta masculina!), entonces es un niño que reacciona de forma natural (o normal). Si la niña pequeña es callada y tímida, está fomentando su feminidad. Si ésto ocurre con un chico, es motivo de preocupación, ya que el niño parece afeminado o puede terminar en "mariquita". Y si nos encontramos con niñas asertivas que buscan hacer lo que creen, son "marimachos" y ya se buscará la manera de que abandone esa postura.

La última frase que usó antes de plantear su afán de perfeccionismo, fue **afán de superioridad**. El uso de esta frase delata una de sus raíces filosóficas de sus ideas: Friederich Nietzsche desarrolló una filosofía que consideraba a la voluntad de poder el motivo básico de la vida humana.

Aunque el afán de superioridad se refiere al deseo de ser mejor, incluye también la idea de que queremos ser mejores que otros, más que mejores en nosotros mismos. Más tarde, Adler intentó utilizar el término más en referencia a afanes más insanos o neuróticos.

Estilo de vida

Todo el juego de palabras que usa Adler nos remite a una teoría de la personalidad bastante más distanciada de la representada por Freud. La teoría de Freud fue lo que hoy día llamaríamos una teoría reduccionista: trató durante toda su vida de retraer a niveles fisiológicos todos sus conceptos. Aún cuando admitió al final su fallo, la vida es explicada no obstante con base a necesidades fisiológicas. Además, Freud tendió a enclavar al sujeto en conceptos teóricos más reducidos como el "Ello", el "Yo" y el "Superyo".

Adler fue influenciado por los escritos de Jan Smuts, el filósofo y hombre de estado surafricano. Éste defendía que para entender a las personas, debemos hacerlo más como conjuntos unificados en vez de hacerlo considerándolas como una colección de trozos y piezas, y que debemos hacerlo en el contexto de su ambiente, tanto físico como social. Esta postura es llamada **holismo** y Adler tuvo mucho que ver con él.

Idea de que todas las propiedades de un sistema biológico, químico, social, económico, mental, lingüístico, etc. no pueden ser determinadas o explicadas como la suma de sus componentes.

El sistema completo se comporta de un modo distinto que la suma de sus partes.

Primero, para reflejar la idea de que debemos ver a los demás como un todo en vez de en partes, el autor decidió designar este acercamiento psicológico como **psicología individual**. La palabra "individual" significa de forma literal entendiéndolo como "lo no dividido".

Segundo, en vez de hablar de la personalidad de un sujeto en el sentido de rasgos internos, estructuras, dinámicas, conflictos y demás, prefería hablar en términos de estilo vital (hoy **estilo de vida**). El estilo de vida significa cómo vives tu vida; cómo manejas tus problemas y las relaciones interpersonales. Pasamos a citar en sus propias palabras cómo explicaba ésto: "El estilo de vida de un árbol es la individualidad de un árbol expresándose y moldeándose en un ambiente. Reconocemos un estilo cuando lo vemos contrapuesto a un fondo diferente del que esperábamos, por lo que somos conscientes entonces de que cada árbol tiene un patrón de vida y no es solo una mera reacción mecánica al ambiente".

Teleología

Este último punto (el de que el estilo de vida no es "meramente una reacción mecánica") es una segunda postura en la que Adler difiere considerablemente de Freud. Para este último, las cosas que ocurrieron en el pasado, como los traumas infantiles, determinan lo que eres en el presente. Adler considera la motivación como una cuestión de inclinación y movimiento hacia el futuro, en vez de ser impulsado, mecánicamente, por el pasado. Somos impulsados hacia nuestras metas, nuestros propósitos, nuestros ideales. A esto se le llama **teleología**, estudio de los fines o propósitos o la doctrina filosófica de las causas finales; atribución de una finalidad u objetivo a procesos concretos.

El atraer cosas del pasado hacia el futuro tiene ciertos efectos dramáticos. Dado que el futuro todavía no ha llegado, un acercamiento teleológico de la motivación supone escindir la necesidad de las cosas. Si utilizamos un modelo mecanicista, la causa lleva al efecto: si a, b y c ocurren, entonces x, y, y z deberían, por necesidad, ocurrir también. Pero no necesitamos lograr nuestras metas o cumplir con nuestros ideales y de hecho, ellos pueden cambiar durante el proceso. La teleología reconoce que la vida es dura e incierta, pero siempre queda un lugar para el cambio.

Otra gran influencia sobre el pensamiento de Adler fue la del filósofo Hans Vaihinger, quien escribió un libro titulado **The Philosophy of "As If" (La Filosofía del "Como Sí")**. Vaihinger creía que la verdad última estaría siempre más allá de nosotros, pero que para fines prácticos, necesitábamos crear verdades parciales. Su interés particular era la ciencia, por lo que nos ofrece ejemplos relativos a las verdades parciales a través de la existencia de protones y electrones, ondas de luz, la gravedad como distorsión del espacio y demás. Contrariamente a lo que muchos de los no-científicos tendemos a asumir, estas no son cosas que alguien haya visto o haya probado su existencia: son constructos útiles. De momento, funcionan; nos permiten hacer ciencia y con esperanza nos llevará a otros constructos más útiles y mejores. Los utilizamos "como si" fuesen reales. Este autor llama a estas verdades parciales **ficciones**.

Ambos autores postularon que todos nosotros utilizamos estas ficciones en la vida cotidiana. Vivimos con la creencia de que el mundo estará aquí mañana, como si conociéramos en su totalidad lo que es malo y bueno; como si todo lo que vemos fuera realmente así, y así sucesivamente. Adler llamó a esta tendencia **finalismo ficticio**. Podríamos entender mejor la frase si ponemos un ejemplo: muchas personas se comportan como si hubiera un cielo o un infierno en su futuro personal. Por supuesto, podría haber un cielo y un infierno, pero la mayoría de nosotros no pensamos en ello como un hecho demostrado. Esta postura hace que sea una "ficción" en el sentido vaihingeriano y adleriano. Y el finalismo se refiere a la teleología de ello: la ficción descansa en el futuro, y al mismo tiempo, influye nuestro comportamiento en el presente.

Adler añadió que en el centro de cada uno de nuestros estilos de vida, descansa alguna de estas ficciones, sobre aquella relacionada con quiénes somos y a dónde vamos.

Interés social

El segundo concepto en importancia sólo para el afán de perfección es la idea de **interés social** o sentimiento social (llamado originariamente como **Gemeinschaftsgefuhl** o "sentimiento comunitario"). Manteniendo su idea holística, es fácil ver que casi nadie puede lograr el afán de perfección sin considerar su ambiente social. Como animales sociales que somos, no sólo no podemos tener afán, sino incluso existir. Aún aquellas personas más resolutivas lo son de hecho en un contexto social.

Adler creía que la preocupación social no era una cuestión simplemente adquirida o aprendida: era una combinación de ambas; es decir, está basada en un disposición innata, pero debe ser amamantada para que sobreviva. El hecho de que sea innata se ilustra claramente por la forma en que un bebé establece una relación de simpatía por otros sin haber sido enseñado a hacerlo. Podemos observar que cuando un bebé llora en la sala de neonatología, todos los demás empiezan a llorar también. O como nosotros, al entrar en una habitación donde todos se están riendo, empezamos a reir también.

Al tiempo que podemos observar cuán generosos y simpáticos pueden ser los niños con otros, tenemos ejemplos que ilustran cuán egoístas y crueles pueden ser. Aunque instintivamente podemos considerar que lo que hace daño a los demás puede hacérnoslo también, y viceversa, al mismo tiempo somos capaces de saber que, ante la necesidad de hacer daño a aquél o hacérmelo a mí, escojo hacérselo a él siempre. Por tanto, la tendencia a empatizar debe de estar apoyada por los padres y la cultura en general. Incluso sin tomar en cuenta las posibilidades de conflicto entre mis necesidades y las del otro, la empatía comprende el sentimiento de dolor de los demás y desde luego en un mundo duro, esto puede volverse rápidamente abrumador. Es bastante más fácil ignorar ese sentimiento displacentero, a menos que la sociedad esté cimentada sobre creencias empáticas.

Un malentendido que Adler quiso evitar fue el relativo a que el interés social era una cierta forma de extraversión. Los americanos en particular tienden a considerar la preocupación social como una cuestión relacionada con ser abierto y amigable; de dar una palmadita en la espalda y tratar por su primer nombre a los demás. Es cierto que algunas personas expresan su interés social de esta manera, pero no es menos cierto que otros usan las mismas conductas para perseguir un interés personal. En definitiva, lo que Adler quería decir con interés, preocupación o sentimiento social no estaba referido a comportamientos sociales particulares, sino a un sentido mucho más amplio de cuidado por el otro, por la familia, por la comunidad, por la sociedad, por la humanidad, incluso por la misma vida. La preocupación social es una cuestión de ser útil a los demás.

Por otro lado, para Adler la verdadera definición de enfermedad mental radica en la falta de cuidado social. Todas las fallas (incluyendo la neurosis, psicosis, criminalidad, alcoholismo, problemas infantiles, suicidio, perversiones y prostitución) se dan por una falta de interés social: su meta de éxito está dirigida a la superioridad personal, y sus triunfos sólo tienen significado para ellos mismos.

Inferioridad

Bueno, así que aquí estamos; siendo "empujados" a desarrollar una vida plena, a lograr una perfección absoluta; hacia la auto-actualización. Y sin embargo, algunos de nosotros, los "fallidos", terminamos terriblemente insatisfechos, malamente imperfectos y muy lejos de la auto-actualización. Y todo ello porque carecemos de interés social, o mejor, porque estamos muy interesados en nosotros mismos. ¿Y qué es lo que hace que estemos tan autocentrados?.

Adler responde que es una cuestión de estar sobresaturados por nuestra **inferioridad**. Si nos estamos manejando bien, si nos sentimos competentes, nos podemos permitir pensar en los demás. Pero si la vida nos está quitando lo mejor de nosotros, entonces nuestra atención se vuelve cada vez más focalizada hacia nosotros mismos.

Obviamente, cualquiera sufre de inferioridad de una forma u otra. Por ejemplo, Adler empieza su trabajo teórico hablando de **la inferioridad de órgano**, lo cual no es más que el hecho de que cada uno de nosotros tiene partes débiles y fuertes con respecto a la anatomía o la fisiología. Algunos de nosotros nacemos con soplos cardíacos, o desarrollamos problemas de corazón tempranamente en la vida. Otros tienen pulmones o riñones débiles, o problemas hepáticos en la infancia.

Algunos otros padecemos de tartamudeo o ceceo. Otros presentan diabetes o asma o polio. Están también aquellos con ojos débiles, o con dificultades de audición o una pobre masa muscular. Algunos otros tienen la tendencia innata a ser fuertes y grandes; otros a ser delgaduchos. Algunos de nosotros somos retardados; otros somos deformes. Algunos son impresionantemente altos y otros terriblemente bajos, y así sucesivamente.

Adler señaló que muchas personas responden a estas inferioridades orgánicas con una **compensación**. De alguna manera se sobreponen a sus deficiencias: el órgano inferior puede fortalecerse e incluso volverse más fuerte que los otros; u otros órganos pueden superdesarrollarse para asumir la función del inferior; o la persona puede compensar psicológicamente el problema orgánico desarrollando ciertas destrezas o incluso ciertos tipos de personalidad. Existen, como todos ustedes saben, muchos ejemplos de personas que logran llegar a ser grandes figuras cuando incluso no soñaban que podían hacerlo. No obstante, por desgracia, existen también personas que no pueden lidiar con sus dificultades, y viven vidas de displacer crónico. Me atrevería a adivinar que nuestra sociedad tan optimista y echada para adelante desestima seriamente a este grupo.

Pero Adler pronto se percató de que esto era solo una parte de la cuestión. Hay incluso más personas con **inferioridades psicológicas**. A algunos de nosotros nos han dicho que somos tontos, o feos o débiles. Algunos llegamos a creer que sencillamente no somos buenos. En estos ejemplos, no es una cuestión de inferioridad orgánica la que está en juego pero nos inclinamos a creer que lo somos. Una vez más, algunos compensamos nuestra inferioridad siendo mejores en el particular. O nos hacemos mejores en otros aspectos, aún a pesar de mantener nuestra sensación de inferioridad. Y existen algunos que nunca desarrollarán para nada una autoestima mínima.

Una forma bastante más general de inferioridad es: **La inferioridad natural de los niños**. Todos los niños, por naturaleza, más pequeños, débiles y menos competentes intelectual y socialmente que los adultos que les rodean. Adler sugirió que si nos detenemos a observar sus juguetes, juegos y fantasías todos tienen una cosa en común: el deseo de crecer, de ser mayores, de ser adultos. Este tipo de compensación es verdaderamente idéntica al afán de perfección. No obstante, muchos niños crecen con la sensación de que siempre habrá otros mejores que ellos.

Si nos sentimos abrumados por las fuerzas de la inferioridad, ya sean fijadas en nuestro cuerpo, o a través de la sensación de estar en minusvalía con respecto a otros o simplemente presentamos problemas en el crecimiento, desarrollaremos un **complejo de inferioridad**.

En este sentido, el complejo de inferioridad no es solamente un pequeño problema; es una neurosis, significando con esto que es un problema considerable. Uno se vuelve tímido y vergonzoso, inseguro, indeciso, cobarde, sumiso y demás. Empezamos a apoyarnos en las personas sólo para que nos conduzcan e incluso llegamos a manipularles para que aseguren nuestra vida.

Aparte de la compensación y el complejo de inferioridad, otras personas responden a la inferioridad de otra manera: con un **complejo de superioridad**. Este complejo busca esconder tu inferioridad a través de pretender ser superior. Si creemos que somos débiles, una forma de sentirnos fuertes es haciendo que todos los demás se sientan aún más débiles. Esas personas a las que llamamos tontos, fanfarrones y esos dictadores de pacotilla son el mejor ejemplo de este complejo. Ejemplos más sutiles lo constituyen aquellos que buscan llamar la atención a través del dramatismo; o aquellos que se sienten más poderosos al realizar crímenes y aquellos otros que ridiculizan a los demás en virtud de su género, raza, orígenes étnicos, creencias religiosas, orientaciones sexuales, peso, estatura, etc. Algunos ejemplos aún más sutiles son aquellas personas que esconden sus sentimientos de minusvalía en las ilusiones obtenidas por el alcohol y las drogas.

Tipos psicológicos

Aunque para Adler todas las neurosis se pueden considerar como una cuestión de un interés social insuficiente, sí hizo una distinción en tres tipos, basándose en los diferentes niveles de energía que utilizaban.

El primero de estos tipos es **el tipo dominante**. Desde su infancia, estas personas desarrollan una tendencia a ser agresivos y dominantes con los demás. Su energía (la fuerza de sus impulsos que determina su poder personal) es tan grande que se llevan lo que haya por delante con el fin de lograr este dominio. Los más enérgicos terminan siendo sádicos y valentones; los menos energéticos hieren a los demás al herirse a sí mismos, como los alcohólicos, adictos y suicidas.

El segundo es **el tipo erudito**. Son sujetos sensibles que han desarrollado una concha a su alrededor que les protege, pero deben apoyarse en los demás para solventar las dificultades de la vida. Tienen un bajo nivel de energía y por tanto se hacen dependientes de sujetos más fuertes. Cuando se sienten sobresaturados o abrumados, desarrollan lo que entendemos como síntomas neuróticos típicos: fobias, obsesiones y compulsiones, ansiedad generalizada, histeria, amnesias y así sucesivamente, dependiendo de los detalles individuales de su estilo de vida.

El tercer tipo es **el evitativo**. Estos son los que tienen los niveles más bajos de energía y sólo pueden sobrevivir si evitan lo que es vivir, especialmente a otras personas. Cuando son empujados al límite, tienden a volverse psicóticos y finalmente retrayéndose a su propio mundo interno.

Existe un cuarto tipo también; es **el tipo socialmente útil**. Este sería el de la persona sana, el que tiene tanto energía como interés social. Hay que señalar que si uno carece de energía, realmente no se puede tener interés social dado que seremos incapaces de hacer nada por nadie.

Adler señaló que estos cuatro tipos se parecían mucho a los propuestos por los antiguos griegos, los cuales también observaron que algunas personas estaban siempre tristes, otras rabiosas y demás. Pero en su caso, éstos atribuyeron tales temperamentos (de la misma raíz terminológica que temperatura) a la relativa presencia de cuatro fluidos corporales llamados **humores**.

Si alguien presenta mucha bilis amarilla, sería **colérico** (una persona visceral y seca) y rabioso la mayoría del tiempo. El colérico sería, básicamente, como el dominante. Correspondería más o menos, al tipo fortachón.

Si otra persona tiene mucha flema, sería **flemática** (fría y distante) un poco necio. Sería, vulgarmente hablando, el tipo que se apoya en todos.

Si otro tiene mucha bilis negra (y desde luego no sabemos a qué se referían los griegos con ésto), éste será **melancólico** (frío y seco) y es un sujeto tendiente a estar triste todo el tiempo. Este sería como el tipo evitativo.

Y, por último, si hay una persona que tenga más sangre que el resto de los humores, será una persona de buen humor o **sanguínea** (calurosa y cariñosa). Este sujeto afectuoso y amistoso representaría al tipo socialmente adaptado o útil.

Antes de seguir, una palabra ante todo sobre los tipos adlerianos: Adler defendía con saña que cada persona es un sujeto individual con su propio y único estilo de vida. Por tanto, la idea de tipos es para él solo una herramienta heurística, significando una ficción útil, no una realidad absoluta.

Infancia

De la misma manera que Freud, Adler entendía la personalidad o el estilo de vida como algo establecido desde muy temprana edad. De hecho, el **prototipo** de su estilo de vida tiende a fijarse alrededor de los cinco años de edad. Las nuevas experiencias, más que cambiar ese prototipo, tienden a ser interpretadas en términos de ese prototipo; en otras palabras, "fuerzan" a esas experiencias a encajar en nociones preconcebidas de la misma forma que nuevas adquisiciones son "forzadas" a nuestro estereotipo.

Adler sostenía que existían tres situaciones infantiles básicas que conducirían en la mayoría de las veces a un estilo de vida fallido. La primera es aquella de la que hemos hablado ya en varias ocasiones: las inferioridades orgánicas, así como las enfermedades de la niñez. En palabras de Adler, los niños con estas deficiencias son niños "sobrecargados", y si nadie se preocupa de dirigir la atención de éstos sobre otros, se mantendrán dirigiéndola hacia sí mismos. La mayoría pasarán por la vida con un fuerte sentimiento de inferioridad; algunos otros podrán compensarlo con un complejo de superioridad. Sólo se podrán ver compensados con la dedicación importante de sus seres queridos.

La segunda es la correspondiente al mimo o **consentimiento**. A través de la acción de los demás, muchos niños son enseñados a que pueden tomar sin dar nada a cambio. Sus deseos se convierten en órdenes para los demás. Esta postura suena maravillosa hasta que observamos que el niño mimado falla en dos caminos: primero, no aprende a hacer las cosas por sí mismo y descubre más tarde que es verdaderamente inferior; y segundo, no aprende tampoco a lidiar con los demás ya que sólo puede relacionarse dando órdenes. Y la sociedad responde a las personas consentidas sólo de una manera: con odio.

El tercero es la **negligencia**. Un niño descuidado por sus tutores o víctima de abusos aprende lo que el mimado, aunque de manera bastante más dura y más directa: aprenden sobre la inferioridad dado que constantemente se les demuestra que no tienen valor alguno; adoptan el egocentrismo porque son enseñados a no confiar en nadie. Si uno no ha conocido el amor, no desarrollaremos la capacidad para amar luego. Debemos destacar aquí que el niño descuidado no sólo incluye al huérfano y las víctimas de abuso, sino también a aquellos niños cuyos padres nunca están allí y a otros que han sido criados en un ambiente rígido y autoritario.

Orden de nacimiento

Adler debe ser tomado en cuenta como el primer teórico que incluyó no sólo la influencia de la madre, el padre y otros adultos en la vida del niño, sino también de los hermanos y hermanas de éste. Sus consideraciones sobre los efectos de los hermanos y el orden en que nacieron es probablemente aquello por lo que más se conoce a Adler; consideró estas ideas también como conceptos heurísticos (ficciones útiles) que contribuyen a comprender a los demás, pero no deben tomarse demasiado en serio.

El hijo único es más factible que otros a ser consentido, con todas las repercusiones nefastas que hemos discutido. Después de todo, los padres de un hijo único han apostado y ganado a un solo número, por decirlo vulgarmente, y son más dados a prestar una atención especial (en ocasiones un cuidado lleno de ansiedad) de su orgullo y alegría. Si los padres son violentos o abusadores, el hijo único tendrá que enfrentarse solo al abuso.

El primer hijo empieza la vida como hijo único, con toda la atención recayendo sobre él. Lástima que justo cuando las cosas se están haciendo cómodas, llega el segundo hijo y "destrona" al primero. Al principio, el primero podría luchar por recobrar su posición; podría, por ejemplo, empezar a actuar como un bebé (después de todo, parece que funciona con el bebé comportándose como lo hace, ¿no?), aunque sólo encontrará la reticencia y la advertencia de que crezca ya. Algunos se vuelven desobedientes y rebeldes; otros hoscos y retraídos. Adler creía que los primeros hijos estaban más dispuestos a desarrollar problemas que los siguientes. Mirando la parte positiva, la mayoría de los hijos primeros son más precoces y tienden a ser relativamente más solitarios (individuales) que otros niños de la familia.

El segundo hijo está inmerso en una situación muy distinta: tiene a un primer hermano que "sienta los pasos", por lo que tiende a ser muy competitivo y está constantemente intentando sobrepasar al mayor, cosa que con frecuencia logran, pero muchos sienten como si la carrera por el poder nunca se realiza del todo y se pasan la vida soñando en una competición que no lleva a ninguna parte. Otros chicos del "medio" tienden a ser similares al segundo, aunque cada uno de ellos se fija en diferentes "competidores". Es generalmente conocido como el "sandwich".

El último hijo es más dado a ser mimado en las familias con más de uno. Después de todo, es el único que no será destronado. Por lo tanto, estos son los segundos hijos con mayores posibilidades de problemas después del primer hijo. Por otro lado, el menor también puede sentir una importante inferioridad, con todos lo demás mayores que él y por tanto "superiores". Pero, con todos estos "trazadores del camino" delante, el pequeño puede excederles también.

De todas formas, quién es verdaderamente el primero, segundo o el más joven de los chicos no es tan fácil como parece. Si existe demasiada distancia temporal entre ellos, no tienen necesariamente que verse de la misma manera que si este rango fuese más corto entre ellos.

Como con todo el sistema de Adler, el orden del nacimiento debe entenderse en el contexto de las circunstancias especiales personales de cada sujeto.

Diagnóstico

Con el objetivo de descubrirnos las "ficciones" sobre los que descansan nuestros estilos de vida, Adler se detendría en una gran variedad de cosas, como el orden del nacimiento, por ejemplo. Primero, le examinaría y estudiaría su historia médica en busca de cualquier raíz orgánica responsable de su problema. Una enfermedad grave, por ejemplo, podría presentar efectos secundarios que imitarían muy cercanamente a síntomas neuróticos y psicóticos.

En la misma primera sesión con usted, le preguntaría acerca de sus **recuerdos infantiles** más tempranos. En estos recuerdos, Adler no estaría buscando tanto la verdad de los hechos, sino más bien indicadores de ese prototipo inicial de su vida presente. Si sus recuerdos tempranos comprenden seguridad y un alto grado de atención, podría estar indicándonos un mimo o consentimiento. Si recuerda algún grado de competencia agresiva con su hermano mayor, podría sugerirnos los afanes intensos del segundo hijo y el tipo de personalidad dominante. Y si finalmente, sus recuerdos envuelven negligencia y el esconderse debajo del lavadero, podría sugerirnos una grave inferioridad y evitación. También le preguntaría por cualquier **problema infantil** que hubiera podido tener: malos hábitos relacionados con el comer o con los esfínteres podría indicar la forma en que ha controlado a sus padres; los miedos, como por ejemplo a la oscuridad o a quedarse solo, podría sugerir mimo o consentimiento; el tartamudeo puede asociarse con ansiedad en el momento del aprendizaje del habla; una agresión importante y robos podrían ser signos de un complejo de superioridad; el soñar despierto, aislamiento, pereza y estar todo el día tumbado serían formas de evitar la propia inferioridad.

De la misma forma que para Freud y Jung, **los sueños** (y las ensoñaciones) fueron importantes para Adler, aunque los abordaba de una forma más directa. Para éste último, los sueños eran una expresión del estilo de vida y en vez de contradecir a sus sentimientos diurnos, estaban unificados con la vida consciente del sujeto. Con frecuencia, los sueños representan las metas que tenemos y los problemas a los que nos enfrentamos para alcanzarlas. Si usted no recuerda ningún sueño, Adler no se da por vencido: Póngase a fantasear en ese momento y allí mismo; al fin y al cabo, sus fantasías también reflejarán su estilo de vida.

Adler también prestaría atención a la manera en que usted se expresa; su postura, la forma en que estrecha las manos, los gestos que usa, cómo se mueve, su **"lenguaje corporal"** como decimos en la actualidad. Adler, por ejemplo, ha observado que las personas mimadas tienden a reclinarse sobre algo en la consulta. Incluso, sus propias posturas al dormir pueden servir de ayuda: una persona que duerme en posición fetal y con la cabeza tapada por la sábana es claramente diferente de aquella que se extiende por toda la cama completamente sin arroparse.

También le llamaría la atención **los factores exógenos**; aquellos eventos que provocaron la chispa de la emergencia de los síntomas que tiene. Adler aporta varios de ellos que considera comunes: problemas sexuales como incertidumbre, culpa, la primera vez, impotencia y demás; los problemas propios de la mujer como la maternidad y nacimiento de los hijos, el inicio de la menstruación (en términos psiquiátricos, menarquía) y finalización de la misma (menopausia); su vida amorosa como los ligues, citas, compromisos, matrimonio y divorcios; su vida laboral y educativa, incluyendo la escuela, el colegio, exámenes, decisiones de carrera y el propio trabajo, así como peligros que hayan atentado contra su vida o las pérdidas de seres queridos.

Por último, pero no menos importante, Adler estaba abierto a aquella parte más pseudo-artística y menos racional y científica del diagnóstico. Sugirió que no ignorásemos **la empatía, la intuición** y, simplemente, **el trabajo deductivo**.

Terapia

Existen diferencias considerables entre la terapia de Freud

y la de Adler. En primer lugar, Adler prefería tener al cliente sentado frente a él, cara a cara. Más adelante se preocuparía mucho por no parecer autoritario frente al paciente. De hecho, advirtió a los terapeutas a no dejarse que el paciente le situase en un papel de figura autoritaria, dado que le permite al paciente jugar un papel que es muy probable que ya haya jugado muchas veces anteriormente: el paciente puede situarte como un salvador que puede ser atacado cuando inevitablemente le revelamos nuestra humanidad. En la medida en que nos empequeñecen, sienten como si estuviesen creciendo, alzando igualmente sus estilos de vida neuróticos.

Esta sería, en esencia, la explicación que Adler dio a la resistencia. Cuando el paciente olvida las citas, llega tarde, demanda tratos especiales o se vuelve generalmente terco y poco cooperador no es, como pensó Freud, una cuestión de represión, sino más bien una resistencia como signo de falta de valor del paciente a enfrentar su estilo de vida neurótico.

El paciente debe llegar a entender la naturaleza de su estilo de vida y sus raíces en sus ficciones de autocentramiento. Esta comprensión (o "insight") no puede forzarse: Si le decimos simplemente a un paciente "Mire, éste es su problema", sencillamente el mismo se volverá atrás buscando nuevas vías para mantener sus fantasías. Por tanto, se debe llevar al paciente a un cierto estado afectivo que a él le guste escuchar y que quiera comprender. Solamente a partir de aquí es que puede influenciarse a vivir lo que ha comprendido. Es el paciente, no el terapeuta, el que será finalmente responsable de curarse.

Finalmente, el terapeuta debe motivar al paciente, lo que significa despertar su interés social, y la energía que lo acompaña. A partir de una genuina relación humana con el paciente, el terapeuta provee de una forma básica de interés social que luego puede ser trasladado a otros.

Discusión

Aunque la teoría de Adler parece ser menos interesante que la de Freud con su sexualidad o la de Jung con su mitología, probablemente le llama a uno la atención por ser la más basada en el sentido común de las tres.

Problemas

Las críticas contra Adler tienden a detenerse sobre la cuestión de si su teoría es o no, o hasta qué grado, científica. La corriente principal de la psicología actual se dirige hacia lo experimental, lo que significa que los conceptos que usa una teoría deben ser medibles y manipulables. Por tanto, este enfoque supone que una orientación experimental prefiera variables físicas o conductuales. Tal y como vimos, Adler utiliza conceptos básicos muy lejanos de lo físico y lo conductual: ¿afán de perfección?; ¿cómo se mide eso?, ¿y la compensación?, ¿y los sentimientos de inferioridad?, ¿y el interés social?. A esto se añade que el método experimental también establece un supuesto básico: que todas las cosas operan en términos de causa-efecto. Adler estaría desde luego de acuerdo con que esto es así para los fenómenos físicos, pero negaría rotundamente que las personas funcionen bajo este principio. Más bien, él toma el camino teleológico, estableciendo que las personas están "determinadas" por sus ideales, metas, valores y "fantasías o ficciones finales". La teleología extrae la necesidad de las cosas: una persona no tiene que responder de una determinada manera ante una circunstancia específica; una persona tiene elecciones para decidir; una persona crea su propia personalidad o estilo de vida. Desde una perspectiva experimental estas cuestiones son ilusiones que un científico, incluso un teórico de la personalidad, no toma en cuenta.

Incluso si uno se abre ante la postura teleológica, existen críticas que se apoyan en la poca cientificidad de la teoría adleriana: muchos de los detalles de su teoría son demasiado anecdotarios, es decir, son válidos en casos particulares pero no necesariamente son tan generales como Adler sostenía. Por ejemplo, el primer hijo (incluso definido ampliamente) no necesariamente se siente desplazado, como tampoco necesariamente el segundo se siente competitivo.

LOGOTERAPIA

El Dr. Emil Viktor Frankl nació en Viena, Austria, el 26 de marzo de 1905. Neuropsiquiatra y fundador de la Tercera Escuela de Psicoterapia vienesa conocida como Análisis

Existencial y Logoterapia: forma de psicoterapia centrada en el sentido de la vida. Sobreviviente de cuatro campos de concentración nazis, Frankl afirma que la vida tiene sentido bajo cualquier circunstancia, aún en situaciones límite como el dolor, la enfermedad, la pérdida de un ser querido, etc. El vacío existencial que vive actualmente nuestra sociedad fue vaticinado por Frankl hace muchas décadas. La Logoterapia ofrece respuestas y caminos para tener una existencia más significativa.

Frankl estudió medicina en la Universidad de Viena, doctorándose posteriormente en psiquiatría y neurología. Entre 1942 y 1945 fue hecho prisionero y confinado al campo de concentración de Theresienstadt; experiencia que describiría posteriormente en la primera parte de su libro *El hombre en busca de sentid*, llamada "Un psicólogo en los campos de Concentración". Allí perfiló su teoría y encontró que la búsqueda por parte del hombre del sentido de la vida constituye una fuerza primaria, pues como prisionero, observó que quienes tenían esperanza de reunirse con sus seres queridos conservaban la idea de realizar o culminar proyectos inconclusos o poseían una fe inamovible, por lo que tuvieron más oportunidad de subsistir que quienes carecían de motivos para vivir.

Además, diagnosticó que "el padecimiento de una vida sin propósito" era la enfermedad emblemática del siglo XX, y que el hombre necesita encontrar significado a su vida para convertirse en el dueño de su destino.

Aprender a enfrentar sufrimiento, culpa y muerte son los principios que rigen a esta importante terapia alternativa.

A lo largo de su historia, el hombre ha buscado la forma de sobreponerse a momentos de gran pena y dolor, llegando incluso a identificar a los jerarcas de sus sociedades como guías del espíritu para superar esos problemas. Más tarde serían pastores, rabinos o sacerdotes quienes asumirían ese papel, y a partir del siglo pasado, psiquiatras y psicólogos son requeridos por aquellos que han visto resquebrajada su identificación consigo mismos a partir del sufrimiento. No obstante, en años recientes, la Logoterapia se ha significado como importante alternativa para todos aquellos quienes han perdido la fe en sí mismos y su sentido hacia la vida.

El nombre Logoterapia se compone de dos términos griegos: *logos* = sentido y *terepaya* = terapia, es decir, terapia del sentido. Se tata de la tercera escuela vienesa de psicoterapia, precedida de las dirigidas por Sigmund Freud, que tiene como base de estudio el placer, y la otra por Alfred Adler, la cual refiere al poder como motivación en la existencia del ser humano.
Las bases de la Logoterapia fueron dadas a conocer por Adler en 1946 con la publicación de su obra "Psicoanálisis y Existencialismo". Ésta terapia atiende los problemas que se generan por falta de sentido hacia la vida, en otras palabras, se orienta a quien busca ayuda partiendo de lo que quiere hacer en la vida, explotando o revalorando los propios

recursos como individuo. Los signos más claros, de que en algún momento hemos de enfrentarnos a momentos de incertidumbre o confusión, son el sufrimiento, la muerte y la culpa, elementos que conforman la llamada triada trágica. La Logoterapia plantea al individuo las preguntas existencialistas como primer paso para resolver su conflicto: ¿quién soy?, ¿qué sentido tiene mi vida? y ¿cuál es mi tarea personal?.

La diferencia con el psicoanálisis tradicional es que éste revisa el pasado para resolver el presente y la Logoterapia se vale de lo que es uno actualmente. El Dr. Frankl señala que el pasado no te determina, sino te influye, no se detiene en los errores cometidos o en las fallas que se tienen, sino en los recursos y capacidades del propio individuo para superar el problema existente.

Así, quienes buscan ayuda en esta terapia alternativa, son personas que han recibido noticias terribles, como enfrentar un problema de cáncer o sida, quien ha sufrido la pérdida de un ser querido, personas que se deberán levantar con sus propios recursos.

Es importante hacer hincapié en que la Logoterapia apoya a la Medicina, pues en primera instancia se hace un diagnóstico del paciente y se determina el tratamiento a seguir, y si se localiza algún problema fisiológico se encauza al enfermo al especialista médico que puede resolverle el problema, siendo entonces la terapia del sentido un apoyo para salir adelante.

Los principios que rigen a la Logoterapia son :

I. La vida tiene sentido bajo cualquier circunstancia.
II. El hombre es dueño de una voluntad de sentido, y se siente frustrado o vacío cuando deja de ejercerla.
III. El hombre es libre, dentro de sus obvias limitaciones, para consumar el sentido de su existencia.

El sentido de la existencia se cumple realizando valores, lo cual puede producirse por tres vías:

1. Valores de creación: Acciones que uno ofrece al mundo a través de lo que aporto, mi trabajo, la creación artística, etc. (dar)
2. Valores de experiencia: Lo que recibo del mundo, como la naturaleza, las obras de arte, una puesta de sol, etc. (recibir)
3. Valores de actitud: Cuando por hechos inevitables de la vida tengo ante mí la posibilidad de asumir una actitud digna y valiente frente a ese destino doloroso que no puedo cambiar.

Para otro la vida cobra sentido a través de la realización de valores orientados hacia más allá de uno mismo (valores morales) que hay que desenmascarar (por ejemplo: buscando cuáles son las razones que las sustentan y las incoherencias). También a veces dichos valores pueden ser espejismos, pero su fuerza para motivar suele durar poco.

Respecto a los valores existen algunos comunes (relación con la idea de Jung del inconsciente colectivo) y otros individuales.

También se puede encontrar sentido a diferentes aspectos de la vida, como el amor y el sufrimiento.

La Logoterapia centra su atención en el significado de la existencia humana, así como la búsqueda de dicho sentido por parte del hombre.

Según la Logoterapia, la primera fuerza motivante del hombre es la lucha por encontrarle un sentido a su propia vida. Por eso habla Frankl de la voluntad de sentido, en contraste con el principio de placer (o como también podríamos denominarlo la voluntad de placer) en que se centra el análisis freudiano, y en contraste con la voluntad de poder que enfatiza la psicología de Adler.

"La búsqueda por parte del hombre del sentido de la vida constituye una fuerza primaria y no una realización secundaria de sus impulsos instintivos. este sentido es único y específico en cuanto es uno mismo y uno solo quién tiene que encontrarlo ; únicamente así logra alcanzar el hombre un significado que satisfaga su propia voluntad de sentido" (Viktor E. Frankl. "El Hombre en Busca de Sentido")

El hombre que se halla en crisis experimente un "enfrentamiento al sentido de su vida actual" para buscar una reorientación del mismo a través de la búsqueda de un sentido potencial junto a la conciencia de la voluntad del mismo. Esto sirve para ayudar al paciente a encontrar el sentido de su vida. Le hace consciente de lo que anhela en lo más profundo de su vida y de sus responsabilidades, que consisten en decir por qué. Se atreve a penetrar en la dimensión espiritual en el sentido de aspirar por una existencia más significativa. Mira más hacia el futuro que el psicoanálisis porque busca cometidos y sentidos que se pueden realizar.

El logoterapeuta tiene la función de ampliar y ensanchar el campo visual del paciente de forma que sea consciente y visible para él todo el espectro de significados y principio. Nunca debe imponer juicios dejar que el paciente busque por sí mismo.

El sentido de la vida es único y específico para cada ser humano y concreto en cada momento de su existencia. Es cambiante pero nunca cesa. Cada uno ha de buscarlo por sí mismo en consonancia con su propia voluntad y sus valores. La tarea es única al igual que su modo de llevarla a cabo. Puede ser un reto en cualquier situación vital. El sentido de la vida no sólo nace de la propia existencia sino que también hace frente a la existencia; no se inventa, sino que se descubre; en dicha búsqueda la vida inquiere al hombre y el hombre a la vida.

BIBLIOGRAFÍA

FRANKL, Viktor E. "El Hombre en busca de Sentido" Ed.

Herder.

FRANKL, Viktor E. "Psicoanálisis y Existencialismo" FCE.

FRANKL, Viktor E. "El Hombre en Busca de Sentido Último" Ed. Paidos.

IVÁN PETRÓVICH PÁVLOV

Pávlov nace en Raizán, Rusia el 14 de septiembre de 1849 y muere en San Petersburgo, el 27 de febrero de 1936. Hijo de un patriarca ortodoxo. Comenzó a estudiar teología, pero la dejó para empezar medicina y química en la Universidad de San Petersburgo, siendo su principal maestro Bekhterev. Tras terminar el doctorado en 1883, amplió sus estudios en Alemania, donde se especializó en fisiología intestinal y en el funcionamiento del sistema circulatorio, bajo la dirección de Ludwid y Haidenhein.

En 1980 obtuvo la plaza de profesor de fisiología en la Academia Médica Imperial y fue nombrado director del Departamento de Fisiología del Instituto de Medicina Experimental de San Petersburgo. En la siguiente década centró su trabajo en la investigación del aparato digestivo y el estudio de los jugos gástricos, trabajos por los que obtuvo el premio Nobel de Fisiología o Medicina en 1904.

Pávlov es conocido sobre todo por formular la **ley del reflejo condicionado**, que desarrolló entre 1890 y 1900 después de que su ayudante E.B. Twimyer observara que la salivación de los perros que utilizaban en sus experimentos se producía ante la presencia de comida o de los propios experimentadores, y luego determinó que podía ser resultado de una actividad psíquica. Realizó el conocido experimento consistente en hacer sonar una campana justo antes de dar alimento a un perro, llegando a la conclusión de que, cuando el perro tenía hambre, comenzaba a salivar nada más al oír el sonido de la campana.

La guerra civil rusa y la llegada del comunismo no influyeron en sus investigaciones. A pesar de no sentir simpatía por el nuevo régimen, no sufrió represalias por parte de los comunistas. Después de la Revolución de Octubre fue nombrado director de los laboratorios de fisiología en el Instituto de Medicina Experimental de la Academia de Ciencias de la URSS. En cierta ocasión llegó a declarar: «Por este experimento social que estáis realizando, yo no sacrificaría los cuartos traseros de una rana.» El régimen comunista no dudó en aplicar la teoría del reflejo condicionado de Pávlov al condicionamiento de personas, que llevaron a cabo entre presos.

En la década de 1930 volvió a destacarse al anunciar el principio según el cual la función del lenguaje humano es resultado de una cadena de reflejos condicionados que contendrían palabras.

CONDICIONAMIENTO CLÁSICO

El condicionamiento clásico, también llamado condicionamiento pavloviano y condicionamiento respondiente, es un tipo de aprendizaje asociativo que fue demostrado por primera vez por Iván Pavlóv. La forma más simple de condicionamiento clásico recuerda lo que Aristóteles llamaría la ley de contigüidad. En esencia, el filósofo dijo *"Cuando dos cosas suelen ocurrir juntas, la aparición de una traerá la otra a la mente"*. A pesar de que la ley de la contigüidad es uno de los axiomas primordiales de la teoría del condicionamiento clásico, la explicación al fenómeno dada por estos teóricos difiere radicalmente de la expuesta por Aristóteles, ya que ponen especial énfasis en no hacer alusión alguna a conceptos como "mente". Esto es, todos aquellos conceptos no medibles, cuantificables y directamente observables. El interés inicial de Pavlov era estudiar la fisiología digestiva, lo cual hizo en perros y le valió un premio Nobel (1904). En el proceso, diseñó el esquema del condicionamiento clásico a partir de sus observaciones:

EI -------> RI
EC -------> RC

La primera línea del esquema muestra una relación natural, no condicionada o **incondicionada** entre un estímulo (EI = Estímulo incondicionado o natural) y una respuesta (RI = Respuesta incondicionada). Los perros salivan (RI) naturalmente ante la presencia de comida (EI). Sin embargo, en virtud de la contigüidad temporal, es posible que otro estímulo pase a evocar también la RI, aunque antes no lo hiciera. Por ejemplo, la presencia del sonido de un diapasón unos segundos antes de la presentación de la comida: después de algunos pocos ensayos, el ruido del diapasón evocaría confiablemente y por sí solo la respuesta de salivación. Se completa así la segunda línea, y la campana se convierte en un **estímulo condicionado** que produce una **respuesta condicionada**.

EXPERIMENTO DE PAVLOV

Antes de empezar el experimento, Pávlov midió las reacciones de salivación a la comida en el hocico, que fue considerable, mientras que salivó muy poco sometido al estímulo del sonido. A continuación, inició las pruebas de condicionamiento. Toca la campana (**estímulo neutral**), e inmediatamente después presentó comida al animal (**estímulo incondicionado**), con un intervalo muy breve. Repitió este par de estímulos muchas veces durante varias semanas, siempre cuando el perro estaba hambriento. Después, transcurridos varios días, tocó solamente la campana y la respuesta salival apareció al oírse el sonido, a pesar de que no se presentó la comida. La respuesta había quedado condicionada a un estímulo que no había podido producirla previamente.

La salivación del perro ante la comida es una **respuesta incondicionada**; la salivación tras oír la campana es una **respuesta condicionada**. El estímulo neutro que supone inicialmente la campana se convierte finalmente en un **estímulo**

condicionado. Este estímulo condicionado (sonido), es como una señal que avisa que el estímulo incondicionado (comida), está a punto de aparecer. Finalmente, existe el **refuerzo**, que es el fortalecimiento de la asociación entre un estímulo incondicionado con el condicionado. El reforzamiento es un acontecimiento que incrementa la probabilidad de que ocurra determinada respuesta.

La definición de condicionamiento clásico o respondiente es la formación (o reforzamiento) de una asociación entre un estímulo neutro y un reflejo.

Los principios del condicionamiento respondiente se utilizan, entre otros, para la adquisición de hábitos como el control de esfínteres. Los estímulos pueden clasificarse en sensoriales, propioceptivos y verbales.

EL CONDUCTISMO

"Conductismo o Psicología de la conducta, corriente de la psicología que defiende el empleo de procedimientos estrictamente experimentales para estudiar el comportamiento observable (la conducta), considerando el entorno como un conjunto de estímulos-respuesta. El enfoque conductista en psicología tiene sus raíces en el asociacionismo de los filósofos ingleses, así como en la escuela de psicología estadounidense conocida como funcionalismo y en la teoría darwiniana de la evolución, ya que ambas corrientes hacían hincapié en una concepción del individuo como un organismo que se adapta al medio (o ambiente).

Los trabajos de Watson

El conductismo se desarrolló a comienzos del siglo XX; su figura más destacada fue el psicólogo estadounidense John B. Watson. En aquel entonces, la tendencia dominante en la psicología era el estudio de los fenómenos psíquicos internos mediante la introspección, método muy subjetivo. Watson no negaba la existencia de los fenómenos psíquicos internos, pero insistía en que tales experiencias no podían ser objeto de estudio científico porque no eran observables. Este enfoque estaba muy influido por las investigaciones pioneras de los fisiólogos rusos Iván Pávlov y Vladimir M. Bekhterev sobre el condicionamiento animal.

Watson propuso hacer científico el estudio de la psicología empleando sólo procedimientos objetivos tales como experimentos de laboratorio diseñados para establecer resultados estadísticamente válidos. El enfoque conductista le llevó a formular una teoría psicológica en términos de estímulo-respuesta. Según esta teoría, todas las formas complejas de comportamiento —las emociones, los hábitos, e incluso el pensamiento y el lenguaje— se analizan como cadenas de respuestas simples musculares o glandulares que pueden ser observadas y medidas. Watson sostenía que las reacciones emocionales eran aprendidas del mismo modo que otras cualesquiera.

La teoría watsoniana del estímulo-respuesta supuso un gran

incremento de la actividad investigadora sobre el aprendizaje en animales y en seres humanos, sobre todo en el período que va desde la infancia a la edad adulta temprana.

A partir de 1920, el conductismo fue el paradigma de la psicología académica, sobre todo en Estados Unidos. Hacia 1950 el nuevo movimiento conductista había generado numerosos datos sobre el aprendizaje que condujo a los nuevos psicólogos experimentales estadounidenses como Edward C. Tolman, Clark L. Hull, y B. F. Skinner a formular sus propias teorías sobre el aprendizaje y el comportamiento basadas en experimentos de laboratorio en vez de observaciones introspectivas.

Los trabajos de skinner

El enfoque de este psicólogo, filósofo y novelista, conocido como conductismo radical, es semejante al punto de vista de Watson, según el cual la psicología debe ser el estudio del comportamiento observable de los individuos en interacción con el medio que les rodea. Skinner, sin embargo, difería de Watson en que los fenómenos internos, como los sentimientos, debían excluirse del estudio. Sostenía que estos procesos internos debían estudiarse por los métodos científicos habituales, haciendo hincapié en los experimentos controlados tanto con animales como con seres humanos. Sus investigaciones con animales, centradas en el tipo de aprendizaje —conocido como condicionamiento operante o instrumental— que ocurre como consecuencia de un estímulo provocado por la conducta del individuo, probaron que los comportamientos más complejos como el lenguaje o la resolución de problemas, podían estudiarse científicamente a partir de su relación con las consecuencias que tiene para el sujeto, ya sean positivas (refuerzo positivo) o negativas (refuerzo negativo).

Estudios

Desde 1950, los psicólogos conductistas han producido una cantidad ingente de investigaciones básicas dirigidas a comprender cómo se crean y se mantienen las diferentes formas de comportamiento. Estos estudios se han centrado en el papel de las interacciones que preceden al comportamiento, tales como el ciclo de la atención o los procesos perceptuales; los cambios en el comportamiento mismo, tales como la adquisición de habilidades; las interacciones que siguen al comportamiento, como los efectos de los incentivos o las recompensas y los castigos, y las condiciones que prevalecen sobre la conducta, tales como el estrés prolongado o las carencias intensas y persistentes.

Algunos de estos estudios se llevaron a cabo con seres humanos en laboratorios equipados con dispositivos de observación y también en localizaciones naturales, como la escuela o el hogar. Otros emplearon animales, en particular ratas y palomas, como sujetos de experimentación, en ambientes de laboratorio estandarizados. La mayoría de los trabajos realizados con animales requerían respuestas simples. Por ejemplo, se les adiestraba para pulsar una palanca o picar en un disco para recibir algo de valor, como comida, o para evitar una situación dolorosa, como una leve descarga eléctrica.

Al mismo tiempo, los psicólogos llevaban a cabo estudios aplicando los principios conductistas en casos prácticos (de psicología clínica, social —en instituciones como las cárceles—, educativa o industrial), lo que condujo al desarrollo de una serie de terapias denominadas modificación de conducta, aplicadas sobre todo en tres áreas:

La primera se centra en el tratamiento de adultos con problemas y niños con trastornos de conducta, y se conoce como terapia de conducta. La segunda se basa en la mejora de los métodos educativos y de aprendizaje; se ha estudiado el proceso de aprendizaje general desde la enseñanza preescolar a la superior, y en otras ocasiones el aprendizaje profesional en la industria, el ejército o los negocios, poniéndose a punto métodos de enseñanza programada. También se ha tratado de la mejora de la enseñanza y el aprendizaje en niños discapacitados en el hogar, la escuela o en instituciones de acogida. La tercer área de investigaciones aplicadas ha sido la de estudiar los efectos a largo y corto plazo de las drogas en el comportamiento, mediante la administración de drogas en diferentes dosis y combinaciones a una serie de animales, observando qué cambios se operan en ellos en cuanto a su capacidad para realizar tareas repetitivas, como pulsar una palanca.

La influencia del conductismo

La influencia inicial del conductismo en la psicología fue minimizar el estudio introspectivo de los procesos mentales, las emociones y los sentimientos, sustituyéndolo por el estudio objetivo de los comportamientos de los individuos en relación con el medio, mediante métodos experimentales. Este nuevo enfoque sugería un modo de relacionar las investigaciones animales y humanas y de reconciliar la psicología con las demás ciencias naturales, como la física, la química o la biología.

El conductismo actual ha influido en la psicología de tres maneras: ha reemplazado la concepción mecánica de la relación estímulo-respuesta por otra más funcional que hace hincapié en el significado de las condiciones estimulares para el individuo; ha introducido el empleo del método experimental para el estudio de los casos individuales, y ha demostrado que los conceptos y los principios conductistas son útiles para ayudar a resolver problemas prácticos en diversas áreas de la psicología aplicada."[84]

TEORÍA DE LA GESTALT

De origen alemán, esta teoría fue fundada por Max Wertheimer

[84] http://www.geocities.com/psicoresumenes/public/Conductismo.htm

(1880–1934), y sus representantes claves son Wolfgang Kohler (1886–1941) y Kurt Lewin (1890-1946).

Para la teoría de la Gestalt o psicología de la forma, un fenómeno psíquico es en sí una unidad vital, que no puede descomponerse con el análisis sin perder su esencia.

Todos los fenómenos psicológicos, hasta la más sencilla sensación, son un complejo o estructura (GESTALT), por lo tanto cada fenómeno psicológico es algo nuevo, diferente de los elementos que han determinado su producción.

El crimen es en sí una estructura (GESTALT) que no puede ser desmenuzada o descompuesta para ser enjuiciada.

Para la teoría de la Gestalt las cualidades globales tienen muy especial relevancia y son distinguidas en tres grupos:

  a) Las estructurales (redondo, cuadrado, abierto, cerrado, inmóvil, móvil, veloz, lento, etc.).
  b) Las constitutivas (duro, blando, lúcido, opaco).
  c) Las expresivas (solemne, amigable, amenazador, alegre, triste, etc.).

En el campo de la percepción, para conferir determinados perfiles, interviene la diversa receptividad individual: mientras que en determinados sujetos resultan dominantes las estructuras, en otros prevalecen las expresivas, vistas aún en los objetos inanimados.

Los objetos pueden adquirir vida personal y suscitar sentimientos de ira, de amor o de castigo.

Debe separarse la percepción de la acción. La percepción prepara y regula la acción, está destinada a hacer posible el adaptamiento del ser viviente a su medio ambiente.

Cambios de los hechos reactivos pueden ser debidos a cambios de la situación, objetivos y subjetivos.

La modificación de la conducta es considerada en relación con la estructura de la situación perceptiva entre el YO y el mundo, y puede dar vida a una actividad criminal.

El criminal no reacciona a estímulos específicos, sino a la configuración u organización total de objetos que lo rodean. Estas configuraciones o Gestalten, son verdaderos elementos mentales. Por esta razón la Psicología de la Gestalt estudia la organización de estas experiencias unitarias, como se producen las "leyes" que gobiernan sus cambios y de qué factores dependen.

Los psicólogos de la Gestalt han criticado duramente a los conductistas, pues piensan que la conducta humana, y por lo tanto la conducta antisocial, es algo complejo, organizado, extenso, y no es posible reducirlas a una simple concatenación de estímulo-respuesta.

REGLAS DE LA GESTALT

El objetivo principal de la Terapia Gestáltica es lograr que las personas se desenmascaren frente a los demás, y para conseguirlo tienen que arriesgarse a compartir sobre sí mismos; que experimenten lo presente, tanto en la fantasía como en la realidad, en base a actividades y experimentos vivenciales. El trabajo se especializa en explorar el territorio afectivo más que el de las intelectualizaciones (ZIM). Se pretende que los participantes tomen conciencia de su cuerpo y de cada uno de sus sentidos.

La filosofía implícita en las reglas es proporcionarnos medios eficaces para unificar pensamiento y sentimiento. Tienen por designio ayudarnos a sacar a luz las resistencias, a promover una mayor toma de conciencia, a facilitar el proceso de maduración. Se busca también ejercitar la responsabilidad individual, la "semántica de la responsabilidad".

Algunas de estas reglas pueden ser aplicadas como pautas para la terapia individual; sin embargo, su empleo principal se da en la terapia de grupo, en los grupos de encuentro.

Las principales reglas son las siguientes:

1) El principio del ahora: Este es uno de los principios más vigorosos y más fecundos de la TG. Con el fin de fomentar la conciencia del ahora, y facilitar así el darse cuenta, sugerimos a la gente que comunique

sus experiencias en tiempo presente. La forma más efectiva de reintegrar a la personalidad las experiencias pasadas es traerlas al presente, actualizarlas. Hacer que el sujeto se sitúe allí en fantasía y que haga de cuenta que lo pasado está ocurriendo ahora. Para ello hacemos preguntas como las siguientes: ¿De qué tienes conciencia en este momento? ¿De qué te das cuenta ahora? ¿A qué le tienes miedo ahora? ¿Qué estás evitando actualmente? ¿Cómo te sientes en este momento? ¿Qué deseas?

2) La relación Yo-Tú: Con este principio procuramos expresar la idea de que la verdadera comunicación incluye tanto al receptor como al emisor. Al preguntar ¿A quién le estás diciendo eso? se le obliga al sujeto a enfrentar su renuencia a enviar el mensaje directamente al receptor, al otro. De este modo suele solicitársele al paciente que mencione el nombre de la otra persona; que le haga preguntas directas ante cualquier duda o curiosidad; que le exprese su estado de ánimo o su desacuerdo, etc. Se busca que tome conciencia de la diferencia que hay entre "hablarle" a su interlocutor y "hablar" delante de él. ¿En qué medida estás evitando tocarlo con tus palabras? ¿Cómo esta evitación fóbica para el contacto se expresa en tus gestos, en el tono de tu voz, en el rehuir su mirada?

3) Asumir la propiedad del lenguaje y la conducta, o sea, responsabilizarse de lo que se dice y/o se hace. Esto se vincula directamente con el lenguaje personal e impersonal.

Es común que para referirnos a nuestro cuerpo, a nuestras acciones o emociones, utilicemos la 2º ó 3º persona. "Me causas pena" en lugar de "Yo siento pena"; "Mi cuerpo está tenso" en lugar de "Yo estoy tenso", etc. Merced al simple recurso de convertir el lenguaje impersonal en personal aprendemos a identificar mejor la conducta y a asumir la responsabilidad por ella. Como consecuencia, es más probable que el individuo se vea más como un ser activo, que "hace cosas", en lugar de creerse un sujeto pasivo, al que "le suceden cosas". Las implicancias para la salud mental y para dejar atrás nuestras "neurosis" son obvias.

4) En Gestalt está prohibido decir "no puedo"; en su lugar se debe decir "no quiero", ésto es, ser asertivo. Ello debido a que muchas veces el sujeto se niega a actuar, a experimentar, a entrar en contacto, descalificándose antes de intentarlo siquiera. No se puede obligar a la persona a hacer algo que no desea, pero sí se le puede exigir responsabilidad, a asumir las consecuencias de su decisión evasiva, para lo cual un honesto "no quiero" es lo más adecuado. Del mismo modo, también deben evitarse o hacer que el paciente se de cuenta de sus "peros", "por qué", "no sé", etc. Hay que recordar que en el ser humano el lenguaje es uno de los medios de evitación por excelencia: se puede hablar de todo y no entrar en contacto con nada, poner entre nosotros y la realidad una muralla de palabras.

5) El continuo del darse cuenta: El dejar libre paso a las

experiencias presentes, sin juzgarlas ni criticarlas, es algo imprescindible para integrar las diversas partes de la personalidad. No buscar grandes descubrimientos en uno mismo, no "empujar el río", sino dejarlo fluir sólo, libremente.

6) No murmurar: Toda comunicación, incluso las que se supone son "privadas" o que "no interesan al grupo", debe ventilarse abiertamente en él o en su defecto evitarse. Las murmuraciones, los cuchicheos sobre los demás, las risitas cómplices, son evitaciones, formas de rehuir el contacto, además de faltar el respeto al grupo e ir contra su cohesión al establecer temas "que no le competen" en su presencia. Esta regla tiene por fin el promover sentimientos e impedir la evitación de sentimientos.

7) Traducir las preguntas en afirmaciones; salvo cuando se trata de datos muy concretos. Preguntas como "¿Puedo ir al baño? ¿Me puedo cambiar de sitio? ¿Me puedo ir?", etc., deben ser traducidas como "Quiero ir al baño; Me quiero cambiar de sitio; Me quiero ir". Así, el preguntón asume su responsabilidad y las consecuencias de lo que afirma, en lugar de adoptar una postura pasiva y de proyectar su responsabilidad en el otro, a fin de que él le dé la autorización.

8) Prestar atención al modo en que se atiende a los demás. ¿A quién le prestamos atención? ¿A quién ignoramos?, etc.

9) No interpretar ni buscar "la causa real" de lo que el otro dice. Simplemente escuchar y darse cuenta de lo que

uno siente en función a dicho contacto.
10) Prestar atención a la propia experiencia física, así como a los cambios de postura y gesto de los demás. Compartir con el otro lo que se observa, lo obvio, mediante la fórmula de "ahora me doy cuenta de..."
11) Aceptar el experimento de turno; correr riesgos al participar en la discusión.
12) Considerar, aunque no se haga explícito, que todo lo dicho y vivido en el grupo es estrictamente confidencial.

FENOMENOLOGÍA

Edmund Husserl (1859-1938) desarrolla el método fenomenológico como propedéutico de todas las ciencias, y su aplicación va a ser importante principalmente en Psicología, pasando de ahí a la Criminología.

La fenomenología consiste en una investigación sistemática de fenómenos y experiencias consistentes, tal y como ocurren en la experiencia, es decir, sin implicaciones.

La fenomenología representa un voto de humildad al iniciar cada investigación, y no ir con ideas preconcebidas; como diría Claudio Bernard, "quedarse con los hechos y dejar a un lado la teoría".

En la metodología fenomenológica no se aprenden mecanismos de catalogación, y se busca evitar casilleros, clasificaciones, etiquetas. También se evita toda idea mecanicista, tratándose del hombre, lo mecanicista resulta cómico.

Franz Von Brentano (1838-1917), fue el precursor de la fenomenología, al recalcar la importancia de la intencionalidad: ¿qué queremos? Es la pregunta básica.

El hecho humano es ante todo intención, pero además tiene un contenido; intención y contenido son dos de los problemas claves en el estudio de la conducta criminal.

Muchos pensadores han seguido las pautas husserlianas, así: Max Scheler, Heidegger, Reinach y Stein en filosofía y psicología y en materia criminológica Hentig, Weber y Middendorff; Hesnard ha desarrollado la fenomenología en la Psicología Criminológica, al igual que Semerari, Vicentiis y Citterio.
Es de aclararse que, así como hay diferencias notables y aún serias discrepancias entre los psicoanalistas, las hay entre los fenomenólogos; la gama es bastante amplia, veamos algunos conceptos comunes a los fenomenólogos y neo-fenomenólogos.

El ser humano sólo puede serlo "en situación"; así, es de particular importancia y punto de partida la situación humana, entendida como un complejo de relaciones establecido entre un sector definido del horizonte funcional de las posibilidades del ser humano y un cierto sujeto respecto del cual el horizonte es situacional.

Karl Jaspers (1883-1969), el gran existencialista, desarrolló la teoría de las situaciones "límite" en la existencia humana (que después estudiaría Gabriel Marcel).

Las situaciones límite son la muerte, el dolor y el pecado, entendiendo éste como infracción, equivocación o error.

Así, el crimen es una situación límite es una vivencia personalísima y terrible, y dentro de la dinamicidad de la vida, irrepetible.

Desde la perspectiva fenomenológica, para comprender el fenómeno criminal, se debe penetrar la subjetividad del ser humano, considerando a éste dentro de su situación.

Además de la situación, es fundamental para la fenomenología el problema de la relación con los demás, de la comunicación, de la intersubjetividad.

El crimen es exactamente la anti-relación, es la ruptura de la comunicación, es la interrupción del lazo interhumano, por ésto la fenomenología ha aportado notables conocimientos a la Criminología, ha superado el determinismo freudiano y el mecanismo conductista, para transformar la Psicología en Psicología Social, sin despreciar la introspección y sin olvidar las demás técnicas.

Una Psicología Criminológica de corte fenomenológico, sería

una ciencia:

a) De los ejemplos, tiende al análisis del caso concreto.
b) De la intuición, se tiene una visión más discreta de la inteligencia; ésto no implica que la inteligencia se descarte, sino que tan sólo que se acepta el conocimiento empático, ya que la intuición capta significados de inmediato.
c) De los significados; todo fenómeno es un signo. Se debe principiar sin interpretaciones.
d) Descriptiva por excelencia.

MÉXICO

Se han realizado varios estudios, por lo general con base psicoanalítica, éstos parten de la trascendental obra de Samuel Ramos "El Perfil del Hombre y la Cultura en México".

Aniceto Aramoni, en su "Psicoanálisis de la dinámica de un pueblo", hace un amplio estudio sobre el fenómeno del machismo.

Partiendo del estudio de los pueblos indígenas (principalmente azteca) y español, analiza el mestizaje y sus consecuencias psicológicas explicando cómo la integración padre español conquistador, señor admirado, y madre indígena conquistada e infravalorada, lleva al mestizo a sentimientos ambivalentes, a inseguridad y a afirmación de la figura masculina, sobre la femenina; formándose así el machismo.

Aramoni concluye su obra afirmando:

Es claro que la criminalidad en México tiene causas muy diversas y complejas. Debe considerarse, sin embargo, que el machismo puede por sí sólo explicar el porcentaje mayor, que en cualquier otra porción del universo. Dirimir cualquier dificultad mediante golpes, heridas o muerte, hace la situación de un país grave. Se dilapida lo más valioso que existe: la vida en sí y la vida del hombre, que constituye la riqueza máxima de la humanidad.

Santiago Ramírez, ya había explorado por estos senderos en su obra "El Mexicano", donde hace una revisión histórica para revisar las pautas dinámicas en la organización de la familia mexicana.

Estudiando 10,000 historias clínicas del Hospital Infantil, y 135 familias proletarias, se encuentra que en el 32% de los casos el padre está ausente y la mujer carece de esposo, el número de embarazos es de 5.8 por madre, y de niños por familia es de 5.

Esto implica una intensa relación madre-hijo, una escasa relación padre-hijo, y una ruptura traumática de la relación madre-hijo ante el nacimiento del hermano menor.

Ramírez siguió algunos niños para ver los resultados de su situación familiar, encontrando robos, daños en propiedad ajena, formación de pandillas, etc.

De adulto el hombre abandonará, reivindicando en su conducta el haber sido abandonado de niño, y reproduciendo la conducta que introyectó en su infancia.

Francisco González Pineda hace el estudio de la *Psicología del Mexicano* con un enfoque de psicología social, considerando a la Iglesia y al Estado como un "Super Yo" nacional, y analizando los conflictos entre ambas instituciones y de ellas con el ciudadano.

En su libro *El Mexicano, Psicología de su Destructividad,* expone: "En el terreno criminal, los delitos basados en mentira, engaño, fraude, etc., se multiplican hasta el infinito, y la vida de los que los cometen y de los que lo sufren transcurre en un eterno conflicto, siempre en busca de un equilibrio fuera del orden o estatuto jurídico. En algunos casos el inconsciente social revela tal conformación sado-masoquista, que sólo la negación diría y eficaz de la realidad, hecha por todas las partes de la colectividad, lo explica".

González Pineda ejemplifica con la adulteración de alimentos, de medicamentos, los fraudes de médicos, abogados y comerciantes, y las mentiras en general, como substituto (o forma velada) de agresión.

Finalmente, describe la dinámica psicológica de algunos de los grandes agresores del pueblo mexicano: el cacique, el líder, el miembro del grupo financiero.

DIRECCIÓN CLÍNICA

Objetivo: Analizará las conductas del delincuente desde el punto de vista clínico.

1. Concepto
2. Criminología clínica. Método
3. Peligrosidad
4. Diagnóstico, pronóstico y tratamiento

ANTECEDENTES

CESAR LOMBROSO

Esta considerado como el iniciador de los estudios sistemáticos criminológicos clínicos, estudiando a los delincuentes en las prisiones. En el que dice que:

1. La pena es tratamiento para curar al individuo delincuente enfermo social.
2. La criminalidad es una acción de agresión excepcional, es anormal, patológica.
3. El delito es el resultado de factores internos y externos, de una antisocialidad subjetiva.

Menciona que la pena debe estar basada en el grado de peligrosidad del delincuente, la pena implica su indeterminación, es decir, teniendo en consideración el diagnóstico y la necesidad y tiempo que requiere el tratamiento.[85]

JOSE INGENIEROS

Iniciador de los trabajos de criminología clínica en Latinoamérica, puntualizando la labor criminológica en tres áreas:

1. Etiología criminal. Es el estudio de las causas del delito.

---
85   Hilda Marchiori, Manual de Criminología, Porrúa, México, pág. 55-56

2. Clínica criminológica. Las distintas formas en que se manifiestan los actos delictivos, es el estudio de la personalidad del delincuente; y
3. Terapéutica criminal. Estudia las medidas sociales e individualizadas en el tratamiento del delincuente.

Analiza las causas de la criminalidad y el valor de los factores que determinan el delito particularmente, el estudio de los factores psicopatológicos. Señalando que el carácter anormal, patológico de la conducta antisocial.

Las medidas que menciona son:

1. Medios preventivos, destinados a evitar las causas que pueden determinar la exteriorización de las tendencias delictivas;
2. Los medios reparadores, destinados a disminuir la fuerte carga que significa para el Estado la lucha contra la delincuencia;
3. Los medios represivos donde sugiere penas variables en cada caso, según las condiciones del delincuente, como edad, sexo, profesión, costumbres.[86]

BENIGNO DI TULIO

Su obra es sobre los comportamientos delictivos y las características de los delincuentes. Expresa que las leyes fundamentales que se han de tener presentes en el estudio

---

86 Rodríguez Manzanera, Criminología, Porrúa pág. 44-46

de la conducta humana, es la de su plurimotivación, que significa que ningún motivo, por si sólo puede determinar un tipo de conducta, más aún refiriéndose a la conducta delictiva. Explica que en la conducta motivada lo que interesa, especialmente es la descarga emotiva del sujeto dado que sirve para explicar la razón por la cual el individuo dominado por una fuerte motivación puede llegar a reaccionar con agresividad. Considera que el tratamiento debe enfocarse como un tratamiento reeducativo para los delincuentes, según el tipo del delito y la personalidad del delincuente.

Sometiéndose para combatir la delincuencia y la reincidencia a un tratamiento médico-psicológico capaz de eliminar de su personalidad las distintas anomalías que sostienen su capacidad para delinquir.[87]

ALFONSO QUIROZ CUARON

Considera a la criminología clínica desde la medicina, que enseña a observar, diagnosticar, curar y pronosticar las enfermedades a la cabecera de la cama de los pacientes. Siendo el objeto de estudio el hombre.

Destacó tres aspectos fundamentales de la práctica clínica;

1. La investigación clínica;
2. La implementación de una clínica criminológica, en el sistema penitenciario, a nivel interdisciplinario, para el

---

[87] América Plata Luna, Criminología, criminalística y Balística, Oxford, pág. 75-76

estudio del delincuente; y
3. Su tratamiento.[88]

CONCEPTO

La palabra "clínica" viene del griego kliné: lecho. Es la parte de la medicina que enseña a observar, diagnosticar, curar y pronosticar las enfermedades a la cabecera de la cama de los pacientes.[89]

Para el maestro Benigno Di Tulio la Criminología Clínica debe entenderse como "la Ciencia de las conductas antisociales y criminales, basada en la observación y el análisis profundo de casos individuales, sean éstos normales, anormales o patológicos". Según Di Tulio la Criminología Clínica intenta con bastante éxito reunir las tres corrientes estudiadas anteriormente (biológicas, sociológicas y psicológicas) y dar una explicación integral del caso concreto, al considerar al hombre como una unidad bio-psico-social.[90]

Para Wolfgang y Ferracutti, "consiste en la aplicación integrada y conjunta del saber criminológico y las técnicas del diagnóstico a casos particulares y con fines diagnósticos y terapéuticos".

Para Jean Pinatel, la Criminología Clínica consiste en un enfoque multidisciplinario del caso individual, con ayuda de los principios y métodos de la Criminología; el objetivo de

---

[88] Rodríguez Manzanera, Criminología, Porrúa, pág. 54
[89] Ibid
[90] ob cit. Marchiori, pág. 47

este enfoque es una consideración del delincuente, formular una hipótesis sobre su conducta, elaborar un programa de las medidas capaces de alejarlo de una eventual reincidencia; la Criminología Clínica se presenta como una ciencia aplicada y sintética.[91]

Podríamos definir por tanto la Criminología Clínica como la ciencia que estudia al delincuente concreto en enfoque multidisciplinario, mediante un trabajo de equipo criminológico y en orden a su resocialización. Parte de la base de considerar al hombre como una unidad bio-psico-social, que tiene por objeto, por analogía con la Clínica Médica, formular una opinión sobre un delincuente, conteniendo esta opinión un diagnóstico, un pronóstico y eventualmente un tratamiento y su fin es el conocimiento de la personalidad del delincuente por medio de la "Descomposición Analítica y su Recomposición Sintética"[92]

CRIMINOLOGÍA CLÍNICA

La Criminología nació, de hecho, como Criminología Clínica, Cesar Lombroso, médico italiano, era ante todo un clínico y está considerado como el iniciador de los estudios sistemáticos criminológicos. Estudió y observó a numerosos delincuentes en las prisiones. Intentó investigar las diferencias entre el enfermo mental y el criminal.

---

91   Ob cit. Marchiori, pág. 47
92   Ob cit. Rodríguez Manzanera, pág. 409

La Criminología Clínica parte del estudio individual, clínico del delincuente. La palabra clínica deriva de "cline" que significa lecho del paciente, es decir, observación al hombre enfermo, en este caso del individuo enfermo social.

Rodríguez Manzanera expresa que la Criminología Clínica es ante todo Criminología Aplicada; de los tres niveles de interpretación, el conductual (crimen) el individual (criminal) y el general (criminalidad), la Criminología Clínica opera básicamente en el segundo nivel, analiza al sujeto antisocial en concreto, en su realidad personal e irrepetible. Intenta explicar el crimen desde el punto de partida del criminal, y no desde el punto de vista social o sociológico biológico (no existen crímenes, sino criminales).

La Criminología Clínica considera al delito como una conducta anormal, patológica, que expresa una persona, en un momento determinado de su vida, y en circunstancias especiales, esta conducta patológica solamente la puede realizar una personalidad enferma.

Todos los individuos, en circunstancias especiales, pueden llegar a un estado de alteración de la actividad psicomotora, pero son, individuos que tienen una particular tendencia al desarrollo y a diversos procesos de desintegración de la personalidad con las consiguientes perturbaciones graves en su conducta.

Por lo tanto, para la Criminología Clínica, el delincuente es un enfermo social. El delincuente es una personalidad que ha transgredido las normas sociales y culturales agrediendo a otra persona, esta personalidad enferma debe ser asistida, rehabilitada para no reincidir en sus comportamientos delictivos (los inadaptados sociales).

La pena es el reproche social que se le impone al delincuente por el daño ocasionado, representa para la Corriente Clínica, tratamiento, rehabilitación, recuperación social. La pena no debe ser proporcional al delito-daño cometido, como expone la escuela clásica del derecho sino estar basada en el grado de peligrosidad del delincuente, la pena implica una indeterminación, es decir, teniendo en consideración el diagnóstico y la necesidad y tiempo que requiere el tratamiento.

La Criminología Clínica considera en sus fundamentos teóricos y prácticos, el conocimiento de la personalidad del delincuente, intentando explicar el delito en relación a la problemática de la personalidad, entendiendo que es una unidad y una expresión de diferentes rasgos individuales que se encuentran en la acción del hecho delictivo.

Multinovic puntualiza que para la Criminología Clínica cada delincuente es un caso singular que es estudiado en la óptica clínica y en base a la experiencia clínica; por lo tanto la corriente clínica pretende aclarar, en el estudio del delincuente y mediante una gestión interdisciplinaria, el estado clínico, bio-psico-social del individuo delincuente, su grado de peligrosidad social relacionado a su personalidad. Hesnard refiriéndose a los delincuentes explica que aún con diferencias notorias en los aspectos psicopatológicos, se advierte a) la insensibilidad absoluta al respeto a la vida ajena; b) un egocentrismo de omnipotencia y de poder incontrolable; c) un sadismo de dominación-narcisista.

Esta corriente presenta también como objetivo, al decir de Jean Pinatel el estudio "del paso al acto", de qué manera, por qué una persona pasa la línea y comete un hecho delictivo; y otros individuos en similares circunstancias se detienen y controlan sus impulsos, lo que implica la consideración de las diferencias entre los delincuentes y los no-delincuentes.

La Criminología Clínica, lejos de intentar encasillar al individuo, lo que hubiera constituido una contradicción en sus principales postulados de considerar al individuo en su singularidad y particularidad existencial, lo que pretendía era, describir rasgos y características básicas de la personalidad del delincuente en su relación con el delito cometido para el tratamiento individualizado.[93]

La Criminología Clínica, además de ser una escuela criminológica, es un enfoque especial dado al problema de la antisocialidad, se desarrolla en un enfoque multidisciplinario del caso individual, con ayuda de los principios y métodos de las ciencias criminológicas o criminologías especializadas. El objetivo es apreciar el delincuente estudiado, formular una

---

93   Ob. cit. Marchiori, pág. 39-43.

hipótesis sobre su conducta ulterior, elaborar el programa de las medidas capaces de alejarlo de una eventual reincidencia. Por lo tanto hacer Criminología Clínica es estudiar al criminal; tenemos que entender al criminal como un ente biopsicosocial, si queremos explicarnos que es el crimen o podemos darnos una sola explicación; tenemos que observar al crimen como un complejo biopsicosocial. Tenemos que observar qué causas biológicas, psicológicas y sociales llevaron al crimen a este sujeto particular, cuáles son las causas que a él en sí, lo llevaron al delito, cuáles son sus traumas, frustraciones, complejos, cuál es su personalidad y que tan enferma está, por qué los inhibidores le fallaron y llega a cometer el delito.[94]

MÉTODO

La Criminología Clínica utiliza una metodología clínica para la comprensión del delincuente, a los fines del conocimiento de la Criminogénesis, consiste en explorar clínicamente las cualidades biológicas, psicológicas, psicopatológicas para establecer el diagóstico del individuo. La Clínica aplica a la persona con una problemática delictiva, un examen médico-psicológico y social, lo que se denomina estudio clínico-criminológico. En base a las observaciones clínicas y al diagnóstico interdisciplinario se determinan los medios terapéuticos para el tratamiento, que permitan su readaptación social o reeducación social cuando se reintegre al medio social.[95]

---

94   Rodríguez Manzanera, pág. 408,409
95   Ob. cit. Marchiori, pág. 40

El criminólogo clínico manejará una serie de métodos fundamentales y complementarios. Los métodos fundamentales son:

a) Entrevista criminológica, con el conocimiento personal y directo del individuo.
b) Examen médico, con auscultación e historia médica.
c) Examen Psicológico, dando como resultado datos sobre la personalidad.
d) Encuesta social, sobre el medio en que el individuo se ha desarrollado.[96]

Los métodos complementarios pueden ser:

a) Observación directa, en que se procura determinar la actitud íntima del sujeto y su comportamiento actual. Estos datos son proporcionados por el personal que está en contacto con el individuo, en caso de estar en institución, de lo contrario es imposible.
b) Observación indirecta, por medio de monitores, cámaras o registros visuales o auditivos. Tiene varias limitaciones técnicas y éticas.
c) Exámenes complementarios, principalmente el psiquiátrico, los biomédicos, (neurológicos, genéticos, endocrinológicos, fisiológicos, etc.), los psicológicos (test complementarios, psicodrama, etc.) y los sociológicos (entrevistas complementarias,

---

[96] Ob. cit. Plata Luna pág. 88

sociometría, etc.)[97]

De lo anterior se deduce que el trabajo clínico en el momento actual sólo puede efectuarse en forma interdisciplinaria, pues es menos que imposible que el criminólogo posea un caudal de conocimientos tan vasto como para aplicar los métodos fundamentales (y complementarios) por sí solo.

El criminólogo clínico junto con el equipo interdisciplinario, después de observar e interpretar las opiniones parciales, pasará a describir, clasificar y explicar al criminal y a su conducta, llegando con esto al diagnóstico, para continuar hacia el pronóstico y aconsejar un tratamiento; éstos: diagnóstico, pronóstico y tratamiento, son los tres objetivos básicos de la Criminología Clínica.[98]

PELIGROSIDAD

El concepto de peligrosidad fue introducido a la Criminología por Garófalo, quien en su principio habló de "temibilidad", para después desdoblar el concepto en dos: capacidad criminal y adaptabilidad social

La capacidad criminal es, para el autor comentado, la perversidad constante y activa de un delincuente y la cantidad de mal que, por lo tanto, se puede temer del mismo.

---

97   Ob cit. Rodríguez Manzanera, pág. 411
98   Ob. cit. Rodríguez Manzanera, pág. 411

La adaptabilidad social es la capacidad del delincuente para adaptarse al medio en el que vive.

A partir de esa diferencia, se reconocen cuatro formas clínicas de estado peligroso:

a) Capacidad criminal muy fuerte y adaptabilidad muy elevada. (Es la forma más grave: cuello blanco, político, financiero, industrial, etc.).
b) Capacidad criminal muy elevada y adaptabilidad incierta (menos grave, pues su inadaptación atrae la atención sobre ellos, criminales profesionales, delincuentes marginados, etc.).
c) Capacidad criminal poco elevada y adaptación débil (constituye la clientela habitual de las prisiones principalmente inadaptados psíquicos, débiles y caracteriales, etc.).
d) Capacidad criminal débil y adaptabilidad elevada (forma ligera de estado peligroso, delincuentes ocasionales y pasionales).

La peligrosidad, Rocco la define como: la potencia, la aptitud, la idoneidad, la capacidad de la persona para ser causa de acciones dañosas o peligrosas, por tanto de daños y peligros.

Para Grispigni, la peligrosidad criminal es la capacidad de una persona de devenir autora de un delito, y también "Peligrosidad es la capacidad evidente de una persona de cometer un delito, o bien la probabilidad de llegar a ser autor de un delito".

Para Petrocelli, "Peligrosidad es un conjunto de condiciones subjetivas y objetivas, bajo cuyo impulso es probable que un individuo cometa un hecho socialmente peligroso o dañoso".

López Rey afirma que: "En principio podrá afirmarse que todo delincuente es peligroso, pero el principio admite tan gran número de excepciones que es inservible. La temibilidad o peligrosidad del delincuente se hace depender, por lo común, de sus condiciones personales, y raramente en referencia al sistema socioeconómico y político imperante".

Ferri considera que la peligrosidad puede ser de dos formas:

a) Peligrosidad social, o sea la mayor o menor probabilidad de que un sujeto cometa un delito.
b) Peligrosidad criminal, o sea la mayor o menor readaptabilidad a la vida social, de un sujeto que ya delinquió.

Se reconocen "dos tipos diversos de peligrosidad, la criminal y la social, por peligrosidad criminal sólo debe entenderse la posibilidad de que un sujeto cometa un delito o siga una vida delincuencial, refleja por tanto un individuo antisocial. La peligrosidad social es la posibilidad o realidad de que un individuo llegue a ser o sea un parásito, un marginado, molesto para la convivencia social; que sea por tanto un asocial que no suele cometer delitos propiamente dichos."[99]

Desde el punto de vista legal, pueden reconocerse dos tipos de peligrosidad:

a) Peligrosidad presunta, son los casos en los cuales, una vez comprobada la realización de determinados hechos o ciertos estados subjetivos del individuo, debe ordenarse la aplicación de una medida de seguridad, no debiendo el juzgador examinar la existencia o no, de la peligrosidad, pues ésta se presume por el legislador.
b) Peligrosidad comprobada. Son los casos en los cuales el magistrado no puede aplicar medidas de seguridad, sin antes comprobar la existencia concreta de la peligrosidad del agente.

Cuando se hace referencia a la peligrosidad de un individuo, deben considerarse, como lo hace Jiménez de Asúa, los elementos siguientes:

a) La personalidad del hombre en su triple aspecto bio-psico-social;
b) La vida anterior al delito o acto de peligro manifiesto;
c) La conducta del agente, posterior a la comisión del hecho delictivo o revelador del hecho peligroso;
d) La calidad de los motivos;
e) El delito cometido o el acto que pone de manifiesto la peligrosidad.

---
[99] Ob cit. pág. 412-414

DIAGNÓSTICO

CONCEPTO: Cada delincuente es una individualidad biológica, psicológica y social, en donde cada uno llega de un modo distinto a la comisión de la conducta delictiva y por lo tanto debe ser estudiado, conocido y comprendido desde su historia familiar, como personal y social, lo cual en definitiva nos podrá brindar un diagnóstico criminológico en cuanto al perfil de personalidad criminológica y génesis de la conducta delictiva.

Un diagnóstico se utiliza para determinar el grado de peligrosidad de un individuo, entrando en juego los dos aspectos antes mencionados. Lo más importante es el paso al acto y existen 4 fases importantes:

1. Consentimiento Mitigante; Concibe y no rechaza la posibilidad del delito del delincuente;
2. Consentimiento Formulado; Donde la persona decide cometer el delito;
3. Estado de Peligro; y
4. Paso al Acto: La comisión del delito.

Por lo que una personalidad criminal es peligrosa cuando formula lo que va a llevar a cabo como acto delictivo y pasa a la realización, pero cuando se produce por impulsividad, no se formula lo que se hará, saltándose varias fases y se pasa inmediatamente al hecho.

PRONÓSTICO

Es la apreciación de que un sujeto pueda presentar cierta conducta antisocial. Es saber si el sujeto va a reincidir, para esto, los factores que se consideran con relación al individuo son:

1. Personalidad: es la historia particular, educación y genética o bioherencia.
2. Medio en el que se desenvuelve, como la familia, trabajo, escuela, etc.

TRATAMIENTO

CONCEPTO: no se limita al infractor de la norma, sino que se extiende a la victima de la conducta antisocial. El tratamiento depende del diagnóstico y pronóstico criminológico. Todo tratamiento de rehabilitación no se debe circunscribir en el tratamiento del delincuente, sino también se deberá extender a su grupo familiar primario según corresponda, dando como resultante o no, a un potencial delincuente o un delincuente habitual.

Es bastante conocido el viejo concepto de que la familia es la célula primaria y fundamental de la sociedad.

Indudablemente, la influencia de las características íntimas en la dinámica del grupo familiar primario, como: la personalidad de los progenitores, las relaciones vinculares, antecedentes criminógenos, etc., marcan hondamente en la formación del ser humano influyendo en el individuo, dando como resultante o no, a un potencial delincuente o un delincuente habitual.

Debido a ello, todo tratamiento de rehabilitación no se debe circunscribir en el tratamiento del delincuente, sino también se deberá extender a su grupo familiar primario según corresponda.

Implicando la consideración de todas las medidas asistenciales; tratamiento médico, psicológico, pedagógico, social, cultural, laboral, deportivo – recreativo, que ayuden al individuo a una relación adecuada y constructiva con su medio social.[100]

SUTHERLAND, elaboró en la Criminología Clínica, EL DELITO DE CUELLO BLANCO y la definió: "Es un delito cometido por una persona de respetabilidad y estrato social alto en el curso de su ocupación".
Las conclusiones:

1. La delincuencia de las empresas y los ladrones de cuello blanco, son reincidentes.
2. Tiene miedo a la denuncia.
3. Los hombres de negocios expresan el mismo desprecio a la ley que los otros.
4. Son crímenes bien organizados. A diferencia del ladrón

---
[100] Ob cit. pág.78-80

común, el de cuello blanco no se ve como delincuente.
5. Expresa públicamente adhesión a la ley, aunque en privado la viole.
6. Es un delito oculto, una manera de lograr la imputabilidad, es a través de expertos abogados.
7. En términos históricos se dio cuenta que: muchas de las grandes fortunas se deben a la práctica ilícita.

Esta investigación de SUTHERLAND cambia toda la criminología, ya que como frecuentemente se decía que el delito debía explicarse con los problemas psicológicos y no es así. Además la criminología no se basa, ni en dinero ni en promesa. Concluye señalando que hay que incluir a las clases medias y altas en el fenómeno de la criminología.[101]

BIBLIOGRAFÍA

Marchiori, Hilda, Manual de Criminología, Porrúa.

Plata Luna, América, Criminología, criminalística y Victimología. Oxford.

Rodríguez Manzanera, Luís, Criminología, Porrúa.

BIBLIOGRAFÍA WEB

http://www.apuntesjuridicos.com/contenidos2/criminologia-clinica.htm

---

[101] http://www.apuntesjuridicos.com/contenido2/criminologia-clinica.html

DIRECCIÓN CRÍTICA

Objetivo: Analizará a la Criminología, desde el punto de vista de la dirección crítica en Europa y América Latina.

1. Antecedentes Europa y Latinoamérica.
2. Manifiesto Latinoamericano.
3. Criminología crítica, método, objeto.
4. Conclusiones.

DIRECCIÓN CRÍTICA

"A la criminología crítica interesa dar soluciones y analizar conductas e individuos. "En este estadio, la política criminal se lanza a la perspectiva de preparar con lógica y de manera científica las normas penales apropiadas."

Es un tanto difícil una elaboración científica de las normas penales; se estaría más de acuerdo con un diseño justo y que dé buenos resultados. Se trata de garantizar la legitimidad y buscar especialmente medios extrapenales, o extrajurídicos aptos para asegurar o restaurar la cohesión social y la concordia entre los ciudadanos.

Esencialmente en la Unión Americana, la Criminología Empírica se encuentra bien sustentada; en Francia la defiende el Centro internacional de Ciencias Criminales de París (Institut Internacional de Sciences Criminales de París, CISCP). Esta corriente formula duras críticas contra la Criminología Clínica, a la cual acusa de no haber podido controlar los delitos ni prevenir la reincidencia, con gran crecimiento de las cifras respectivas.

A esta Criminología Empírica interesan los grupos; deja a un lado los aspectos psicológicos o biológicos del individuo.

L. Negrier-Dormont (1990) afirma que las críticas son severas para la escuela clínica, pues resulta innegable que ha tenido grandes aciertos. Propone un estudio pluridisciplinario de las factores siguientes sobre la delincuencia: 1. Causas, 2. Prevención y 3. Tratamiento de reinserción de los criminales y el interés en su personalidad; analizar todo lo que puede producir el acto antisocial.

La teoría elaborada por M. Crozier consiste en efectuar un análisis estratégico de cierto acto racional, puesto al servicio de un fin, con el propósito de resolver determinado problema. Se plantea la clásica pregunta: ¿a quién beneficia el crimen? Aunque se crea que el infractor contribuye a su desgracia o destrucción, se trata desde este punto de vista de obtener un beneficio: pasar de un estado insatisfactorio a otro mejor.

Y no podría dejarse de lado el aspecto económico: 1. La ganancia que el delincuente obtiene con su acto; y 2. La muy escasa posibilidad de ser detenido.

Lo anterior no es válido para todos los actos antisociales y deben tomarse en cuenta las enormes sumas logradas por el crimen organizado, instalado en muchos países de forma permanente y funcionando con tal impunidad.

Para hablar del criminal común, debe hacerse referencia a un ser intelectualmente activo, que se las ingenia para explotar las situaciones que le proporcionan las soluciones más cómodas y menos arriesgadas para sus fines.

Como se ha mencionado, la criminología crítica se centra principalmente en la criminalización y su control. Se desiente del criterio de que la delincuencia resulta benéfica. Para Taylor, Walton y Young, la ley es mera fachada ideológica de la "justicia universal armada para proteger al poderoso en la búsqueda de su propio interés particular".

Podría decirse, más bien, que las leyes están más o menos bien formuladas, pero su aplicación falla porque se fijan en beneficio de los poderosos.

Aparte de la fuerte represión sobre el derecho penal y la impartición de justicia -lenta, cara y desigual-, las censuras contra el capitalismo y un realce de los derechos humanos, el doctor Luís Rodríguez Manzanera considera el mayor aporte de la criminología crítica haber sacado a la luz nuevos cambios en la investigación, principalmente la posibilidad de enjuiciar al Estado y a los órganos del poder y control como generadores del delito y la violencia.

En la criminología crítica se confiere un papel preponderantemente a la victima."[102]

"Entrado el siglo XXI, el eje central de la discusión continúa girando alrededor del control social. Sin embargo, los planteamientos sustentados por diferentes autores discrepan en cuanto al contenido del mismo"[103], evidenciándose nuevamente la heterogeneidad de criterios que han complejizado la elaboración teórico-conceptual del problema

---
102   Ob. cit. Plata Luna América, pp. 92-94.
103   Véase La Criminología del S. XXI en América Latina. Carlos A. Elbert (Coordinador).Rubinzal-Culzoni Editores.1999

criminal.

Tal como afirma Cohen (1988), el concepto de control social es un concepto problemático, cuyo significado puede abarcar ámbitos tan dispares como la política y la psicología; por lo cual resulta difícil determinar las dimensiones en las que se restringe el concepto y por lo tanto, otorgarle un sentido específico.

La complejidad de sus referentes tiene una correlativa incidencia en la delimitación epistemológica de la Criminología, tanto en lo que refiere al objeto de estudio propiamente dicho, como en relación con las interpretaciones que del mismo puedan verificarse al interior de sus planteamientos.

El problema de la elaboración de una teoría sobre el control social pareciera haber dado lugar a un agotamiento del discurso crítico en los momentos en que se ha intentado delinear propuestas para el ejercicio del control social, en el sentido de que lo que está al centro de la discusión criminológica es básicamente la problemática de la fundamentación y la estructuración de mecanismos alternativos para la resolución de los conflictos.

Así, algunos autores afirman que la Criminología Crítica no ha logrado superar los postulados cognitivo-instrumentales que conducen al positivismo científico:

"Un cierto retorno positivista lo

> constituye(...) el garantismo y las posiciones que desde el derecho penal revalorizan los principios primigenios del liberalismo y que, por la crisis de los grandes relatos, acaparan la atención de la llamada Criminología Crítica"(Delgado. 1999:6)

En este sentido, se cuestiona la idea del interés general seguida por los enfoques progresistas de política criminal, donde se destaca la teoría garantista de Ferrajoli, a los cuales se adscribe la Criminología Crítica, como "una idea incestuosa" del consenso derivada del contrato social. La aparente contradicción que suscita el haber tomado los principios demo liberales del derecho penal (que constituyen las premisas del garantismo penal) como estrategias de racionalización del control social puede fundamentarse en los siguientes aspectos:

1. La consideración de que la visión del contrato social como producto del consenso supone la aceptación de la violencia burocrática. El control social formal, materializa la burocracia estatal a través de la violencia, materializando el mandato autoritariamente. Así, el asentimiento social sólo es posible ante el peligro de la exclusión, lo que convierte al sistema y a sus postulados en un sistema terrorista. (Delgado.Ob.cit.)
2. El principio de legalidad, entendido como el principio de la unidad de la razón jurídica, sería inadmisible

para un modelo alternativo de control social por cuanto parte de la abstracción del ser humano como individuo portador de conductas catalogadas arbitrariamente como desviadas o criminales (Delgado. Ob.cit.), sin entrar a considerar las situaciones de vulnerabilidad de los individuos concretos o la propia fenomenología social que incide en ciertas situaciones problemáticas como, por ejemplo, el caso del narcotráfico.

3. La referencia al derecho penal, a sus limitaciones y a la posibilidad de darle un nuevo significado, pareciera agotar el tema de la regulación social en el plano estrictamente jurídico penal, a pesar de estar al corriente de que el ejercicio del poder penal no se agota en los sistemas punitivos formales, (ya que existe un amplio espacio de actuación subterránea) ni cada una de las agencias que lo conforman se apegan a la misma lógica funcional. Es importante recordar que la tendencia crítica latinoamericana, desarrolla su análisis principalmente en las consecuencias de la violencia institucional, en cuanto éstas se dirigen a la fractura entre los mecanismos de control social y los valores éticos y jurídicos, que sustentan la legitimidad del control dentro de una sociedad organizada políticamente en el modelo democrático, y que origina en gran medida la irracionalidad del sistema penal; lo que permitió aclarar la recurrente contradicción entre los supuestos jurídicos constitucionales (que consagran las garantías individuales e informan la seguridad jurídica de los ciudadanos) y las prácticas concretas

de política criminal violatorias de tales principios. Esto constituye un indicador no sólo del carácter ideológico de las justificaciones políticas y jurídicas, sino también, de la falta de coherencia del sistema penal. La complejidad en la que se desenvuelven los sistemas penales deriva en una participación caótica de las distintas agencias penales y extrapenales cuyos límites e intenciones no siempre son los declarados por el orden jurídico (Leal y García.2004).

En este orden de ideas, observamos que, en efecto, el garantismo penal admite la justificación del Estado en los mismos términos en que lo hacen las teorías iusnaturalistas clásicas bajo la ficción del "contrato social", dándole un carácter óntico a lo que es reconocido como una invención útil[104] para explicar las relaciones sociales, sin considerar las relaciones de poder que subyacen en la formación histórica del ente público.

Al mismo tiempo, justifica la expropiación de la acción de la víctima y el monopolio del ejercicio del poder punitivo por parte del Estado, como un proceso "civilizador" del conflicto social, a pesar de admitir la deslegitimación de los sistemas penales que hasta el momento subsisten en el ámbito histórico concreto. No obstante, toma la venganza privada como un dato antropológico que implica un estado de barbarie cuyos escollos salva la intervención del Estado mediante la pena.

---

[104] Al respecto ver Zaffaroni, 1990, pp. 34 y siguientes)

En términos generales, la teoría Garantista está basada en un utilitarismo penal reformado según el cual, la pena debe contener una doble significación, esto es, que la pena no sólo debe asumir como finalidad la prevención de los "injustos delitos", sino igualmente la finalidad de prevenir "las injustas penas", es decir, minimizar la reacción violenta hacia el delito. (Ferraioli. 1997)

Tal fundamentación del derecho a castigar merece el siguiente cuestionamiento:

Desde la perspectiva garantista, la pena no representa para la víctima un resarcimiento del daño causado sino que implica una garantía de "protección" que otorga el Estado al ofensor, pero que en última instancia conlleva un mal que coercitivamente se inflinge a quien ha causado un daño[105].

Si se toma en cuenta que esta propuesta sobre los fines de la pena se concreta sobre una negación de la venganza, ¿cuál sería su fundamento como forma de evitar un mal mayor en contra del agresor, sino el propio carácter vindicativo derivado del derecho primitivo de defensa, si al mismo tiempo que la pena se admite como aflicción, no se elabora ningún argumento en el que se considere la necesidad de reparación de la situación jurídica infringida por la agresión que da lugar al delito?

---

[105] Es importante destacar que la pena moderna se asume como una aflicción representada por la disminución de derechos del individuo, dentro de los que la privación de libertad supone el mayor sufrimiento.

Resulta innegable -a pesar de que el garantismo toma el derecho penal como un sistema formado por axiomas y reglas que puede legitimarse por una congruencia interna- que la necesidad de su validación como forma de control social no puede explicarse recurriendo únicamente a la metáfora de la "pacificación de los conflictos" para prevenir la barbarización de la sociedad, sin tomar en consideración las expectativas legítimas de quienes se ven eventualmente afectados por una agresión.

De tal forma, la doctrina de justificación penal garantista se enfrenta a la paradoja de aceptar un carácter vindicativo de la pena en cuanto sugiere que la aflicción impuesta dentro de ciertos límites "pacifica" las expectativas de la mayoría no desviada mediante la satisfacción de la venganza sin resolver el cuestionamiento sobre la naturalidad del castigo o de admitir, que el sustrato histórico por el que se legitima la existencia del derecho penal es simplemente un recurso teórico que poco tiene que ver con la realidad.

En este sentido, otras propuestas como la del Abolicionismo, parecieran satisfacer con mayor pertinencia las premisas de deslegitimación de la intervención pública penal, mediante su sustitución por un sistema de compensaciones y la privatización del conflicto delictivo. Sin embargo, tales propuestas comportan el peligro de una latente desproporción de las reacciones, la incertidumbre de las definiciones extralegales y la extensión de la vigilancia social.

Por otra parte, en cuanto la deslegitimación del sistema penal supone, tanto la incongruencia de los fines declarados con sus funciones reales y la perversión de sus mecanismos, como el cuestionamiento de los criterios de "normalidad" que definen las desviaciones; es de considerar que su abolición estaría condicionada a la transformación de la sociedad hacia estadios de igualdad en los que emerja una normalidad alternativa y, consecuentemente, a la extinción del Estado, lo cual se enmarca en una utopía, que si bien es considerada por las teorías críticas sobre la sociedad y el Estado y que sin dejar de ser valiosa para la comprensión y la explicación de los conflictos sociales, resulta incierta, especialmente si es impulsada únicamente en función del cuestionamiento del control social formal y de la construcción de modelos alternativos de justicia penal.

En este sentido, dejando a salvo las críticas hechas a la justificación de la pena de la teoría Garantista, no podemos obviar que la realidad histórica concreta nos obliga a reconocer la existencia del Estado y del monopolio del poder punitivo, que no por azar está sometido a una serie de límites impuestos como garantías de la libertad ciudadana.

Tomando en consideración que la delimitación del poder penal comienza a sostenerse a partir de la modernidad, desde un punto de vista normativo, adquiriendo el status de derecho monopolizado por el poder público y regulado mediante los principios demoliberales recogidos en las legislaciones positivas, generalmente con rango constitucional.

Esta circunstancia no ha garantizado su racionalidad, pero sí comporta la posibilidad de identificar los sistemas penales paralelos y de adecuar la función punitiva a la sujeción de dichas regulaciones. En este sentido, es de considerar que la teoría Garantista asume su carácter inevitablemente ideológico como una doctrina que es impuesta por su correspondencia humanista pero que es siempre contingente; es decir, que necesariamente, para lograr su legitimidad, el derecho penal debe proveer a los sistemas penales concretos la posibilidad de adaptación a criterios cada vez más cerrados de intervención punitiva frente a las agresiones a bienes jurídicos, especialmente desde el punto de vista de la definición de los delitos; y contraer la pena a sus postulados minimizantes.

La referencia jurídica de la pena y los límites del derecho a castigar, se deben vincular entonces tomando como concepto central a la pena en su sentido negativo: como todo acto de poder que implica la inflicción de un dolor fundado en el derecho vigente o realizado fuera de él por agencias del poder público o por iniciativas privadas. (Zaffaroni, 1990, 2000). De tal forma, que frente a la expansión de mecanismos informales o subterráneos o abiertamente contrarios a las garantías y derechos ciudadanos, pueda activarse la normativa limitadora del derecho penal y argumentarse la irracionalidad de aquellas reacciones.

Por lo tanto, mas allá de tomar el Estado de Derecho como una cubierta ideológica que se legitima a sí mismo, es preciso valorarlo como un programa normativo fundamental y concreto, útil para alcanzar la vigencia efectiva de los derechos humanos.

Lo anterior es pertinente, tomando en cuenta que además del sistema de garantías que se imponen como obligaciones del Estado, la introducción de los derechos sociales, económicos y culturales en las constituciones contemporáneas, impone igualmente obligaciones de actuación en la distribución equitativa de bienes y servicios.

No obstante, no es posible desconocer la persistencia de las desigualdades materiales ni pretender que el camino para superarlas se agota en las expresiones formales de la ley, por lo que, si bien el modelo penal garantista constituye una referencia ética y política para una interpretación más racional de las funciones y fines del derecho penal, así como del ejercicio del poder punitivo, su relación con el modelo analítico crítico involucra su inserción dentro de un esquema de control social que abarque también aquellas políticas e iniciativas que se relacionen con toda intervención social de distribución de la seguridad."[106]

"Desde un enfoque macro-sociológico se desplaza el objeto de estudio de la criminología tradicional hacia los *mecanismos estructurales de control social* –política criminal y derecho

---

[106] www.venecrim.com/pdf/PONENCIA-adelita.pdf

penal-, poniendo atención particularmente a los procesos de criminalización, historizando la realidad del comportamiento disociado y evidenciando su relación funcional o disfuncional con el desarrollo de las relaciones político-económicas.

Se realizaron revisiones críticas de todas las teorías criminológicas existentes hasta entonces bajo los parámetros metodológicos del materialismo histórico, relacionándolas con el tiempo social y político en que surgieron, para mostrar su relatividad y parcialidad. Se resaltó la desigualdad existente entre la criminalización primaria, secundaria y la impunidad en que quedaba la mayoría de los delitos, mostrando la debilidad del ciudadano frente al sistema de justicia penal, que es fuente de abusos por parte del poder de tal forma que se erigieron los derechos humanos como el primordial objeto de la criminología y como límite del derecho penal.

En síntesis, puede afirmarse que el principal objeto de estudio abordado desde la postura de la criminología crítica está referido al control social, término que tiene diferentes connotaciones pero que aquí lo referimos al desarrollo de las instituciones ideológicas y a la acción de prácticas de coerción que permiten mantener la disciplina social, pero que a la vez sirven para reproducir el consenso, respecto a los principios axiológicos en que se basan las sociedades.
De esta manera, el concepto de control social se abrió no sólo al estudio de la represión de la disidencia, sino también a conocer las estrategias que se requieren para alcanzar de la sociedad civil el consentimiento espontáneo que otorguen

las mayorías a la orientación que imprimen a la vida social los grupos dominantes.

Esta concepción lleva a romper la condición hegemónica del poder y a ver las múltiples instancias en las que puede manifestarse siendo todas ellas objeto de estudio dentro del control social. El control social se asume no sólo como un objeto de estudio, sino también como una categoría que guía la lectura de las relaciones sociales de las que forma parte, tanto en aquellas que son de conflicto como en aquellas que las positivizan o que las instauran como neutrales.

Haber tematizado la cuestión del orden en términos de control social amplio el panorama que lo circunscribía a la esfera exclusivamente represiva; no obstante, la asunción del control social en términos de una visión social conflictiva o neutral provocó que se reinterpretara a esa expansión panorámica como dependiente, siempre subordinada a la misma esfera represiva, y eso fue lo que por un tiempo se entendió. Sin embargo, sin cuestionarse lo que podía entenderse por control social, se estructuró una primera clasificación de los controles en formal e informal, que más tarde se modificaría en duros y blandos.

En esta misma línea de investigación, la criminología deberá tener entonces como objeto general de estudio el orden penal y los otros tipos de órdenes que tienen vinculación con aquel. Por lo tanto, el objeto es cambiante y dinámico en el tiempo y en el espacio. Así, la criminología, en un primer momento y en algunos casos puede responder en nivel propositivo, y dependiendo del rigor con que se cumplan esos momentos se tendrán resultados sólidos.

A partir del modelo de la criminología critica se desarrollaron diversas propuestas de nuevos objetos de estudio.

La criminología crítica latinoamericana

Con esos instrumentos teóricos diversos y la necesidad dialéctica de crear en cada lugar la propia historia, para entenderse a partir de "si mismos", se originó la corriente alternativa de una criminología crítica latinoamericana independizada del derecho penal y necesitada de encontrar objetos de estudio y métodos propios.

En nuestro continente, en los años setenta del siglo XX aparecen autores como Rosa del Olmo, Roberto Bergalli, Lola Aniyar de Castro, Emiro Sandoval y otros, que presentan las líneas iniciales de investigaciones criminológico-críticas caracterizadas por la construcción de afirmaciones teóricas que constituían la antítesis del positivismo; se negó a la criminología su carácter de ciencia positiva y se rechazó el empleo del método de las ciencias naturales en las ciencias sociales. Se mostró que la norma y la selectividad del control formal generaban la delincuencia: al definir los delitos -la ley- y al señalar delincuentes concretos -el control formal-. Surgieron investigaciones sobre las instituciones -el Estado- y sobre los delitos de los poderosos, es decir, la fenomenología del poder y los centros del poder en América Latina, que fundamentaron la Teoría critica del control social en América Latina cuyo estudio y estructuración comenzó a promoverse en todo el continente.

Para entonces, Latinoamérica estaba sumida en dictaduras militares y en la guerra sucia que los gobiernos desataban contra las poblaciones civiles de sus propios países para defender al capitalismo en el continente, con base en la doctrina de la seguridad nacional estadounidense. Los criminólogos críticos iniciaron la denuncia de la violencia institucionalizada y los procesos ideológicos que la justificaban para convertirse en una vertiente académico-política comprometida con los cambios estructurales y la liberación de los oprimidos.

Por ello, en el último cuarto del siglo pasado, en los congresos y encuentros académicos se comenzaron a mezclar los temas del positivismo criminológico clínico tradicionales con diversos análisis sobre nuevos objetos de estudio de la criminología, como la violencia estructural, y en las instituciones totales, a nivel nacional e internacional. Se rompió el silencio de la impune represión oficial generalizada y sistemática, que sufría América Latina, de hecho y también de un derecho que legitimaban el abuso del poder. en consecuencia, se reibindicaron otros objetos de estudio como el derecho a la resistencia contra la tiranía y los derechos humanos.

En 1986, la editorial Siglo XXI publicó el libro más conocido de Baratta: Criminología critica y critica del derecho penal, en el que plantea que el tipo de estudios de investigación teóricos y empíricos que se realizan dentro de la criminología crítica para conocer los fenómenos sociales constituyen la aplicación de la sociología jurídica como método.

La sociología jurídica como método de la criminología crítica.

Para él, la sociología jurídica tiene como objeto de estudio la experiencia jurídica, entendida como sistema de comportamientos humanos derivados de un sistema normativo, punto de partida y de referencia para que se produzca ese objeto. Lo normativo es el punto de vista que le da carácter e identidad al comportamiento, por medio de la calificación jurídica, y lo delimita frente a los otros sistemas de comportamiento.

La sociología en general y los sectores especializados de la misma tienen por objeto de estudio los comportamientos humanos o las relaciones de esos comportamientos.

Los comportamientos derivados de una norma jurídica, las expresiones o las manifestaciones de la conducta humana, producto de un mandato de acción de un imperativo de omisión que exija una norma jurídica, constituyen la "experiencia jurídica humana". Esta es el objeto concreto de estudio de la sociología jurídica. Para conocer y medir esos comportamientos se requiere la investigación empírica de las estructuras macro y microsociales que condicionan su expresión y su manifestación.

Los objetos de la sociología jurídica pueden definirse a partir de considerarlos según una de las siguientes características:

1) Los comportamientos de las personas deben ser derivados y ser efecto de la imperatividad de las normas jurídicas.
2) Las conductas humanas que se realizan tienen como consecuencia normas jurídicas o sus efectos son derivados de esas normas.
3) Los comportamientos son considerados en relación funcional con otros comportamientos que tienen como consecuencia o son el resultado de normas jurídicas.

En esa búsqueda, la criminología crítica desarrolla como tema fundamental la contextualización de los comportamientos socialmente negativos y los procesos de criminalización dentro de una estructura económico-social especifica.

En México, los autores de este ensayo hemos decantado otros objetos de estudio de la criminología crítica vinculados con el análisis y la evaluación de factores que inciden en la construcción de eso a lo cual se llama realidad, y de ahí a los conceptos de delito y delincuente.

a) La conciencia de lo real subjetiva, construida como objetividad por quienes han tenido el poder para institucionalizarla como verdad y totalidad.
b) La "universal inclusión" ideológico-jurídica que genera violencia contra todos aquellos que no encajan en su

conciencia de realidad y que a su vez los construye como "universal exclusión".
c) La estructura desigual del sistema de poder y de producción que sirven permanentemente de base para la creación y aplicación selectiva de normas jurídicas, o para la acción abusiva de hecho de los aparatos del Estado.
d) La dependencia del poder y del derecho interno respecto del poder y del derecho internacionales en el mundo global, que genera conflicto de culturas y civilizaciones.

Para encarar los objetos de estudio de la criminología crítica, en 1990, L. González Placencia, en México, sintetizó las siguientes categorías metodológicas para la interpretación de la realidad social:

- Negar la realidad que aparece como común generalizada, por ser una construcción de poder producto de un discurso subjetivo.
- Analizar el objeto de estudio desde la perspectiva dialéctica e histórica.
- Conocer y evaluar la interrogante estudiada dentro de la totalidad a la que pertenece y en la cual ocurre.
- Analizar el objeto estudiado con un interés emancipatorio de las personas y de su liberación de la violencia estructural institucionalizada.

Este tipo de investigación se convierte en sociología

jurídica penal, cuya conceptualización la centramos en el conocimiento, interpretación y evaluación crítica del poder, como creador del derecho, y la experiencia jurídica humana, entendida como sistema de comportamientos o relaciones entre comportamientos -objeto- mediante la investigación empírica de las estructuras macro y microsociales que condicionan su expresión y manifestación.

Con la diversidad de vertientes criminológicas críticas que se han visto, si no se tiene en cuenta que el delito y el delincuente no son naturales sino construcciones ideológicas que sirven para seleccionar a algunas personas como sujetos expiatorios, se corre el riesgo de permanecer en la ingenuidad y considerar que delincuente es sólo un individuo que realiza una conducta típica, antijurídica, culpable y punible prevista en una norma jurídica. Por lo tanto, no debe perderse de vista que ese individuo que está internado en una institución total puede ser un inocente que perdió en su interacción con los aparatos represivos del Estado".[107]

"La teoría Crítica Social y sus aportaciones a la criminología.

Escuela de Frankfurt. Primera línea de pensamiento.

En este ensayo trataremos acerca de una teoría que nació hace casi 70 años bajo la dirección de un solo hombre y aunque, en definitiva, fue el resultado de un grupo de intelectuales, a pesar

---

[107] La teoría Crítica Social y sus aportaciones a la criminología (http://www.emagister.com/la-teoria-critica-social-sus-aportaciones-criminologia-cursos-320896.htm)

de que no se conociera como un proyecto teórico unificado, hasta que el movimiento no se consolidó en los escritos del Institut für Sozialforschung (Instituto de Investigación Social).

Dentro de los analistas o pensadores de esta escuela sociológica, es necesario distinguir dos ramas de pensamiento, que si bien no son contradictorias, tampoco son totalmente complementarias, aunque sí unidas bajo una misma línea de pensamiento filosófico. Estas son:

- Primera etapa: M. Horkheimer, T. W. Adorno y E. Fromm..
- Segunda etapa de pensamiento: G. Rusche, O. Kirchheimer y W. Benjamin.
- Tercer y último pensador: J. Habermas.

La investigación histórica ha seguido la historia de aquel círculo intelectual formado en torno a Horkheimer desde sus inicios en Frankfurt hasta su traslado a los Estados Unidos.

La Teoría Crítica ocupa un lugar destacado entre los muchos intentos emprendidos en el período de entreguerras para desarrollar el marxismo de forma productiva. No fueron tanto sus principios teóricos como, sobre todo, sus objetivos metodológicos, los que destacaron principalmente.

La utilización sistemática de todas las disciplinas de investigación de la ciencia social en el desarrollo de una teoría materialista de la sociedad era la finalidad principal de la Teoría Crítica. En este Instituto, fundado en 1924, se llevaron a cabo durante los primeros años investigaciones sobre la historia del socialismo.

Horkheimer aprovechó la ocasión de su discurso inaugural en el instituto, para presentar por primera vez en público el programa de una teoría crítica de la sociedad.

Horkheimer consideraba que la situación intelectual en la que se encontraban los esfuerzos por desarrollar una teoría de la sociedad se caracterizaba por una divergencia entre la investigación empírica y el pensamiento filosófico, divergencia que tenía consecuencias fundamentales. La división abstracta del trabajo científico y metafísico que había originado la evolución posthegeliana (investigación empírica versus concepción histórica-filosófica de la razón) del pensamiento no había dejado lugar para la idea de una razón histórica. Sin embargo, con la eliminación de la filosofía de la historia, toda filosofía se veía privada de cualquier posibilidad de ejercer una crítica trascendente. Por consiguiente, la fundamentación de una teoría crítica de la sociedad suponía en un primer término la superación de esta fisura histórico-intelectual entre investigación empírica y la Filosofía.

En el aspecto epistemológico, el pensamiento se orientó a una crítica sistemática del positivismo; en el aspecto metodológico, apuntaban a un concepto de investigación interdisciplinar. Mientras tanto dentro del ámbito de las teorías de la criminalidad se realizaba un cambio mejor dicho un paso, poco a poco, de la criminología liberal a la criminología crítica. Se gesta lentamente una construcción de una teoría materialista, económico-política de la conducta desviada, de los comportamientos socialmente negativos y de los procesos de criminalización. Como nos dice A. Baratta: "(dentro) un trabajo que tiene en cuenta instrumentos conceptuales e hipótesis elaboradas en el ámbito del marxismo, no sólo estamos conscientes de la relación problemática que subsiste entre criminología y marxismo", y debemos considerar también que "semejante elaboración teórica no puede hacerse derivar únicamente, por cierto, de una interpretación de los textos marxianos", y continúa: "sino que requiere de una vasta obra de observación empírica" (Alessandro Baratta, Criminología crítica y crítica del derecho penal, p.165).

O como sostiene Habermas: "frente al objetivismo de las ciencias estrictas de la conducta, la sociología crítica se guarda de una reducción de la acción intencional a la conducta. Si el ámbito objetual consta de imágenes estructuradas simbólicamente, que son producidas según un sistema de reglas subyacente, el marco categorial no puede ser indiferente a lo específico de la comunicación cotidiana. Debe admitirse un acceso a los datos que capte comprensivamente el sentido. A partir de aquí resulta la típica problemática de la mensurabilidad en las ciencias sociales."

Horkheimer indagaba acerca de cómo se producen los mecanismos mentales que hacen posible que las tensiones entre clases sociales (dialéctica entre clases) puedan permanecer latentes en la sociedad (estructuras simbólicas institucionalizadas). Como vemos, la idea central dentro del pensamiento de Horkheimer era la construcción del análisis social interdisciplinario. Punto de partida para el auxilio de la economía política: "sólo ella está en situación de mediar entre la filosofía de la historia y las ciencias especiales". Dentro de estas últimas, es necesario distinguir una que destaca por excelencia y que marchará al lado de casi todo el desarrollo de la teoría critica: la Psicología.

De la unión de estas tres disciplinas se deriva la primera fase de la Teoría Crítica: el análisis económico-político del Capitalismo, la investigación de los comportamientos dados en la Psicología y el análisis teórico-cultural del funcionamiento de la cultura de masas. La realidad capitalista con el auxilio del Positivismo no solamente crea procesos de criminalización, nos define quién es "el desviado", y también en qué condiciones un individuo puede ser considerado como tal.

En la configuración de las chances que tiene un individuo tanto de llegar a ser un criminal, como de acceder a los grados más elevados dentro de la escala social, no son decisivas las características específicas de los individuos , sino que los más importantes factores resultan del estrato social al que pertenece.

Como no se admite ningún tipo de interacción de los individuos además del trabajo social en el plano de la teoría sociológica de Horkheimer, únicamente se pueden explicar sistemáticamente las formas instrumentales de la praxis social, con lo cual se diluye aquella dimensión (emancipatoria) en la que los individuos desarrollan creativamente acciones comunes.

Convergencias con las teorías psicoanalíticas.

Erich Fromm fue el encargado de investigar los comportamientos psicológicos dentro de la Teoría Crítica. Fromm aplicó a las investigaciones que llevó a cabo en el instituto este modelo explicativo general, en el que combinaba las ideas psicoanalíticas con las de la sociología marxista. Los resultados de estas investigaciones se publican en su libro Miedo a la Libertad (1941), en el que se investiga la formación de la personalidad burguesa dentro del marco de una concepción del psicoanálisis sometida a una transformación fundamental: Sustituye por el supuesto de adaptabilidad de la naturaleza humana, la hipótesis freudiana de una rígida estructura instintiva centrada en la líbido. A los impulsos instintivos que constituyen las necesidades humanas, añade al "instinto de autoconservación" el de "instintos sociales". Estos dos instintos básicos se interrelacionan constantemente en todo proceso de socialización. El ámbito de aplicación de la teoría de la sociedad punitiva se traslada desde la sociedad en general (reacción no formal) a la institucional (o formal) y se individualiza en las personas que trabajan en los procesos de criminalización primaria y secundaria.

Eric Fromm realiza diferentes aportaciones a la explicación psicoanalítica de la conducta desviada pero en sí adhiere a la concepción primera de la teoría Freudiana del delito, por el cual se explica y se deduce que la reacción penal contra el individuo delincuente no tiene función de eliminar ese rasgo criminológico, sino que al contrario, aparece como necesario e ineliminable para la sociedad.

Segunda línea de pensamiento dentro de la Teoría Crítica.

Sus aportaciones a la Criminología. Georg Rusche y Otto Kirchheimer.

Quizá la obra cumbre de la escuela crítica, desde el punto de vista del análisis criminológico, fue escrita por Rusche y completada en Estados Unidos por Otto Kirchheimer: Punishment and Social Structure, publicada inicialmente con prólogo de Max Horkheimer. Este momento dentro de la teoría crítica llega a su maduración en la criminología cuando el objeto de conocimiento pasa de lo "desviado" a los mecanismos de control social y al proceso de criminalización de los individuos y sus conductas.

Los conocimientos jurídicos de estos autores les valió para desarrollar diversas investigaciones acerca del estudio de la criminalidad y la forma de integración política del individuo en la sociedad capitalista de esa época. Sus investigaciones tuvieron como punto de partida la crítica a la escuela positivista, a la sociología criminal-liberal, al capitalismo y por último al derecho penal entendido en sus más avanzadas concepciones clásicas de la defensa social.

Estos autores exponen en su libro Punishment and Social Structure, que ciertos enunciados provenientes del derecho penal no se cumplen en la realidad o bien estos postulados no alcanzan su finalidad; el derecho penal no defiende a todos los individuos y los bienes en los cuales están interesados todos los individuos, sino por el contrario, de forma desigual; el estatus de criminal tampoco es igual para todos ni está preconcebido sino que es generado por distintas estructuras (sociales y económicas) institucionalizadas. Se manifiesta así la desigualdad existente entre el derecho formal y sustancial, y aplican la misma teoría social (crítica) a la criminología.

El derecho penal tiende a deslegitimizarse, favoreciendo en este proceso a los intereses de las clases dominantes al neutralizar sus conductas típicas penales, ligadas a la existencia de la acumulación capitalista, y paralelamente o casi necesariamente, aplicando el proceso de etiquetamiento a las clases inferiores. O bien como dice A. Baratta:

Las máximas chances de ser seleccionado para formar parte de la "población criminal" aparecen de hecho concentradas en los niveles más bajos de la escala social (subproletariados y grupos marginales). (Baratta, p. 172).

Es importante destacar que estos dos autores además de relacionar los conceptos de mercado de trabajo y sistema penal, han dado un extraordinario aporte al estudio de las cárceles. Evidencian la relación histórica entre cárcel y fábrica, que luego es profundizado por Foucault en su libro Vigilar y castigar, pero que es esencial para entender a la institución carcelaria.

"La esperanza de la conmutación tendía a reforzar la disciplina mientras servía como sustituto de salarios monetarios.
El abandono del trabajo forzado en las últimas décadas del siglo XIX fue en gran medida el resultado de una oposición por parte de los trabajadores libres. Esta oposición fue siempre fuerte pero recibió un nuevo estímulo de la desaparición gradual de la frontera. Allí donde las organizaciones de la clase trabajadora eran lo suficientemente fuertes para influir en las políticas estatales, conseguían obtener una completa abolición de todas las formas de trabajo forzado (Pensylvania 1887) lo que causó bastante sufrimiento a los prisioneros, o al menos en obtener limitaciones muy considerables tales como que se trabajara sin maquinaria moderna, con tipos de industrias de prisiones convencionales antes que modernos, o trabajando para el gobierno en vez de para el libre mercado." (Rusche y Kirchheimer, p.131-132).

La cárcel y su tratamiento penitenciario para estos autores viene a ser uno más de los compartimentos para que sea posible la socialización e instrucción, como puede ser la escuela, la familia o la universidad dentro de la vida del individuo. Asegurándose así, el aparato coercitivo, un margen en el control de la realidad social (exclusión al mercado laboral) . Pero esta instrucción también continúa dentro de las prisiones, es necesario convertir al individuo en un "buen detenido", este estatus se alcanza a través del control formal e informal del personal penitenciario:

There can be no doubt that the chief virtue produced by the so-called progressive system is conformism (Rusche y Kirchheimer, p. 156).

De forma análoga se expresa M. Foucault en su famoso concepto de "cuerpos dóciles"; encauzamiento a los individuos por medio de la disciplina y corrección tratando de obtener un cuerpo manipulable.

Un pasaje interesante de Punishment and Social Structure, ilustra la relación entre ocupación (mercado) y criminalidad (p.107 y108), citando a Marx:

Todos están de acuerdo en que nada más allá del mínimo indispensable debería ser suministrado a los prisioneros. Al considerar los costes de reproducción del poder de trabajo como el factor determinante en los salarios, Marx toma nota de que la economía política trata con el trabajador sólo en su capacidad como trabajador.

"La economía política, por lo tanto, no toma en cuenta al más vago, al miembro de la clase trabajadora, en cuanto se encuentra él mismo excluido del proceso de producción. El pícaro, el canalla, el mendigo, el desempleado, el miserable, el hambriento y el criminal, ocupado en los trabajos forzados, son tipos que no existen por ello, que existen sólo ante los ojos del médico, el juez el sepulturero y el funcionario de prisiones: fantasmas fuera de su ámbito."

Y agregaría en un párrafo una entrevista que Samuel Crowther realizaba a Henry Ford para ilustrar aquella época:

El dinero aparece naturalmente como resultado del servicio. Y es absolutamente necesario tener dinero. Pero nosotros no queremos olvidar que el fin del dinero no es el ocio si no la oportunidad de realizar más servicio. En mi mente no cabe nada más aborrecible que una vida de ocio. Ninguno de nosotros tiene ningún derecho al ocio. En la civilización no hay lugar para el haragán...

Ambos autores estuvieron ligados a la concepción de que el derecho es un mecanismo de control de la sociedad burguesa. Lo que significa decir que el contenido es un conjunto de compromisos políticos que las clases sociales, habían establecido dentro del capitalismo. Los mecanismos de control que provienen del aparato normativo penal recaen en sus diferentes grados de castigo, según el sistema de producción a que corresponde cada individuo. De esto se deriva que: aquellos grupos dentro de la escala social menos favorecidos (en condiciones de subsistencia de mercado) le corresponderían mayores castigos penales.

A diferencia de su antecesor Horkheimer, estos nuevos

autores consideraron al orden social desde una perspectiva diferente. Para estos últimos, la integración social representa un proceso que se produce no sólo mediante el siempre inconsciente cumplimiento de los imperativos funcionales de la sociedad, sino que van más allá de ello: consideraron los procesos de comunicación política entre los diferentes grupos sociales. Ya veremos las aportaciones de Jürgen Habermas a esta teoría, considerando otro ámbito dentro de la dialéctica de clases; ciencia, política, opinión pública y epistemología.

Criminalización Primaria y criminalización secundaria.

La crítica al derecho penal ya no se circunscribe a los que existe como norma escrita y rígida (ficciones), sino que es considerado como sistema dinámico de funciones donde el sistema mismo genera procesos de criminalización.

En esta crítica podemos establecer tres estadios de este fenómeno:

1. El fenómeno de creación de estructuras lingüísticas negativas provenientes de las reglas, mecanismos y estructuras de la sociedad, basadas en las relaciones de poder entre grupos.
2. El mecanismo de la aplicación de normas o el proceso penal que comprende la acción de los organismos de averiguación (criminalización primaria).
3. Su momento definitivo u culminante de la ejecución de la pena o de medidas de seguridad (criminalización

secundaria).

Pero "criminales" ya no son personas a quienes se han aplicado, con efectos socialmente significativos, definiciones legales de delito, sino que su alcance es mayor; y aquí destaca la crítica que realizan las teorías del interaccionismo simbólico, la fenomenología al Derecho Penal y la concepción reeducativa de la pena. La validez de los juicios, a través de los cuales se atribuye la condición de "desviado" a un comportamiento o a un sujeto, supone el problema central del labelling approach, que trata de reformulación del concepto de desviación en la criminología.

A menudo la reacción social o el castigo de un primer comportamiento desviado tiene la función de un commitment to deviance o fidelidad con la desviación. Esta función reproduce un cambio en la identidad social del individuo, y la persona que se le etiqueta como delincuente asume finalmente el papel que se le asigna y se comporta respecto al mismo. O como se le conoce a este fenómeno self-fulfilling prophecy ('la profecía que se autocumple').

La teoría del etiquetamiento, o labelling approach, y, en general, los aportes del interaccionismo nos indican cuáles son las reglas que determinan, oficial o no oficialmente, la atribución de la calidad de criminal. El estatus de delincuente no es una entidad preconstruida respecto al derecho coercitivo, sino una característica atribuida por este mismo aparato de control. Entonces lo "desviado" es aquello que la sociedad o los "otros" definen qué es o bien su contenido.

La recepción alemana de esta teoría no distó de forma significativa de las demás hipótesis dentro de la Teoría Crítica; los mecanismos de interacción, fuerzas antagónicas y poder, dan razón, en una estructura social dada, de la desigual repartición de los bienes y oportunidades entre los individuos. Sólo basta observar para darnos cuenta quienes integran la población criminal dentro de las sociedades capitalistas, que en su mayoría son la clase obrera y las menos favorecidas económicamente es un ejemplo. Cada individuo debe indagar a que clase social pertenece, entonces sabrá su mayor o menor probabilidad / chances de ser definido, por parte de los detentadores del control social (formal o no formal), como delincuente. Conceptos como "carrera delictiva", "población carcelaria", "marginados" comienzan a interactuar dentro del proceso de definición delictiva.

Superación del funcionalismo marxista. Jurgen Habermas.

Luego de los fracasos dentro de el pensamiento de la escuela crítica y la falta de homogeneidad en los diferentes aspectos de una teoría analítica de lo social, nació una línea de pensamiento, dentro del seno mismo de la Teoría Crítica, que tuvo sus orígenes en la praxis de la interacción intersubjetiva, mediada por el lenguaje.

Su exponente más significativo fue Jürgen Habermas. Este autor, mediante una crítica del marxismo, llega a una conclusión que no es más que la historia ampliada en el sentido de la teoría de la acción: si la forma de vida humana se caracteriza por la consecución del entendimiento en el lenguaje, entonces no es posible reducir la reproducción social a la sola dimensión del trabajo, como proponía Marx. La idea de la intersubjetividad lingüística de la acción social constituye el fundamento de esta concepción. Habermas deduce esto mediante un estudio de la filosofía hermenéutica y el análisis del lenguaje de Wittgenstein (el célebre representante de lo que se ha dado en llamar "la escolástica del siglo XX", el autor del Tractatus logicus matematicus); este análisis deriva a la consideración de que los sujetos están ab initio, unidos entre sí por medio del entendimiento lingüístico, respaldado en las estructuras lingüísticas; consiguientemente la intersubjetividad, constituye, para que sea posible el entendimiento lingüístico entre individuos, un requerimiento esencial para la reproducción social.

Para Habermas la comunicación lingüística (con sus niveles de intersubjetividad) es el medio que les permite a los individuos garantizar la reciprocidad de la ubicación y noción de sus acciones, reciprocidad necesaria para que la sociedad resuelva los problemas de reproducción material. Así reformula los postulados de la vieja teoría crítica, añadiendo diferentes categorías en los dos conceptos de acción, trabajo e interacción.

A pesar de que existieron muchos proyectos teóricos, todos convergen o bien persiguen el mismo objetivo: la fundamentación teórico-comunicativa de una teoría crítica de la sociedad. Lo que trata de demostrar en definitiva es que la racionalidad de la acción comunicativa es un presupuesto esencial del desarrollo social.

Este autor en su libro Teoría y Praxis, introduce sus objetivos principales:

a) El aspecto empírico de la relación de ciencia, política y opinión pública en los sistemas sociales;
b) El aspecto epistemológico de la conexión de conocimiento e intereses;
c) El aspecto metodológico de una teoría de la sociedad que debe poder tomar sobre sí el papel de la crítica.
d) Opinión pública: Habermas advierte las contradicciones inherentes existentes en los postulados del sistema económico capitalista con los requerimientos de los procesos de formación de la voluntad en la democracia liberal actual. El principio de la publicidad, que sobre el fundamento de un público de personas privadas, educadas, razonantes y que disfrutan del arte y en el medium de la prensa burguesa, había sido obtenido, en primer lugar, con una función inequívocamente crítica contra la praxis secreta del Estado absolutista, y que había sido anclado en las formas procesuales de los órganos del Estado de derecho, tal principio, es reconvertido para fines demostrativos y manipulativos. (Habermas, Teoría y Praxis, p.15)
e) Conocimiento e intereses: Los ámbitos objetuales en

que se desarrollan las ciencias empírico-analíticas y las ciencias hermenéuticas se encuentran fundamentados en la realidad, que el individuo trata de descifrar con la ayuda de la técnica y del entendimiento (intersubjetividad).

Estos dos puntos de vista expresan intereses que guían el conocimiento y que, antropológicamente, están muy profundamente arraigados; intereses que tienen un status cuasitrascendental.(...) Ciertamente, expresión <<intereses>> debe indicar la unidad del contexto vital en el que está encapsulada la cognición: las manifestaciones susceptibles de verdad se refieren a una realidad que es objetivada como realidad en dos contextos diferentes de acción-experiencia, esto es, es dejada al descubierto y constituida al mismo tiempo; el <<interés>> que está en la raíz establece la unidad entre este contexto de constitución, al que el conocimiento está ligado retroactivamente, y la estructura de las posibles utilizaciones que pueden encontrar los conocimientos. (Ibíd. p.20).

f) Aspecto metodológico: para este autor es necesaria una reformulación de la Teoría Crítica, en cuanto a su contexto de utilización. Lo vemos reflejado en la siguiente cita:

El paradigma ya no es la observación, sino la interrogación, así pues, una comunicación en la que el que comprende debe introducir, como de costumbre, partes susceptibles de control de su subjetividad para sí poder encontrar al otro que está enfrente de él al nivel de la intersubjetividad de un entendimiento posible general.(Ibíd. p. 21-22).

Por otro lado la ejecución del programa deconstructivista, entendido éste, bien como la constatación de la insuficiencia del marco estructuralista (en la manera que fue concebido por su fundador Derrida, en un primer momento) para dar cuenta del significado de etiquetas, signos, o metáforas institucionalizadas, o bien, como en su versión más extrema la representada por filósofos y críticos de la Postmodernidad, tales como Lyotard o Ricoeur que sostienen (o se resignan a admitir) la llamada "infinitud del signo", parece poner en peligro una concepción de los fenómenos sociales, y de las estructuras simbólicas que conforman, basada en el materialismo histórico. Si la interpretación de estas estructuras simbólicas, o incluso su forma, no es el resultado de procesos históricos, sino que es hasta cierto punto libre, o relativa, parece obvio que sobre los fundamentos ideológicos de la Teoría Crítica, se cierne la amenaza de verse descolgados de la Praxis. Este parece ser el gran campo de batalla hoy en día dónde ,en distinto grado, se enfrentan Garantistas, Minimalistas y Abolicionistas.

No obstante, es necesario reconocer que la sociología crítica se guarda de situarse al final de la universalidad de una teoría, poniendo de relieve la reducción de todos los conflictos sociales a los contenidos de la tradición cultural, destacando en ello la potencialidad de la Teoría Crítica.

Coincidentemente, en un bello pasaje de su obra Las ciudades invisibles, Italo Calvino describe este mismo proceso, universal para todas las formas de civilización:

De la ciudad de Zirma los viajeros vuelven con recuerdos muy claros: un negro ciego que grita en la multitud, un loco que se asoma en una cornisa de un rascacielos, una muchacha que pasea con un puma sujeto por una traílla. En realidad muchos de los ciegos que golpean con el bastón en el empedrado de Zirma son negros, en todos los rascacielos hay alguien que se vuelve loco, todos los locos se pasan horas en las cornisas, no hay puma que no sea criado para el capricho de una muchacha. La ciudad es redundante: se repite para que algo llegue a fijarse en la mente. ("Las ciudades y los signos.2", p. 27)".[108]

---

108 http://cursos-gratis.emagister.com.mx/cursos_gratis_la_teoria_critica_social_y_sus_aportaciones_criminologia-cursos-726140.htm

CUESTIONES CRIMINOLÓGICAS

Objetivo: Analizará las causas y los métodos de prevención de la delincuencia de menores, así como la problemática de la víctima al sufrir el daño en la comisión del delito y con posterioridad.

1. Delincuencia de menores.
2. Violencia.
3. Prevención y tratamiento.
4. Victimología.

Coincidentemente, en un bello pasaje de su obra Las ciudades invisibles, Italo Calvino describe este mismo proceso, universal para todas las formas de civilización:

De la ciudad de Zirma los viajeros vuelven con recuerdos muy claros: un negro ciego que grita en la multitud, un loco que se asoma en una cornisa de un rascacielos, una muchacha que pasea con un puma sujeto por una traílla. En realidad muchos de los ciegos que golpean con el bastón en el empedrado de Zirma son negros, en todos los rascacielos hay alguien que se vuelve loco, todos los locos se pasan horas en las cornisas, no hay puma que no sea criado para el capricho de una muchacha. La ciudad es redundante: se repite para que algo llegue a fijarse en la mente. ("Las ciudades y los signos.2", p. 27)".[108]

---

108 http://cursos-gratis.emagister.com.mx/cursos_gratis_la_teoria_critica_social_y_sus_aportaciones_criminologia-cursos-726140.htm

CUESTIONES CRIMINOLÓGICAS

Objetivo: Analizará las causas y los métodos de prevención de la delincuencia de menores, así como la problemática de la víctima al sufrir el daño en la comisión del delito y con posterioridad.

1. Delincuencia de menores.
2. Violencia.
3. Prevención y tratamiento.
4. Victimología.

Delincuencia de menores

Antecedentes históricos:

"A pesar de no tener ninguna duda sobre la existencia de un derecho penal precolombino, como por ejemplo el de los pueblos Aztecas, Mayas, Incas o de Mesoamérica, desconocemos si existía alguna regulación especial, o particular para niños o jóvenes que cometieran algún "delito". Lo mismo que se desconocen las regulaciones de esta situación en el llamado derecho colonial americano. El inicio legislativo de la "cuestión criminal" surge en el período republicano, luego de la independencia de las colonias europeas. Aunque a finales del siglo XIX la mayoría de los países latinoamericanos tenían una basta codificación, especialmente en Constituciones Políticas y Códigos Penales, la regulación de la criminalidad juvenil no era objeto de atención particular.

Es a principios de este siglo en que se ubica la preocupación por la infancia en 105 países de nuestra región. Esto es el resultado, por un lado, de la internacionalización de las ideas que se inician en el Siglo XX, primeramente con la Escuela Positiva y luego con la Escuela de la Defensa Social, y por el otro lado, es el resultado de la imitación latinoamericana de las preocupaciones europeas y de los Estados Unidos de América por la infancia, lo cual se vio reflejado en varios congresos internacionales sobre el tema de la infancia.

La primera legislación específica que se conoce fue la Argentina, promulgada en 1919. Pero fue en décadas posteriores en donde se promulgaron la mayoría de las primeras legislaciones, por ejemplo Colombia en 1920, Brasil en 1921, Uruguay en 1934 y Venezuela en 1939. Durante este período y hasta los años 60, podemos afirmar que el derecho penal de menores se desarrolló intensamente, en su ámbito penal, fundamentado en las doctrinas positivistas-antropológicas.

En la década de los 60, con excepción de Panamá que promulgó su primer ley específica en 1951 y República Dominicana en 1954, se presenta un auge del derecho penal de menores en el ámbito legislativo, con la promulgación y reformas de leyes especiales, por ejemplo, en los siguientes países: Perú en 1962, Costa Rica en 1963, Chile en 1967, Colombia en 1968, Guatemala en 1969 y Honduras también en 1969. En la década de los 70, se promulgan las siguientes legislaciones: México en 1973, Nicaragua en 1973, El Salvador en 1973, Bolivia en 1975, Venezuela en 1975, Ecuador en 1975 y Cuba en 1979. En todo este período, se caracteriza el derecho penal de menores con una ideología defensista de la sociedad, basada en las concepciones de peligrosidad y las teoría de las subculturas criminales.

Las concepciones ideológicas del positivismo y de la Escuela de Defensa Social, fueron incorporadas en todas las legislaciones y sin duda influyeron en la codificación penal. Pero en donde estas ideas encontraron su máxima expresión, fue en el derecho penal de menores. Postulado básico fue sacar al menor delincuente del derecho penal común, con ello alteraron todo el sistema de garantías reconocido generalmente para adultos. Convirtieron el derecho penal de menores en un derecho penal de autor, sustituyendo el principio fundamental de culpabilidad, por el de peligrosidad. Esto llevó a establecer reglas especiales en el derecho penal de menores, tanto en el ámbito sustantivo como formal, como por ejemplo, la conducta predelictiva, la situación irregular y la sentencia indeterminada. Principios que han servido, y aún hoy se encuentran vigentes en varias legislaciones latinoamericanas, para negar derechos humanos a los menores infractores, como la presunción de inocencia, el principio de culpabilidad, el derecho de defensa, etc.

Un hito en el desarrollo histórico del derecho de menores lo marcó la promulgación de la Convención General de los derechos del Niño en 1989. Luego de la entrada en vigencia de esta convención, se ha iniciado en los años 90 un proceso de reforma y ajuste legislativo en varios países de la región, específicamente en Colombia, Brasil, Ecuador, Bolivia, Perú, México y Costa Rica".[109]

Panorama actual de la delincuencia juvenil.

"La delincuencia juvenil ha aumentado de forma alarmante en los últimos tiempos, pasando a ser un problema que cada vez genera mayor preocupación social, tanto por su incremento cuantitativo, como por su progresiva peligrosidad cualitativa. La delincuencia juvenil es además una característica de sociedades que han alcanzado un cierto nivel de prosperidad y, según análisis autorizados, más habitual en los países anglosajones y nórdicos que en los euro mediterráneos y en

---

[109] http://delincuenciajuvenil.galeon.com/

las naciones en vías de desarrollo. Es decir, en las sociedades menos desarrolladas la incidencia de la delincuencia juvenil en el conjunto del mundo del delito es menor que en las comunidades más avanzadas en el plano económico. En las grandes ciudades latinoamericanas, la delincuencia juvenil está ligada a la obtención delictiva de bienes suntuarios de consumo y por lo general no practican la violencia por la violencia misma sino como medio de obtener sus objetivos materiales.

Los estudios criminológicos sobre la delincuencia juvenil señalan el carácter multicausal del fenómeno, pero a pesar de ello, se pueden señalar algunos factores que parecen decisivos en el aumento de la delincuencia juvenil desde la II Guerra Mundial. Así, son factores que se encuentran en la base de la delincuencia juvenil la imposibilidad de grandes capas de la juventud de integrarse en el sistema y en los valores que éste promociona como únicos y verdaderos (en el orden material y social, por ejemplo) y la propia subcultura que genera la delincuencia que se transmite de pandilla en pandilla, de modo que cada nuevo adepto trata de emular, y si es posible superar, las acciones violentas realizadas por los miembros anteriores del grupo".[110]

"De muchas maneras las comunidades han denominado los grupos de jóvenes y adolescentes calificados en "riesgo social" por sus actitudes, costumbres, situación de vida. Esos nombres varían: pandillas, barras, huelgas, maras, chapulines, gamberros, hooligan, etc.; pero tienen en común dos cosas:

---

[110] http://mx.encarta.msn.com/encyclopedia_761578982/Delincuencia_juvenil.html#s2

por un lado la preocupación y la alarma social que provocan, y por otro la falta de distinción entre lo que constituye una actividad delictiva propiamente dicha y un comportamiento simplemente desviado de las costumbres y tradiciones, o lo que es peor, "desviado" por los condicionamientos socio-económicos en que se encuentran y la ausencia de una familia.

El problema ha alcanzado una magnitud tal que pretende motivar y determinar la totalidad de la incipiente política criminal referida a los menores de edad. Esto es grave en virtud de que el problema delincuencial es bastante más heterogéneo y además que muchas de las conductas y actitudes de esos grupos no son delictivas, lo cual debiera descartar la intervención represiva del Estado.

"En estas líneas pretendemos exponer algunas ideas relativas a la reacción que esos grupos generan en la sociedad, como respuestas dirigidas a resolver un conflicto con el fin de implantar una mayor <<seguridad ciudadana>>.

Tenemos claro que "seguridad ciudadana" es un concepto bastante difuso, y que hoy se utiliza con muy diversos propósitos, como en épocas pasadas se utilizaron los conceptos de "seguridad nacional" y "seguridad del Estado" en el plano ideológico, que pretendieron constituirse en la razón de ser de la política criminal y justificaron una gran cantidad de atropellos a los derechos humanos.

Cuando se habla de las pandillas y grupos juveniles, "seguridad ciudadana" se utiliza, por lo general, como sinónimo de seguridad física en las calles y las casas, olvidándose que un verdadero concepto del vocablo debiera incluir también otras libertades públicas y privadas, conformadas por derechos básicos y fundamentales como los derechos políticos, los derechos económicos y los derechos sociales, los cuales nunca se ven afectados -ni amenazados- por la existencia de esos grupos.

Sin embargo hay un verdadero "estado de guerra" generado por la existencia y el accionar de los grupos juveniles, en especial los que se dedican a realizar hechos delictivos, y en esa misma proporción, como veremos, algunos llegan a justificar actuaciones estatales alejadas de los derechos humanos.

"La situación se ha agravado porque los ciudadanos han sido culturizados hacia la solución represiva como único medio capaz de defenderse ante estos peligros para la seguridad"[111].

Se trata de un "estado de guerra" provocado psicológicamente por una percepción distorsionada o exagerada de la realidad, en la que no hay concordancia con el verdadero índice de criminalidad.

Hay razón por la alarma social que provocan ciertos delitos que van en constante aumento, como los delitos contra la

---

111   http://delitosenmenores.blogspot.com/2004/11/marco-teorico.html

propiedad, sin embargo algunos de éstos provocan mucha alarma social no obstante su nivel relativamente bajo de violencia, como ocurre con los arrebatos de bolsos y carteras, sólo porque son realizados por menores de edad organizados en grupos.

Paralelamente, hay delitos que han aumentado en forma exagerada en relación con años anteriores, que afectan derechos básicos como la vida, pero que no provocan una alarma social proporcionada a esa gravedad. Tal es el caso de los accidentes de tránsito o de la circulación, que generan una gran cantidad de muertos (en muchos países en cantidades bastante mayores que los homicidios dolosos) y sin embargo no provocan una reacción y preocupación equivalente con los resultados.

En igual sentido podemos citar los delitos no convencionales (ecológicos, abuso de poder económico y abuso de poder público) cuyos resultados tienen serias repercusiones en los derechos básicos de todos los ciudadanos, pero no llegan a provocar una reacción proporcional con esos resultados, a diferencia de los asaltos en las calles".[112]

"La criminología distingue entre delito (constituido por el volumen real de la criminalidad y sus repercusiones) y temor al delito (constituido por la percepción de la criminalidad y el

---

[112]   http://74.125.95.132/search?q=cache:Evc1eRQ7ujIJ:www.monografias.com/trabajos57/delincuencia-juvenil/delincuencia-juvenil.shtml+El+problema+ha+alcanzado+una+magnitud+tal+que+pretende+motivar+y+determinar+la+totalidad+de+la+incipiente+pol%C3%ADtica+criminal+referida+a+los+menores+de+edad&hl=es&ct=clnk&cd=1&gl=mx&client=firefox-a

riesgo de ser victimizado). La percepción de la criminalidad y el temor a ser víctima de un delito agiganta y distorsiona la realidad, con un efecto multiplicador desproporcionado, sobre todo tratándose de hechos realizados por grupos de jóvenes y adolescentes, lo cual aumenta la posibilidad de adoptar políticas equivocadas e inconstitucionales en aras de la prevención general"[113].

"De ahí entonces que haya un sentimiento generalizado en la ciudadanía para resolver el problema de la delincuencia infantil y juvenil por medio de la confrontación y el castigo".[114]

VIOLENCIA

Consiste en la presión ejercida sobre la voluntad de una persona, ya sea por medio de fuerzas materiales, ya acudiendo a amenazas, para obligarla a consentir en un acto jurídico.

La violencia es un elemento que se encuentra comúnmente en la delincuencia juvenil y es uno de los factores que influyen a los jóvenes a cometer actos ilícitos llevados por la violencia.
Causas de la Violencia

El fenómeno de la violencia es muy complejo. Hay muchas causas, y están íntimamente relacionadas unas con otras y conllevan a la delincuencia de menores. En general se agrupan en biológicas, psicológicas, sociales y familiares.

[113]   http://www.monografias.com/trabajos27/criminalidad-tarapoto/criminalidad-tarapoto.shtml
[114]   http://www.ciprodeh.org.hn/Articulos%20DDHH/delincuencia%20juvenil.htm

Tan sólo por citar algunos ejemplos dentro de cada grupo, tenemos:

Causas Biológicas

Se ha mencionado al síndrome de déficit de atención con hiperactividad (DSM IV 314.*/ICD10 F90.*) como causa de problemas de conducta, que sumados a la impulsividad característica del síndrome, pueden producir violencia. Un estudio con niños hiperquinéticos mostró que sólo aquellos que tienen problemas de conducta están en mayor riesgo de convertirse en adolescentes y adultos violentos. La conclusión es que hay que hacer un esfuerzo para aportar a aquellos niños hiperquinéticos con problemas de conducta recursos terapéuticos más oportunos e intensivos.

Los trastornos hormonales también pueden relacionarse con la violencia: en las mujeres, el síndrome disfórico de la fase luteínica se describió a raíz de los problemas de violencia presentes alrededor de la menstruación, específicamente en los días 1 a 4 y 25 a 28 del ciclo menstrual, pero el síndrome no se ha validado con estudios bien controlados, aunque se ha reportado que hasta el 40 por ciento de las mujeres tienen algún rasgo del síndrome y que entre el 2 y 10 por ciento cumplen con todos los criterios descritos para éste. De 50 mujeres que cometieron crímenes violentos, 44 por ciento lo hizo durante los días cercanos a la menstruación, mientras que casi no hubo delitos en las fases ovulatoria y postovulatoria del ciclo menstrual.[4] Con frecuencia, el diagnóstico de síndrome disfórico de la fase luteínica está asociado con depresión clínica, que puede en algunos casos explicar su asociación con la violencia.

Causas Psicológicas

La violencia se relaciona de manera consistente con un trastorno mental -en realidad de personalidad- en la sociopatía, llamada antes psicopatía y, de acuerdo al DSM-IV, trastorno antisocial de la personalidad (DSM-IV 301.7; ICD-10 F60.2) y su contraparte infantil, el trastorno de la conducta, llamado ahora disocial (DSM-IV 312.8; ICD-10 F91.8), aunque hay que aclarar no todos los que padecen este último evolucionan inexorablemente hacia el primero, y de ahí la importancia de la distinción. El trastorno antisocial de la personalidad se establece entre los 12 y los 15 años, aunque a veces antes, y consiste en comportamiento desviado en el que se violan todos los códigos de conducta impuestos por la familia, el grupo, la escuela, la iglesia, etc. El individuo actúa bajo el impulso del momento y no muestra arrepentimiento por sus actos. Inicialmente esta violación persistente de las reglas se manifiesta como vandalismo; crueldad con los animales; inicio precoz de una vida sexual promiscua, sin cuidado respecto al bienestar de la pareja; incorregibilidad; abuso de sustancias; falta de dirección e incapacidad de conservar trabajos; etc. Salvo que tengan una gran inteligencia o que presenten formas menos graves del trastorno, fracasan en todo tipo de actividades, incluyendo las criminales, ya que carecen de disciplina, lealtad para con sus cómplices, proyección a futuro, y siempre están actuando en respuesta a sus necesidades del momento presente. El trastorno es cinco a diez veces más frecuente en hombres que en mujeres. Como estos sujetos están más representados en los estratos más pobres, hubo alguna discusión sobre si la pobreza induce o potencia estas alteraciones. Esto se ha descartado: los individuos con trastorno antisocial de la personalidad, por su incapacidad de lograr metas y conservar empleos, tienden a asentarse naturalmente en los estratos de menores ingresos.

Causas Sociales

La desigualdad económica es causa de que el individuo desarrolle desesperanza. No se trata de la simple pobreza: hay algunos países o comunidades muy pobres, como el caso de algunos ejidos en México, en los que virtualmente desconocen el robo y la violencia de otro tipo. Sin embargo, la gran diferencia entre ricos y pobres y sobre todo la imposibilidad de progresar socialmente sí causa violencia: la frustración se suma a la evidencia de que no hay otra alternativa para cambiar el destino personal.

Más importante como causa social es la llamada subcultura delincuente. Aunque sus detractores dicen que esta hipótesis carece de evidencia experimental, hay comunidades, barrios y colonias en donde niños y jóvenes saben que para pertenecer al grupo y formar parte de su comunidad necesitan pasar algunos ritos de iniciación, entre los que se encuentran robar, asaltar o quizá cometer una violación. La falta de medición requiere de estudios, sí, mas no de desestimar lo que obviamente es un factor de formación de conductas y conceptos sociales.

Entorno Familiar

En la familia, los dos factores que con más frecuencia se asocian al desarrollo de violencia es tener familiares directos que también sean violentos y/o que abusen de sustancias. Un entorno familiar disruptivo potencia las predisposiciones congénitas que algunos individuos tienen frente a la violencia (i.e. síndrome de alcohol fetal) y por sí mismo produce individuos que perciben a la violencia como un recurso para hacer valer derechos dentro de la familia.

Un estudio con niños adoptados mostró que los actos que desembocaban en una pena de prisión correlacionaban mejor con el número de ingresos a la cárcel de sus padres biológicos que con la conducta de sus padres adoptivos.

El Individuo Violento

En los individuos violentos vemos la interacción de los trastornos descritos. Por ejemplo, en los delincuentes crónicos se encuentran varios o todos los siguientes rasgos:

1. Socialización pobre como niños: pocos amigos, no los conservaban, sin ligas afectivas profundas, etc.

2. Poco supervisados o maltratados por sus padres: los dejaban solos, a su libre albedrío, y cuando estaban presentes, los maltrataban.
3. Buscan sensaciones en forma continua: desde chicos son "niños problema", y los mecanismos de control social no tienen gran influencia sobre ellos.
4. Manejan prejuicios como base de su repertorio: "todos los blancos/negros/mujeres/hombres son así".
5. Abusan del alcohol.
6. Nunca han estado seriamente involucrados en una religión principal.
7. Carecen de remordimientos, o aprenden a elaborar la culpa y así evitarlos.
8. Evitan asumir la responsabilidad de sus actos: construyendo casi siempre una pantalla o justificación que suele ser exitosa para librarlos (i.e. "es que cuando era niño me maltrataban").

En el ámbito jurídico-penal la capacidad de autodeterminación recibe el nombre de imputabilidad de ahí que quien no satisfaga el límite de edad que señala la ley, se le considerará un inimputable. De acuerdo a la dogmática del delito, éste solo se puede cometer, si los elementos del mismo se integran en su totalidad en cada caso concreto.

"No es posible en este trabajo ahondar en el estudio jurídico del delito, y sus elementos, tema cuya profundidad indiscutible y sobre el cual se está muy lejos de llegar a conclusiones definitivas; para Edmundo Mezger: "El delito es la acción típicamente, antijurídica y culpable".

La definición del tratadista alemán no hace referencia alguna a la imputabilidad, concepto que la opinión más generalizada la estima como un presupuesto del elemento culpabilidad.

La imputabilidad ha sido definida por el Código Penal italiano como la *capacidad de entender y de querer,* capacidad que requiere satisfacer un límite físico, o sea la mayoría de edad que señala la propia ley, y un límite psíquico que consiste en la posibilidad de valorar la propia conducta en relación a la norma jurídica.

En otras palabras, el menor de edad, no tiene de acuerdo a la ley la suficiente capacidad de entender y querer, por una evidente falta de madurez física, que también, lo es psíquica.

El menor de edad podrá llevar a cabo actos u omisiones típicos, pero no culpables, pues para que se le pueda reprochar su conducta, a título doloso o culposo el menor deberá tener la capacidad de entender y querer su conducta, de tal suerte que no se puede formular el reproche que entraña la culpabilidad por falta de base o sustentación mencionada.

Lo anterior nos lleva a concluir que el menor no es, no puede ser delincuente, simple y sencillamente porque su conducta no puede llegar a integrar todos los elementos del delito, pues es un sujeto inimputable.

TRATAMIENTO

Consejos Tutelares

En nuestro país, como en muchos otros, se han establecido métodos e instituciones exclusivos para la atención de los menores de edad, tanto en instancia judiciales como correccionales. El 22 de abril de 1841, se crearon en el Distrito Federal los Tribunales de Menores; en 1973 éstos fueron declarados obsoletos y sustituidos por los Consejos Tutelares. El 16 de mayo de 1978, se promulgó en el estado de Tamaulipas, la ley que permitió crear los Consejos Tutelares.

Por efecto de esta ley, las personas mayores de 6 años y menores de 18 no podrán ser perseguidas penalmente al incurrir en conductas previstas por las leyes penales como delictuosas; quedarán en este caso bajo la protección directa del Estado.

Los menores que requieren la protección asistencial por haber cometido infracciones contra los reglamentos administrativos, o por incurrir en conductas que manifiesten su inclinación a causar daño a la sociedad, a su familia o a sí mismo, deben ser atendidos, de acuerdo con esta ley, por el Sistema para el Desarrollo integral de la Familia (DIF) de Tamaulipas.

Los Consejos Tutelares tienen como base el principio de que la conducta antisocial de los menores de edad no necesita castigo, sino tratamiento; de esta manera se modifica de raíz, la idea de punibilidad e imputabilidad de los delitos cuando se trata de niños o adolescentes.

Los menores infractores han sido del Derecho Penal porque si inmadurez mental les impide conocer la trascendencia de sus acciones, aún cuando éstas se encuentren previstas en las leyes penales como delictuosas, debiendo intervenir el Estado únicamente en la función tutelar y represiva.
La ley también establece que los Consejos deben tener los promotores necesarios para vigilar la observación de las disposiciones sobre los menores y promover la revisión de los casos cuando sea necesario.

Dentro del marco constitucional algunos sectores (dentro de los cuales se ubican en su mayoría los mismos órganos represivos del Estado y los Tribunales, así como los medios de comunicación colectiva) proponen las "soluciones" tradicionales al problema de la delincuencia en general, y de la delincuencia juvenil en particular.

Estas respuestas tradicionales están inspiradas en la idea de "endurecer" el sistema penal dentro de los límites constitucionales, con algunas medidas que son las que siempre se han utilizado con mayor frecuencia para combatir la criminalidad:

- Aumentar y militarizar a la policía;
- Aumentar y endurecer las penas; y
- Aumentar el número de personas detenidas.

a) El aumento y la militarización de la policía:

Es cierto que es necesaria una mayor presencia de los cuerpos de policía civil en las calles. Con ello se previenen hechos delictivos y se facilita una intervención rápida para impedir mayores consecuencias, se logra prestar algún auxilio a las víctimas, y además permite realizar de manera más eficiente la labor de aseguramiento y recolección de pruebas, así como también propicia la identificación y detención de los presuntos agresores, entre otras cosas.

Sin embargo, el aumento del número de policías o su militarización, no se traducen necesariamente en una mayor "seguridad ciudadana".

En primer término porque una gran cantidad de delitos de los que provocan alarma social no se realizan en las calles, pues ocurren en ámbitos de intimidad, al interno incluso de las familias o en oficinas y lugares cerrados.

En segundo lugar, porque la eficiencia del sistema depende del buen funcionamiento de la totalidad de sus componentes (policía, fiscales, jueces, sistema penitenciario, etc.) y el subcomponente policial no actúa mejor cuando aumenta su número o cuando utiliza métodos militarizados en sus actuaciones contra la criminalidad.

En tercer lugar, como ha puesto en evidencia la criminología, no tiene sentido pretender reducir la violencia callejera (en especial las agresiones y los homicidios) aumentando el número de personas armadas en las calles. Como muy bien se afirma "...en los países que transitan por esa vía errada no se ha reducido la criminalidad, y se ha generado en cambio un fenómeno circular: los delincuentes sancionados por el sistema penal pertenecen en forma desproporcionada a los grupos más pobres de la población, y la numerosa policía que los persigue, con salarios miserables, pertenece también al mismo estrato. Y ambos grupos interactúan multiplicando una violencia espantosa que, obviamente, no puede detenerse sino multiplicarse cada vez más de esa manera" (Carranza, Elías. Criminalidad ¿Prevención o promoción? Euned, San José, 1994, p. 74)

Lo anterior no significa, desde luego, que descartemos la necesaria intervención policial. Por el contrario, creemos que es indispensable para una adecuada y correcta aplicación de la ley penal, sin embargo la forma de mejorar su intervención no se reduce a un problema numérico, ni a militarizar sus actuaciones, sino a la profesionalización y a un mejoramiento de la totalidad de las condiciones laborales y sociales en que se encuentra la policía, incluyendo aspectos como el salario, la capacitación, instrumentos de trabajo, etc., como lo apuntamos más adelante.

b) El aumento y el endurecimiento de las penas:

Otra de las respuestas que solemos encontrar con mayor frecuencia para combatir la criminalidad en general, es la de aumentar y fortalecer la dureza de las penas previstas en el Código Penal y leyes especiales, con la esperanza de que constituyan una forma de desestimular la conducta proclive al delito. Los penalistas denominan ésta la función de prevención general o intimidación, reservada a la pena incluida en el tipo penal.

Si bien en materia de menores los montos de la pena de prisión previstas en cada figura delictiva no tienen aplicación directa, la verdad es que siempre tiene alguna incidencia porque los tribunales de menores tienden a establecer el tipo de "medida tutelar" en proporción a la gravedad del hecho y a la gravedad de la pena prevista para los adultos en la ley, más que a las necesidades de tratamiento y atención que requiera el menor.

De acuerdo con esta idea, las personas (menores o mayores) no van a cometer hechos delictivos si la pena prevista en la ley para esos delitos es dura y grave. Se tiene la creencia que existe una relación directa entre cantidad y gravedad de la pena por un lado y no inclinación hacia el delito, por otro. Vemos una tendencia en algunos países de América Latina a aumentar las penas de prisión, haciéndolas más largas en el tiempo, así como también a regresar a la pena de muerte (al menos a formalizarla en la legislación).

Nuevamente los criminólogos se han encargado de

desencantarnos. Por medio de la "teoría de la indiferencia de las sanciones", las investigaciones han mostrado que cualquiera que sea la sanción prevista en la ley (prisión, muerte, inhabilitación, prueba, trabajo, servicio comunal, multa, etc.) ninguna en especial ha tenido incidencia o eficacia en generar menos niveles de delincuencia que otra por el sólo hecho de encontrarse prevista en abstracto y con independencia de su aplicación real. Las razones por las cuales las personas deciden realizar hechos delictivos son otras, y la pena prevista en la ley cuenta sólo algunas veces para determinar los costos del hecho (riesgo), como ocurre en materia de drogas, homicidio, o en delitos como el aborto.

En realidad no existe una relación directa entre gravedad de la sanción y desestímulo del hecho. Baste citar el caso de la lucha contra el tráfico de drogas y el "lavado" de dinero para comprenderlo. En esta materia hemos aumentado y endurecido desproporcionadamente las penas, sin embargo ello no se ha traducido en una reducción de la actividad que se quiere reprimir. También en otras áreas hemos incurrido en el mismo error, como ocurrió en Costa Rica donde recientemente se aumentaron las penas de prisión a 50 años, pero ello no ha tenido ningún efecto positivo para disminuir la delincuencia, sino por el contrario comienza a agravar la solución o la redefinición del conflicto. En los países que han adoptado la pena de muerte tampoco encontramos índices de criminalidad y violencia menores que en los países que no la tienen.

Por lo anterior, tampoco el camino del aumento y del endurecimiento de las penas ha sido eficaz para disminuir o atenuar los índices de criminalidad.

    c) El aumento del número de menores presos en prisión preventiva o sentenciados:

Al igual que el aumento y el endurecimiento de la pena, el aumento del número de personas detenidas constituye una de las respuestas más populares para combatir la criminalidad. Popular porque exista una generalizada creencia -sobre todo en sectores externos al sistema penal- de que a mayor cantidad de personas detenidas menor índice de delincuencia existirá en el país.

Esta posición tiene dos vertientes. Por un lado se propugna un mayor uso de la prisión preventiva con el fin de "sacar de la circulación" lo más pronto posible a menores que se estima son presuntos violadores de la ley penal desde el inicio de cualquier procedimiento judicial; y por otro también se propugna que la "medida tutelar" definida en sentencia, cuando se determina que el menor efectivamente realizó el hecho delictivo, se aplique en centros cerrados, de manera que también se impida su libre circulación en las calles, para lo cual deben desconocerse todo tipo de beneficios de salida y permisos.

Esta es la respuesta que con mayor frecuencia clama la policía frente a los Tribunales. Su queja constante es que ellos detienen a los presuntos delincuentes y los jueces los dejan en libertad, lesionando así -en su opinión- la seguridad de los ciudadanos. Los ciudadanos también tienen una gran confianza en la prisión (preventiva o no), pues creen que es posible por ese medio frenar los índices de delincuencia, y por lo general se pronuncian contra todos los programas dirigidos a racionalizar el uso de esa medida represiva, como resultan ser las medidas sustitutivas, la libertad bajo palabra, la prueba, la excarcelación, etc.

En realidad no existe ningún estudio técnico que permita afirmar que a mayor cantidad de personas en prisión habrá menor cantidad de delitos, pero sí hay estudios que señalan que los países que han aplicado desproporcionadamente la prisión preventiva no han disminuido los índices de criminalidad, y han multiplicado sus problemas.

En efecto, cuando se hizo el estudio sobre "El preso sin condena en América Latina y el Caribe" (CARRANZA, Elías; MORA, Luis Paulino; HOUED, Mario y ZAFFARONI, Raúl; Ilanud, San José, 1983, pág.22) Paraguay mantenía un 94.25% de presos sin condena en proporción a la población total privada de libertad, Bolivia el 89.70% y El Salvador el 82.57%, sin que a la fecha hayan mejorado esas cifras; pero ninguno de esos países ha logrado disminuir los índices de criminalidad y por el contrario en la actualidad están empeñados en modificar totalmente la legislación penal con el fin de buscar nuevas respuestas para resolver este grave problema, con fórmulas menos rígidas y más modernas que la represión indiscriminada. En este sentido también debiéramos de aprender de la historia, pero lamentablemente parece ser que tampoco es así.

Además de lo anterior, la prisión no constituye un medio eficiente para lograr la reeducación, la resocialización o la rehabilitación de una persona, ni siquiera sirve para reafirmar en ella la práctica de una vida sin violación de la ley. Por el contrario, los penitenciaristas han insistido en que la finalidad rehabilitadora no pasa de ser una aspiración difícil de alcanzar no sólo por la falta de recursos y el medio en que se habría que desenvolverse, sino también por la naturaleza misma del encierro carcelario, donde las relaciones son impuestas. Enseñar a alguien en la cárcel a vivir en sociedad es como enseñarlo a nadar segregándolo del agua.

Por otra parte, la prisión tiene un altísimo costo. Es una de las respuestas más caras con que cuenta el sistema penal. Sin tomar en consideración la afectación económica que se produce en la persona privada de libertad y su familia, porque no puede trabajar, nos señalaban en el Ministerio de Justicia de Costa Rica que en 1990 el costo mensual de mantenimiento de un reo en prisión ascendía a 312 dólares (USA).
Como muy bien se afirma "...ni para adultos ni para menores de edad exacerbar el uso de la prisión parece ser la solución recomendable. En materia de menores UNICEF ha determinado que en América Latina los institutos de internación alcanzan a cubrir solamente el 4.5% del fenómeno de los

llamados menores de edad en "situación irregular". De lo que se desprende que, además de sus desventajas y efectos negativos (tales como el de "prisonización" y "rotulamiento" de los niños), los institutos de internamiento no son la solución posible hacia la que los países en vías de desarrollo podrían orientarse." (CARRANZA, Elías; y MAXERA, Rita. El Control social sobre niños, niñas y adolescentes en América Latina, en "La niñez y la adolescencia en conflicto con la ley penal, ed. Hombres de Maíz, San Salvador, 1995, p.78).

En resumen, tampoco la prisión ha constituido un medio eficaz para disminuir los índices de criminalidad, ni para resolver los conflictos provocados por los hechos delictivos, aunque constituye la respuesta más buscada por los ciudadanos para esos fines.

VICTIMOLOGÍA

La victimología es el estudio de las causas por las que determinadas personas son víctimas de un delito y de cómo el estilo de vida conlleva una mayor o menor probabilidad de que una determinada persona sea víctima de un crimen. El campo de la victimología incluye o puede incluir, en función de los distintos autores, un gran número de disciplinas o materias, tales como: sociología, psicología, derecho penal y criminología.

El estudio de las víctimas es multidisciplinar y no se refiere sólo a las víctimas de un delito, sino también a las que lo son por consecuencia de accidentes (tráfico), desastres naturales, crímenes de guerra y abuso de poder. Los profesionales relacionados con la victimología pueden ser científicos, operadores jurídicos, sociales o políticos.

El estudio de las víctimas puede realizarse desde la perspectiva de una víctima en particular o desde un punto de vista epistemológico analizando las causas por las que grupos de individuos son más o menos susceptibles de resultar afectadas.

La palabra Victimología fue acuñada en 1949 por el psiquiatra estadounidense Frederick Wertham, quien propugnaba por una "ciencia *de la Victimología*", que estudiase la sociología de la víctima.

Sin embargo, fue Hans Von Henting quien nos proporcionó una interesante obra intitulada *The Criminal and his Victim (1948)* la cual es considerada actualmente como el texto precursor del desarrollo de estudios en torno a las víctimas. Crítico de la criminología orientada al transgresor, Von Henting propuso un enfoque dinámico e interaccionista que cuestionaba la concepción de la víctima como actor pasivo, para lo cual se centró, de manera simultánea, en las características de la víctima que supuestamente precipitan su victimación y en la relación transgresor-víctima.

Posteriormente, Mendelsohn intentó identificar las características personales que predisponían a ciertas personas a la victimización. Con base en las explicaciones de la causalidad de los accidentes, trató de cuantificar el grado de la contribución culpable (sic) de la víctima a la perpretación del delito. Posteriormente, los norteamericanos y los criminólogos de la corriente crítica fueron quienes impulsaron el estudio de la Victimología, a efectos de brindar un enfoque más dinámico a su ciencia, menos positivista y a la vez, más cargado de contenido humano, de compasión y de comprensión, sin perder la objetividad y la perspectiva que se debe conservar en el estudio de las patologías que interesan a las ciencias de la conducta humana criminal.

La victimología implica empalizar, entrar en contacto con cautela y saber retirarse a tiempo. Implica comprensión y humanidad, respeto profundo y una tolerancia infinita hacia los demás seres humanos"[115]

---

115 http://delincuenciajuvenil.galeon.com/

CRIMINOGÉNESIS Y CRIMINODINÁMICA

Objetivo: Conocerá la causa, el índice y el móvil de los factores criminógenos y su dinámica.

1. Causa criminógena.
2. Índice criminológico.
3. Móvil criminógeno.
4. Factores.
5. Clasificación de antisociales.
6. Aplicación criminológica.

"La criminogénesis es la explicación de las causas que tuvo un delincuente para delinquir, es la resultante del estudio de su historia vital, es decir, que tiene importancia capital el perfil de personalidad básica del actor (factor individual o biopsicogénesis) y de las influencias ambientales (factor mesológico o sociogénesis).

La criminogénesis

La criminogénesis es el conjunto de tendencias de origen genético que ante los estímulos del medio pueden desembocar en una conducta antisocial dependiendo de la intensidad con que tales tendencias se presentan en cada individuo.

De acuerdo con el planteamiento de la biología criminal, no todo individuo con tendencias violentas, irascibles, agresivas, o excitables llega al delito, sino solo aquellos que no poseen la capacidad para refrenarlas. En ello la estructura de la personalidad juega un papel de vital importancia.

Este punto de vista resulta de las investigaciones más recientes en el campo de la genética en relación con el medio. Al respecto señalan López Saiz y Codon que "el desarrollo de las disposiciones heredadas esta supeditado en gran parte a la acción de factores ambientales, siendo estas fuerzas del medio que envuelven al individuo las que dan dirección, energía o freno a las posibilidades genéticas, las cuales pueden, por la actuación de estas circunstancias exteriores, no madurar ni llegar a manifestarse". Afirman estos autores que la mayoría de las veces las predisposiciones heredadas y el medio se complementan e influencian recíprocamente pudiendo dar lugar a que se frene una disposición que se estaba desarrollando o activar otra parecía latente.

No debemos olvidar, por otro lado, que en toda personalidad deben converger tres elementos: el heredado (temperamento), el aprendido (carácter) y el medio.

Genotipo

Se entiende por tal, el conjunto de las propiedades hereditarias de un individuo. Es decir, esta representado por la constitución biológica o conjunto de caracteres genéticos que todo individuo trae consigo al nacer.

Fenotipo

Representa la forma genética heredada de un individuo, la cual esta constituida por las características psicológicas, como consecuencia o resultado de la influencia sobre la herencia de los factores internos. Es decir que la forma diferente en que se presenta el genotipo resultado de los factores externos (alimentación, temperatura, clima), representan lo fenotipo de cada ser, siendo el paratipo el resultado de cambios importantes en el genotipo, lo que da origen a una mutación o a una nueva especie.

=La herencia= Se ha entendido por herencia, el fenómeno en virtud del cual tienden a reproducirse en los seres vivos los caracteres genéticos de sus progenitores.

La herencia y el delito

Se debe al monje, botánico Gregor Johannes Mendel (1822-1884), nacido en Heizendorf, el mérito de haber iniciado las primeras investigaciones sobre la herencia. En 1865, Mendel experimento en vegetales (guisantes) el fenómeno de la herencia, y luego hizo cruces con ratones y cobayos, comprobando que algunos caracteres se trasmiten de forma dominante, manifestándose en las futuras descendencias o generaciones. Posteriormente Morgan, entre otros inicio la etapa química de la genética. Estas investigaciones químicas arribaron al estudio de la cromatina y de ADN en la composición del gen portador de los cromosomas. En el proceso meiótico, una alteración de la cadena conduciría a cambios en los caracteres hereditarios. Algunos estudios en este campo han dado cuenta de la existencia de un cromosoma extra, supuestamente causante de la conducta criminal, el cromosoma 47 (xxy, o xyy). En 1961 de acuerdo con Glasser, se tuvo la primera noticia sobre su existencia. Un extra cromosoma "y" fue hallado en un sujeto llegando a relacionarse su conducta delictiva con la presencia del cromosoma. En 1968, durante la defensa de un caso de asesinato en París, se alegó la inocencia del encausado por insanidad, por acusar el patrón cromosómico "XYY" por lo que un panel de expertos recomendó a la corte la reducción de la sentencia.

López Saiz y Codon, desde el punto de vista psiquiátrico, el estudio de la herencia ha conseguido algunos resultados con las investigaciones de los caracteres psicológicos normales y patológicos heredados en el caso de los gemelos monoovulares, y los métodos estadísticos puestos en marcha de manera científica en grupos extensos de sujetos antisociales.

Estudios genéticos en las familias criminales

Según Pinatel, estas investigaciones se basan en la elaboración de tablas de descendencia, frecuentemente llamadas árbol genealógico, que permite conocer lo que ha ocurrido a través del tiempo a la descendencia de un individuo determinado. Se afirma que los estudios genéticos sobre familias criminales se remontan a los siglos XIX. Uno de ellos referido por Dugdale, en 1877, el cual se refiere a un sujeto de nombre Juke, alcohólico, residente en New York, quien se dice tuvo 709 descendientes, 292 prostitutas y mantenidos, 77 delincuentes, y 142 vagabundos siendo la investigación análoga a las otras familias.

Estudios estadísticos

Una de las más antiguas estadísticas sobre la herencia criminal fue suministrada por Marro, quien estudió los progenitores vivos de 500 delincuentes, comparándolos con 500 no delincuentes encontrando el factor alcoholismo en un 40% de ellos y taras mentales en más de un 42% en los progenitores y colaterales de los delincuentes, comparado con un 16% de casos de alcoholismo en los progenitores de los no delincuentes y un 13% de taras en sus progenitores y colaterales. En la década de los 50 en Francia, Galy, desarrollo una encuesta sobre 150 hombres y 123 mujeres, las mismas fueron publicadas en 1951. en ellas se constató el alcoholismo del padre; en 18 de las mujeres y en 18 de los hombres; alcoholismo de la madre, 6 de las mujeres y 11 de los hombres; tuberculosis de la madre, en 10 de las mujeres y 5 de los hombres; otras afecciones del sistema nervioso, en 6 de las mujeres y 28 de los hombres. Sobre el valor de estos estudios se afirma que efectivamente, desde el punto de vista psiquiátrico el alcoholismo puede conllevar a las taras hereditarias que llegan a los ascendientes agrandadas. Tal afirmación es rechazada por otros científicos para quienes el valor hereditario y la descendencia en los alcohólicos no puede ser considerada aisladamente sin tomar en cuenta otros elementos del medio y elementos de tipo afectivo.

En relación con la transmisión de taras y enfermedades mentales, se ha afirmado que se hereda la predisposición a padecer una enfermedad similar a los progenitores con mayor o menos intensidad, pero esta predisposición no implica necesariamente la aparición o desarrollo irremediable de la patología; sin embargo, se ha podido comprobar que la unión de personas con el mismo tipo de carácter patológico transmite la morbosidad en una enorme intensidad por lo que resulta peligrosa la confluencia de las familias taradas en la misma dirección. En cambio los caracteres contrarios pueden a veces anularse, dando lugar a individuos normales.

La herencia en los gemelos

Estos estudios se refieren a las investigaciones sobre el comportamiento de los gemelos monocigóticos o monoovulares y los gemelos dicigóticos o biovulares. Los gemelos monocigóticos, llamados también idénticos, son aquellos que proceden de la doble fecundación por dos espermatozoides de un solo óvulo, poseyendo en consecuencia, dos núcleos germinativos. En cambio los gemelos dicigóticos, llamados también fraternos proceden de la fecundación simultánea de dos óvulos por dos espermatozoides. Las primeras investigaciones en este campo fueron propuestas por Simens y Verschuer, y luego continuadas por otros científicos, entre ellos Curtins, Lens, Lange. Se busca a través de ellas determinar cual ha sido el comportamiento de los gemelos cuyos padres han sido delincuentes, partiendo de la hipótesis de que los gemelos monocigóticos poseen idéntica carga hereditaria, son del mismo sexo, por lo que se espera que también coincida su comportamiento, mientras que los dicigóticos por no tener carga genética, sino similar (se forman separadamente, con plena independencia pero sincronizada pudiendo tener sexos parecidos o diferentes) se presume que su comportamiento va a ser distinto. A decir de López Saiz y Codon, el parecido físico y moral de los hermanos monoovulares es extraordinario, su semejanza es tal que incluso pueden ser idénticas sus huellas dactilares, carácter individual del que con frecuencia se sirven los organismos policiales para la identificación personal. El parecido se corresponde, igualmente, en los caracteres psicológicos, tienen iguales gustos, inclinaciones, sentimientos, inteligencia, de acuerdo con Slater, sin embargo, Pérez Viloria señala que la herencia psíquica no tiene la misma intensidad que la herencia física en estos gemelos.

El biotipo

Desde el punto de vista biológico esta representado por grupos de individuos de descendencia común que presentan los mismos caracteres hereditarios.

Clasificación biotipológica de Kretschmer.

Ernest Kretschmer (1888-1964), psiquiatra alemán, después de haber estudiado y medido un gran número de individuos, elaboró una clasificación del delincuente, tomando en cuenta su estructura morfológica y la relacionó con el temperamento, construyendo 3 tipos básicos fundamentales: el Leptosamático o Asténico, el Atlético o Epileptoide y el Pícnico o Ciclotímico, a los cuales sumó una cuarta categoría representada por grupos mixtos y desproporcionados, llamándolos Displásticos.

Leptosomático o Esquizotímico Es el sujeto de aspecto débil, formas delgadas, aplanadas, de rostro alargado, nariz delgada y puntiaguda, poca vellosidad corporal. En relación con su psiquis se observa una diversidad caracterial, pudiendo presentar una mentalidad abstracta, sentímentalidad, especulativos, inclinados por el arte, de difícil adaptación, introvertidos, de personalidad retraída y seria, son individuos de energía serena y gran tenacidad. Se asocia este tipo con el temperamento esquizotímico, caracterizado por oscilar entre la hipersensibilidad y la frialdad. La delincuencia en este tipo se caracteriza por su frecuencia, su precocidad, tendencia extrema y progresiva a reincidir. No cometen mayores actos de violencia sino de robo, falsificaciones, abusos de confianza, son obsesivos, no toman conciencia del riesgo, despreocupados de sí mismo y de sus víctimas.

El tipo atlético o epileptoide Se caracterizan por poseer un esqueleto bien formado, como también la musculatura, de líneas alargadas, miembros bien formados y musculosos, poco desarrollo visceral y de las caderas, cabellera espesa, barba cerrada, cuerpo velludo y piel áspera. En cuanto a los rasgos psíquicos, se destaca su mentalidad tosca, de temperamento viscoso, oscilando entre la sentimentalidad, el apasionamiento y la brutalidad, impulsivos, de actitudes perversas, tercos, de movimientos pausados, tenaces y persistentes en afectos y conductas, perseverantes y al mismo tiempo poco sensibles y espirituales. Su personalidad se asocia con el temperamento de naturaleza epileptoide. En términos de delincuencia, se manifiestan salvajes, brutales y encarnizados, incendiarios y reincidentes.

Pícnico o ciclotímico Son sujetos muy corpulentos, de líneas cortas y redondeadas, vísceras voluminosas y grasientas, extremidades cortas, rostro redondo, a menudo calvos, poco desarrollo piloso, poco desarrollo muscular. En cuanto a los caracteres psíquicos, el ciclotímico se distingue de los otros por poseer un buen intelecto, de carácter risueño y jovial, temperamento oscilante o circular entre excitado y alegre o decaído y triste, sintónicos con el medio, de pensamiento retrasado o acelerado en relación con su estado de ánimo, pudiendo ser pesimistas u optimistas, prácticos en su actividades pero no constantes. Este tipo representa un menor porcentaje entre los delincuentes y sus actos antisociales más frecuentes son de naturaleza tardía y astuta como en la estafa y el fraude. Llegan al homicidio ante sentimientos irresistibles o depresión melancólica pudiendo llegar al homicidio colectivo.

Displástico o displásico Desde el punto de vista morfológico, el displástico puede presentar deficiencia de los caracteres sexuales secundarios y en general una estructura somática atípica pudiendo incluso llegar a la deformidad. En el plano psíquico hay igualmente una mixtura. Encontrándose entre ellos débiles mentales y esquizoide.

En cuanto al valor de la topología de Kretschmer, se señala que a través de ella se ha podido llegar a relacionar lo psíquico con lo corporal con bases experimentales y científicas. De allí que la psiquiatría se interese por la forma corporal de los familiares del sujeto estudiando para comprender su verdadero temperamento. Así, señala López y Codon" que: "... la presencia de una esquizofrenia en un tipo corporal leptosomático acentuado con un temperamento esquizotímico, será de peor pronóstico y más difícil de modificar por el tratamiento que esta misma enfermedad en otros sujetos con características morfológicas pícnicas y temperamentales ciclotímicas. En el primer caso todo va a la misma dirección morbosa: cuerpo, temperamento y enfermedad; en el segundo caso las propiedades corporales y temperamentales son en cierto modo contrarias a la enfermedad padecida siendo mucho más fácil apoyarse en ellas al aconsejar el tratamiento para conseguir la mejoría o la curación".

TIPOLOGIA DE SHELDON

Los estudios del medico americano William H. Sheldon, profesor de la universidad de Harvard, se basaron en las observaciones de cuatro mil estudiantes, arribando a 3 tipos básicos en los cuales descubre tres dimensiones de variación, cada una asociada al desarrollo de un componente primario del desarrollo embrionario, llamando a los tres tipos Endomorfo o Viscerotónico, Mesomorfo o Somatónico y Ectomorfo o Cerebrotónico, los cuales se corresponden con los tres tipo básicos de Kretschmer.

Sheldon, a diferencia Kretshmer, creó un índice somático a fin de individualizar cada displástico. A decir de Bize, a cada sujeto se le puede identificar por un índice de tres números representados: a la primera identificación, le da el valor asignado al tipo enomorfo; a la segunda, el valor asignado al tipo mesomorfo; y la tercera, el valor asignado al tipo ectomorfo. Al mismo tiempo elabora una gama de valores que van del menor valor representado por el número 1 al mayor valor representado por el número 7, como a continuación se indica:

* El valor n°: 1 corresponde a la antítesis del rasgo.
* El valor n°: 2 corresponde al rasgo esbozado.
* El valor n°: 3 corresponde al rasgo inferior al promedio.
* El valor n°: 4 corresponde al rasgo ampliamente inferior al medio.
* El valor n°: 5 corresponde al rasgo fuerte.
* El valor n°: 6 corresponde al rasgo muy acentuado.
* El valor n°: 7 corresponde al rasgo característico.

Al endomorfo correspondería el número 711 por tener el rasgo característico del tipo y la antítesis del mesomorfo y del endomorfo: al mesomorfo correspondería el número 171 por presentar la antítesis del rasgo endomorfo el rasgo característico del mesomorfo y la antítesis del ectomorfo. Al ectomorfo corresponde el número 117 por tener la antítesis del rasgo endomorfo y mesomorfo y el rasgo característico del ectomorfo.

Tanto en los estudios de Kretschmer como en los de Sheldon, el mayor número de delincuentes resultó del tipo atlético (mesomorfo).

GENERALIDADES FISIOLOGICAS

Las glándulas endocrinas forman un conjunto de órganos productores de ciertas secreciones que al ser trasportadas por la sangre excitan, inhiben o regulan la actividad de otros órganos o sistemas orgánicos y que se denominan "hormonas".

HIPOFISIS: Órgano único ubicado en la parte central de la base del cráneo en la llamada silla turca (fosa situada en la cara superior del hueso esfenoides), de color rojizo del tamaño de un guisante y de un peso aproximado en el adulto de 0.50 centígramos.

Su función consiste en accionar la hormona del crecimiento, y las hormonas gonadotrópinas reguladoras de las funciones de los órganos sexuales. Además la Hipófisis actúa en la regulación de la actividad tiroidea y de la corteza de las glándulas suprarrenales teniendo una acción reguladora del metabolismo general de los azúcares, grasas y líquidos.

LA TIROIDES: Es un órgano único situado en la región anteroinferior del cuello, el cual produce la hormona tiroidea cuyo componente más importante, el yodo, ayuda a regular el proceso de oxidación en el metabolismo de las grasas y de los líquidos.

PARATIROIDES: Son pequeños corpúsculos redondeados situados a cada lado de la tiroides del tamaño de un fríjol cuya secreción, interviene en el suministro de calcio y fósforo a la sangre, la cual se almacena en los huesos gracias a la vitamina

D siendo suplidos en la sangre según sus necesidades.

PANCREAS: Órgano único, alargado, situado transversalmente en la parte superposterior del abdomen entre el duodeno y el bazo, su secreción, el jugo pancreático (el cual contiene tres fermentos: la tripsina, la amilasa, y la lipasa), contribuye en la función digestiva, mientras que la insulina interviene en el metabolismo de los hidratos de carbono regulando la producción de azúcar.

LA EPIFISIS: Es de color grisáceo, del tamaño de un guisante, situado en el centro del cerebro medio, su peso es de 25 gramos. Su función parece estar relacionada con el desarrollo de los caracteres sexuales secundarios.

ENDOCRIMINOLOGIA Y CRIMINALIDAD

La escuela Biotipológica de Padua, representada por Giovanni, Viola y Pende, fundada en 1880, planteó el criterio de que la disfunción de las glándulas endocrinas estaba íntimamente relacionada con el comportamiento criminal. Ya con anterioridad, Lombroso se había referido a la hipofunción de la glándula hipófisis y sobre el cual se basó su tesis sobre el cretinismo. Igualmente Kretschmer, concedió un gran valor a las glándulas endocrinas en el desarrollo de su topología por la influencia de éstas sobre el crecimiento y la morfología corporal. Benigno Di Tulio, afirmó que la conducta criminal se debía a la defunción de las glándulas de secreción interna, llegando a ser considerado fundador de la Endocrinología Criminal. Jiménez de Asúa, Ruiz Funes y Quintiliano Saldaña, se ocuparon de estudiar la relación de las glándulas endocrinas con la delincuencia, dándoles una importancia preponderante en la etiología criminal. Gregorio Marañon llegó a afirmar que uno de los aspectos en que más se extendieron las interpretaciones endocrinas fue sin duda el referido a su transcendencia en la caracterología, en la psicología, en la actividad social de los hombres y por consiguiente en sus actos virtuosos o criminales, por lo que en un tiempo llegó a suponerse que cada pecado provenía de una glándula de secreción interna, al igual que sus hormonas. Luego de un período de sistematización de la Endocrinología Criminal, se inicia una fase reaccionaria, en 1937 con Ethianne De Greeff, quien manifiesta una reserva en relación a los tipos psicológicos de Pende, considerándolos frágiles e insuficientes, afirmando no obstante, que su mérito está en haber dado un lugar de primer plano a la Endocrinología en relación con el aspecto morfológico."[116]

BIBLIOGRAFÍA WEB

1. http://es.wikipedia.org/wiki/Criminog%C3%A9nesis

---

116   http://es.wikipedia.org/wiki/Criminog%C3%A9nesis

CRIMINALIDAD DE MENORES

Objetivo: Analizará la diferencia entre un menor infractor y un delincuente, así como el tratamiento a los mismos.

1. Menores infractores y delincuentes.
2. La prevención de la criminalidad de menores.
3. Tratamiento de menores infractores.

MENORES INFRACTORES Y DELINCUENTES.

"Sumo interés ofrece el tema de las relaciones entre la propensión agresiva y la crianza de los niños. El cabal conocimiento de este tema viene a ser esencial si tomamos en cuenta la importancia de las relaciones paterno-filiales en la formación general de la personalidad humana y en la trasmisión de las corrientes y valores culturales y subculturales. Y aquí también cabe considerar la posibilidad de emprender esfuerzos constructivos -de prevención y tratamiento- mediante la modificación de las actitudes paternas o la procuración de otras figuras alternativas cuya influencia sea positiva. Un buen número de investigaciones importante han sido llevadas a término con la mira puesta en estas posibilidades; citemos aquí las de: Bandura y sus colegas, de Sears, de Lovaas, y las de otros. Las opiniones parecen concordar afirmando que la identificación del niño con sus progenitores, sobre todo con el padre, desempeña un papel primordial en el aprendizaje de patrones de conducta agresiva. A. Freud sostiene que la identificación propiamente dicha no hace falta, y que la sola imitación alcanza y basta para explicar la trasmisión de patrones de conducta en el niño –si viene de un adulto capaz de influir en él-. Este punto de vista ha sido confirmado por Bandura y Huston. La naturaleza específica de la relación entre el adulto y el niño tampoco parece ser un determinante esencial, pues tanto los adultos que se compenetran, como los que no se compenetran con el niño tienden a ser imitados. Empero la importancia que si tiene la relación de dependencia y su adecuado manejo en las interacciones paterno-filiales ha sido enfatizada por Saúl y reconfirmada por el estudio de Bandura y Walters acerca de jóvenes antisociales y agresivos. Según parece, el rechazo parental constituye un factor de importancia en la etiología del comportamiento agresivo y es dable observar que dicho rechazo no está reñido con la imitación, como lo aseveran Bandura y Walters, el medio ambiente social (cultural o subcultural) es lo que pone en circulación al "contenido" del sistema de valores que habrá de trasmitirse del adulto al niño, aunque las condiciones que hacen falta para que dichos valores sean asimilados e internalizados deben localizarse en el desarrollo de la personalidad de cada niño. La especificidad de la "personalidad"[117 NOTA:] en este proceso cultural en que los adultos van trasmitiendo a los niños una serie de valores también juega una parte esencial para explicar aquellos casos donde se neutralizan los influjos criminalísticos, culturales o subculturales, de áreas ecológicas de alta delincuencia o de familias en cuyo seno privan ejemplos delictivos. Al mismo tiempo la naturaleza intrínsecamente selectiva y altamente individualizada del proceso identificación-imitación viene a explicar que los niños internalicen actitudes antisociales de sus padres -o de otros adultos que tienen ascendiente en ellos- en aquellas áreas o ámbitos familiares donde no privan las influencias delictivas".[118]

"La delincuencia entre menores crece, sobre todo por la desintegración familiar, el aumento de hogares donde hay sólo

---

117 NOTA: Es la forma única de cada persona de querer, pensar y sentir.
118 Wolfgang Marvine E. Y Ferracutti Franco, La subcultura de la violencia (hacia una teoría criminológica), México, 1971, pp. 179-182

un progenitor -la madre en general- y la violencia intrafamiliar.

La opinión pública es muy sensible respecto a los crímenes que los menores cometen contra otras personas o contra sí mismos.

Nadie ha olvidado el homicidio cometido en Liverpool, Inglaterra, por dos niños, de 10 y 11 años, que fueron filmados por la cámara de video de cierto almacén donde secuestraron -para después asesinar- a un pequeño de tres años. Cuando se les preguntó la razón, contestaron que simplemente querían saber que se sentía matar.

El carácter insólito y cruel de tales comportamientos ha captado la atención de los psiquiatras alienistas del siglo XIX (Collin y Ballet, Moreau, De Tours), En este fenómeno, las víctimas frecuentes son los amigos o parientes más cercanos, pero también los ancianos, en general indefensos.

Los motivos que identificaban los clásicos guardan bastante proximidad con los que da M. Chuzón, quien los clasificó un siglo más tarde: odio, vanidad, venganza, deseo de apropiarse de bienes ajenos, Las cifras correspondientes a la superdelincuencia de los menores son dignas de tenerse en cuenta. La criminalidad también debe relacionarse con el consumo de estupefacientes, que ha aumentado de manera vertiginosa.

Un estudio realizado en Francia en 1990 refiere una

criminalidad de 13.03% entre menores, con delitos como infanticidio, homicidio, robo y provocación de incendios. Esas cifras, por desgracia, han ido en aumento.

En México, entre enero, febrero y marzo de 2006 fueron detenidos por diversos delitos 760 menores, sin incluir la cifra negra.

Los menores son sugestionables e inmaduros. Los programas televisivos violentos (con asesinatos y violaciones colectivas, entre otras conductas agresivas) provocan deseos de imitar su contenido o de delinquir. Los juegos agresivos constituyen un factor determinante en la conducta de los menores.

Al observar cierto programa, el niño puede imaginar que no existe la muerte o que se revive. Como no se diferencia entre lo real y lo irreal, los videojuegos y la televisión están produciendo gran descontrol entre los chicos.

Desde el punto de vista psicológico, los niños y los adolescentes tienen sed desmedida de acción y una impulsividad que se manifiesta a veces de manera explosiva, contra ellos mismos u otros.

La violencia contra los padres se da entre jóvenes de 13 y 18 años; puede ir desde destruir muebles y agredir verbalmente, hasta golpear o incluso herir.

Los padres de este tipo de chicos tienen un perfil determinado, con características como éstas: no saben aplicar la autoridad respecto a los hijos; minimizan los actos violentos a que éstos pasan y las quejas de vecinos o de los profesores; y hay dependencia emocional y neurótica hacia ellos. Necesitan seguir tratamientos para lograr el equilibrio familiar.

Según Erich Fromm, el parricidio va dirigido contra un padre o padrastro tiránico, alcohólico, odioso. Se trata de un acto criminal defensivo[119NOTA:].

Conviene particularmente a los capos, o jefes, la entrada de menores en el crimen organizado, pues resulta difícil aprehenderlos o condenarlos debido a su edad, por lo que proceden con toda impunidad.

Aquí pueden dar rienda suelta a sus impulsos, a sus conductas agresivas y a su crueldad.

El narcotráfico[120*] los utiliza como pequeños distribuidores o transportadores. Los chicos que forman parte del crimen organizado son manejables con facilidad: si protestan pueden ser eliminados sin más porque nadie los reclamará, pues muchas veces vienen de un hogar desintegrado o, simplemente, no lo tienen.

---

119 NOTA: Esto también puede llegar a darse porque los padres o tutores han observado conductas agresivas hacia los menores.

El abuso del niño ocurre en tres niveles: en la familia, en las instituciones y en la sociedad. El abuso puede ser físico, por descuido, sexual y emocional; sin embargo, con frecuencia se combinan estas formas. (Tello Flores Francisco Javier, Medicina forense, Oxford, 2 Ed. México, 2008, p. 140.)

120 * Narcotráfico. M.L. De los helenismos narkee: letargo y narkoo: adormecer y tráfico del italiano traffico. Actividad de un grupo de individuos que mediante la distribución de drogas consideradas ilegales obtienen grandes ganancias en la mayoría de los casos (Nuñez Martinez Angel, Nuevo diccionario de derecho penal, Malej, 2 ed,, México, 2002, pág. 695.).

Los adolescentes pueden ser crueles, pues dejan libres los instintos, no valoran la vida, están resentidos con la sociedad y tienen la idea de pertenecer a algo muy importante, las "bandas con poder"[121NOTA:], lo cual les da un sentimiento de superioridad, que encubre el complejo de inferioridad.

Se debe hacer un gran esfuerzo para evitar hogares desintegrados, violencia intrafamiliar o madres solteras desamparadas, algunas de las muchas causas de las infracciones entre menores."[122]

"El término "***delincuencia juvenil***" no tienes el mismo significado para todos los criminólogos. Difieren básicamente en dos puntos

- El primero en determinar la edad a partir de la cual se puede hablar de delincuente juvenil; y
- El segundo, que radica en determinar cuáles deben ser las conductas que dan lugar a calificar a un joven como delincuente.

Por cuanto hace a la edad en que podemos referirnos a la delincuencia juvenil, participamos del criterio de estimar como

---

121   NOTA: Las asociaciones delictuosas son verdaderas organizaciones cuyo propósito es delinquir. Independientemente de las infracciones que la *societas sceleris* llegue a cometer, la simple reunión con tales fines, tipifica el delito de "asociación delictuosa", previsto y sancionado por el artículo 164 reformado del Código Penal, el cual establece: "Al que forme parte de una asociación o banda de tres o más personas con propósito de delinquir, se le impondrá prisión de cinco a diez años, y de cien a trescientos días multa."(Ob. cit. Castellanos Tena Fernando, pág. 303.)

122   Ob cit. Plata Luna América, pp 109, 110.

tales a los que cuentan con más de 14 años de edad.

El menor infractor lo podrá ser hasta los 14 años de edad, a partir de este límite, deberá ser considerado como delincuente juvenil con los grados de responsabilidad establecidos en las leyes, los que desde luego no tienen pretensión de definitividad, pues dependerá de los estudios que en lo futuro se realicen y que permitan conocer los fenómenos físicos y psíquicos del adolescente que puedan obligar a variar los límites de edad ya señalados, los que están apoyados en los estudios más aceptados hasta la fecha.

El anterior punto de vista, no es actualmente el que aceptan la mayoría de los Códigos penales de la República, pues por ejemplo el Código del Distrito Federal y del Estado de México, fijan como límite para la responsabilidad penal la edad de 18 años, el Código Penal de Durango se inclina por el límite de 16 años y en igual sentido el de Tamaulipas y otros Estados."[123]

LA PREVENCIÓN DE LA CRIMINALIDAD DE MENORES

"El crecimiento de la delincuencia urbana en muchas de las grandes ciudades del mundo durante los últimos 20 años ha llegado a constituir un problema serio.

En los países del Norte, en los centros urbanos de más de 100 000 habitantes, la criminalidad, en particular la pequeña

---

[123]   Cfr. http://www.monografias.com/trabajos15/delincuencia-juvenil/delincuencia-juvenil.shtml#DELJUVENIL

delincuencia, ha crecido en: entre el 3 y el 5% anual durante los años 70 a 90. A partir de los años 90s, debido a políticas de prevención y de refuerzo de aplicación de la ley, la tasa de criminalidad urbana ha empezado a estabilizarse con excepción de la criminalidad de los jóvenes (12-25 años) y en particular la de los menores (12-18 años). Esta criminalidad se ha vuelto siempre más violenta y la edad de ingreso en la actividad delictual ha disminuido de 15 a 12 años.

En los países del Sur, a partir de los años 80s, la criminalidad ha crecido y continua a aumentar hoy en día, mientras la violencia de los jóvenes crece de manera exponencial. Fenómenos como los niños de la calle, el abandono escolar y el analfabetismo, la exclusión social masiva, el impacto de las guerras civiles y el comercio ilegal de armas ligeras han acentuado este proceso.

Este aumento de la criminalidad se desarrolla en un contexto caracterizado por una parte, por el crecimiento del tráfico y del abuso de drogas. Por otra parte coexiste con la globalización de la criminalidad organizada que contribuye a inestabilizar regímenes políticos, a incrementar los efectos de crisis económicas, como en Asia o en México en la década de los 90s, y que incorpora algunos jóvenes delincuentes como mano de obra poco costosa.

Las causas del crecimiento de la delincuencia urbana.

Las causas de la delincuencia son múltiples. Las

investigaciones han mostrado que no existe una causa única sino una serie de causas interrelacionadas. Se pueden agrupar tres principales categorías de causas: las sociales, las institucionales y las que se refieren al entorno urbano y físico.

Las situaciones de exclusión social debidas a la cesantía o a la marginalización prolongada, al abandono escolar o al analfabetismo y a las modificaciones estructurales de la familia, parecen ser factores que se encuentran frecuentemente entre las causas sociales de la delincuencia. Ninguno de estos factores constituye por sí solo una explicación satisfactoria.

Cuando se habla de las carencias de la familia como factor causal de comportamientos antisociales se refiere a la primera fuente de socialización y no se entiende principalmente la ausencia de autoridad paternal, que sería una explicación simplificadora. Se alude al proceso de evolución de la familia en las ultimas décadas y las dificultades de ajuste a esta evolución.

En efecto, el modelo único de familia se ha ido diversificando desde hace medio siglo pasando de unidad económica patriarcal con fuerte intromisión de la familia extendida, a un núcleo (la pareja) basado sobre una relación emocional separando a menudo sexualidad y reproducción. De ahí la multiplicidad de formas de relaciones "familiares": matrimonio clásico, familia monoparental, familia sin vínculo jurídico, familia de padres divorciados o separados, pareja homosexual.

La tarea de educadores varía en función de los modelos adoptados. Por otra parte los núcleos familiares enfrentan escenarios variados condicionados por el mercado de trabajo, los cambios sociales rápidos y las exigencias de educación de los hijos. Muchas familias o parejas de educadores no están preparadas para enfrentar estos cambios.

La violencia intrafamiliar es también una causa de la violencia de la calle.

El cambio dentro de los controles sociales de vecindad en particular la ruptura del vinculo social en los barrios, constituye también un factor causal.

Contrariamente a la creencia difusa, la pobreza no constituye una causa directa de la delincuencia.

Entre las causas institucionales, la principal es la inadecuación del sistema de justicia penal (policía, justicia y cárceles) a la delincuencia urbana y a su crecimiento.

En efecto desde los años 60s, las policías del mundo han privilegiado la lucha contra la grande criminalidad (homicidio, grandes robos) y el orden público y han adoptado tecnología y enfoques ligados a estos objetivos. En muchos países, por ejemplo, se ha abandonado la patrulla a pie o en bicicleta en barrios por el patrullaje motorizado sin objetivo preciso. El privilegiar la lucha contra la grande criminalidad ha provocado el alejamiento de la policía de los ciudadanos y la pérdida de confianza de la población.

Con respecto a la justicia, ella no está equipada para enfrentar el aumento del conjunto de pequeños delitos que entorpece la calidad de vida y genera la percepción de inseguridad. La justicia es lenta, inadaptada a la resolución de conflictos urbanos, sobrecargada y arcaica en su modo de trabajo, sus procedimientos y su lenguaje son inaccesibles a la mayoría. A menudo es considerada como demasiado tolerante por las fuerzas policiales y la opinión pública. Los casos que elucida la justicia son muy pocos y representan en general menos del 10% de los delitos urbanos (grande y pequeña delincuencia sumada).

Por otra parte las sanciones que impone son poco adecuadas a la pequeña delincuencia porque las cárceles y las multas no constituyen instrumentos de rehabilitación y no pertenecen a la justicia restaurativa. Por otra parte la ineficiencia de la justicia y la impunidad frente a delitos como el lavado de dinero, el crimen organizado, la participación a actividades mafiosas, la corrupción, la violación de derechos humanos, constituyen factores que favorecen los comportamientos delictuales y la percepción de impunidad.
Las cárceles, considerando las raras excepciones de cárceles modernas y experimentales, constituyen una escuela en materia de perfeccionamiento técnico y de construcción de redes para delincuentes. Además, la circulación de drogas en las cárceles y la promiscuidad agravan la delincuencia.

Entre las causas ligadas al entorno, señalamos la urbanización incontrolada, la carencia de servicios urbanos, la ausencia del concepto de seguridad en las políticas urbanas, el surgimiento masivo de espacios semi-públicos ("mall", estaciones etc.), la promiscuidad y la ilegalidad de barrios trasformados en zonas bajo el control de pequeñas mafias locales. Finalmente la libertad de portar armas o el tráfico de armas ligeras que surge como consecuencia de guerras civiles o de conflictos en países limítrofes acrecentan los niveles y la gravedad de la delincuencia.

La complejidad y la interrelación de las causas hacen que, en términos operacionales, se prefiera analizar la génesis de la delincuencia a escala local para mejor enfrentarla y erradicar sus causas.

Consecuencias del crecimiento de la criminalidad urbana.

La primera consecuencia es el desarrollo de una percepción de inseguridad generalizada. Esta percepción cristaliza el conjunto de miedos de la población (inseguridad frente al empleo, a la salud, al porvenir de los hijos, a la violencia intrafamiliar, al riesgo de empobrecimiento etc.). Esta percepción deriva de una impresión de abandono, de impotencia y de incomprensión frente a crímenes impactantes o frente a la multiplicación de pequeños actos de delincuencia o de vandalismo. Esta percepción en razón de su carácter emocional conlleva a una amplificación de los hechos, a campañas de rumores confundidas con informaciones y a conflictos sociales. Puede llevar a un clima que pone en tela de juicio los fundamentos democráticos.

Esta percepción lleva al abandono y al consecuente deterioro de los barrios, a la "arquitectura del miedo", a la estigmatización de barrios, al retraimiento de las inversiones en ciudades consideradas "peligrosas", a las manifestaciones de justicia espontánea llevando a linchamientos, pero también más positivamente al surgimiento de nuevas prácticas urbanas de protección comunitaria.

La segunda consecuencia es el impacto de la inseguridad en los sectores pobres. Si bien todos los grupos sociales se ven afectados por la inseguridad, las investigaciones muestran que la violencia urbana daña mayormente a los sectores pobres porque tienen pocos medios para defenderse de ella, y sobre todo porque la inseguridad quiebra su capital social e impide su movilidad en particular la de los jóvenes.

La tercera consecuencia es el aumento de los costos de la seguridad que alcanzan 5-6% del PIB en los países del Norte y 8-10% en los del Sur.

La cuarta consecuencia es el desarrollo masivo de las empresas privadas de seguridad. Estas han alcanzado un crecimiento anual durante los últimos años del siglo XX del 30% en los países del Sur y del 8% en los del Norte. En muchos países, el número de agentes de seguridad supera al de los policías.

En varios casos es el Estado mismo que favorece, a través de contratos, su desarrollo como en EEUU y China. Sin embargo, muchos países que inicialmente han practicado el laissez-faire frente a este desarrollo espectacular, hoy tienden a legislar para evitar abusos y corrupción. Una de las consecuencias de este crecimiento es el problema de las relaciones entre policía y sector privado de la seguridad tanto en términos de responsabilidad como de reclutamiento. En muchos casos, los agentes privados provienen de los servicios de policía o de las FFAA[124*]. Por otra parte uno de los principales problemas es definir hasta donde privatizar la seguridad: ¿por ejemplo, aceptar o no cárceles privadas? Muchos tienden a aceptar la seguridad privada en razón de sus costos más que por razones políticas. Creen que los costos de la seguridad privada son menores sin que ninguna estadística haya mostrado que la seguridad privada provoque una disminución de la tasa de criminalidad urbana. En algunos casos es más bien el contrario que se produce. En efecto en países como Colombia, EEUU o África del Sur en los cuales predomina la seguridad privada, el aumento de la criminalidad ha sido evidente y la población carcelaria continua creciendo. Lo que es evidente, es que la seguridad privada no es accesible a todos: en la Unión Europea es financieramente accesible al 5% de la población. Tampoco es imputable frente a la sociedad. Las empresas privadas de seguridad actúan también en función de la rentabilidad, lo

---

124 * Fuerzas Armadas

que significa por ejemplo que más prisioneros tienen en sus cárceles, más beneficios generan.

Por otra parte se verifica hoy en día una tendencia a la transnacionalización de las sociedades privadas de seguridad y a la extensión de su campo de actividades: al espionaje industrial, a la protección de sistemas políticos corruptos y aún en ciertos casos, como en África, a actuar como mercenarios.

La quinta consecuencia son los ensayos de respuesta pública a esta nueva situación de criminalidad creciente caracterizados por dos tendencias globales. Por una parte las tentativas de gobiernos por reforzar la seguridad a través del uso de la sola represión, es decir, a través del aumento de los efectivos policiales, del aumento de las penas de prisión y de la aplicación de teorías represivas como aquella del "cero grado de tolerancia" o del toque de queda para menores o de la disminución de la edad de responsabilidad penal para los jóvenes. La segunda tendencia es aquella que privilegia la prevención al mismo tiempo que la represión. Dos enfoques han emergidos. El primero centraliza la lucha contra la seguridad y hace de los policías los principales actores en esta materia. La segunda tiende a descentralizar esta lucha delegando esta función sea a las autoridades locales sea a instituciones de la sociedad civil. O a los dos. Esta opción es naturalmente más fácil de aplicar en países como EEUU o Canadá donde, por ley, la policía depende de las alcaldías. En efecto, a menudo la opción entre los dos enfoques genera conflictos entre gobiernos centrales y gobiernos locales en detrimento de la eficiencia. Hay que añadir que en ambos enfoques, las acciones de prevención van acompañadas de reformas de la policía.

Varios gobiernos adoptan según el tipo de delincuencia uno u otra tendencia. Por ejemplo en EEUU el gobierno tiende a adoptar una mayor represión para enfrentar la pequeña delincuencia común o la de los jóvenes pero desarrolla más bien una política de prevención en su lucha contra el abuso de droga.

También en las ciudades de EEUU se verifican políticas contradictorias: algunas ciudades han implementado con éxito políticas de prevención mientras otras se limitan a la sola represión.

La tendencia que privilegia la represión tiene la ventaja de tener efectos inmediatos que satisfacen la demanda de la opinión pública y las necesidades de eficiencia de autoridades políticas. En efecto, los electores piden más efectivos policiales, más represión y creen ingenuamente que el crecimiento de la población carcelaria constituye una neutralización de los delincuentes. Sin embargo se sabe que a largo plazo el costo de una política exclusiva de represión es mucho más alto que el de prevención y que los efectos de la represión son de corto plazo solamente.

La tendencia que combina prevención y represión se enfrenta a mayores dificultades. La primera es la resistencia de los gobiernos a invertir en esta materia. Otro obstáculo mayor deriva del cuadro institucional que no permite implementar al nivel de la ciudad acciones preventivas que vayan más allá de una acción de ONG. No pocas ciudades que han iniciado políticas de prevención se ven enfrentadas a la carencia de medios legales y financieros para hacerlo.

La intervención democrática en materia de seguridad urbana.

Principios básicos

En un cuadro democrático, la lucha contra la criminalidad y sus causas se basa sobre tres principios: la aplicación de la ley para todos, la solidaridad y la prevención.

La aplicación de la ley significa que la represión es necesaria y es ejercida por el Estado. Este lo realiza a través de la fuerza pública y del sistema de justicia criminal (policía, justicia y cárceles). Entre las leyes a hacer respetar, no hay sólo la constitución y las leyes aprobadas por el Congreso sino también el conjunto de decretos y reglamentos que las municipalidades o las autoridades de entidades sectoriales imponen. Si se considera el conjunto de instituciones encargadas de hacer respetar las leyes, los decretos o los reglamentos, hay en las ciudades 20 o 30 autoridades diferentes. Por ejemplo para el comercio o los restaurantes, se tendrán no sólo la policía y la justicia sino también la inspección del trabajo, el fisco, los bomberos, la salud pública etc. Estas instituciones tienen un poder de aplicación de la ley y por ende de represión. Este rol no constituye por lo tanto el monopolio del Estado central sino de un conjunto de instituciones descentralizadas o sectoriales. Las discusiones sobre el antagonismo entre represión y prevención durante los años 70-80s han llevado en la actualidad a considerar ambos aspectos como complementarios. Eliminar la represión sería ilusión porque todas las sociedades organizadas tienen reglas que hacer respetar y sanciones que imponer: un club de fútbol, un partido político, una asociación de empresarios, una congregación religiosa ejercen la represión, cuando es necesario. Toda institución que renuncia a ella cae en la anarquía o pone en tela de juicio su subsistencia.

La solidaridad implica que ningún ciudadano, grupos de personas o barrios pueden ser criminalizados o estigmatizados por el conjunto de la sociedad. Esta situación de estigmatización es, sin embargo, muy frecuente. Las personas que han sido condenadas o sospechadas son a menudo estigmatizadas de por vida por sus conciudadanos. Además, barrios enteros son identificados como zonas de predominio de la ilegalidad y sus habitantes considerados como criminales por lo menos potenciales. Esto significa que todo individuo proveniente de estas zonas tendrá dificultad para conseguir trabajo. La estigmatización de inmigrantes, de personas de color, de jóvenes ex-drogadictos es frecuente en muchos países y rompe los lazos de solidaridad necesarios para una convivencia armónica entre sus componentes.

La solidaridad exige también la asistencia a las personas o grupos que han sido víctimas de la violencia.

La prevención de la criminalidad constituye el tercer pilar de toda lucha democrática contra la criminalidad y sus causas, ésta consiste en evitar la criminalidad luchando no sólo contra las manifestaciones de éstas pero sobre todo focalizando sus causas. La mejor manera de hacer respetar normas o reglas, es crear las condiciones que permiten eliminar las faltas, sea erradicando las causas de éstas, sea creando un control social eficaz sea educando o reeducando.

En efecto, aparte las medidas llamadas de prevención "situacional", el conjunto de medidas que pertenecen al ámbito de la educación o reeducación o lo que se ha llamado la prevención social, tienen un impacto a cinco o diez años de plazo.

Alcances de la prevención.

Globalmente la prevención tiene un doble objetivo: por una parte evitar los factores que favorecen la criminalidad y por otra parte enraizar en la población el reflejo preventivo. Este último aspecto no significa tanto generar reflejos de defensa por parte de la población (construir rejas, instalar alarmas etc.) sino acostumbrar a una población a buscar las causas y las soluciones frente a un fenómeno de delincuencia que la afecta. Este logro requiere varios años y a menudo una generación.

Las dificultades especificas de la prevención de la criminalidad surgen de dos factores: la complejidad de las medidas a tomar, porque el conjunto de delitos urbanos es amplio y los factores que los originan múltiples. El campo de la prevención, frente a comportamientos antisociales multifacéticos es vasto. En efecto es difícil llevar adelante la prevención frente a todas las manifestaciones antisociales. Se requieren diagnósticos locales de prevención que focalizan las génesis locales de estos comportamientos como sus manifestaciones. Enfrentar la violencia urbana significa construir una ingeniería social y un arsenal de prácticas apuntando a las causas como a las manifestaciones de la delincuencia. Hay también que inventar y experimentar soluciones locales que no son necesariamente universales. Las buenas prácticas son útiles pero no siempre replicables. Además los tiempos para que estas medidas tengan efecto son largos.

Entre los argumentos a favor de la prevención señalamos:

- La promoción de la solidaridad, de la participación ciudadana y de las prácticas de buena administración y gobernabilidad. La prevención bien aplicada fortalece las instituciones democráticas;
- La posibilidad de movilizar coaliciones locales de los principales actores comunales;
- Los beneficios económicos de la prevención derivados de la aplicación de medidas de prevención del delito, comparados a las medidas tradicionales de represión y de encarcelamiento. Los análisis realizados muestran en el largo plazo un beneficio de 1 a 6;

- La posibilidad de un mejor diseño urbano que incorpore la seguridad (espacios públicos, recreo, transporte, infraestructuras);
- El apoyo a los niños, jóvenes y familias vulnerables;
- El fomento a la responsabilidad y la creación de conciencia de la comunidad;
- La prestación de servicios de proximidad especialmente de policía y justicia;
- La reinserción social de delincuentes; y
- La asistencia a las víctimas de la violencia.

Existen diversos tipos de prevención.

Para simplificar, distinguiremos cuatro tipos de prevención:

En primer lugar, la prevención "situacional" que consiste en modificar el entorno para eliminar las condiciones que facilitan la delincuencia. Por ejemplo: iluminar zonas, mejorar infraestructuras, poner cámaras de TV en zonas de espacios públicos o semi-públicos, crear o recuperar espacios públicos, modificar espacios en los cuales hay exceso de comercios informales que facilitan oportunidades de delincuencia, adecuar las protecciones en estadios de fútbol, prohibir el porte de armas, limitar el consumo de bebidas alcohólicas etc.

Por otra parte, se considera formas de prevención social al conjunto de programas a carácter social que apuntan a los grupos en riesgo, los exdetenidos, los grupos o barrios estigmatizados, la violencia doméstica o la violencia en las escuelas. Las formas de prevención social no son simplemente programas sociales como por ejemplo aquellos que persiguen la reducción de la pobreza o la creación de empleos. Es necesario que exista un valor agregado, es decir, una búsqueda explícita y focalizada a la reducción de las causas de la violencia urbana y no solo un objetivo de inserción social o de mejoramiento del nivel de vida de la población.

Hay que considerar también formas de prevención como aquellas acciones que apuntan a disminuir la percepción errónea o exagerada de inseguridad.

Finalmente otro tipo de prevención es aquella que apunta a brindar asistencia a las víctimas de la violencia.

Las reformas de las policías.

Paralelamente a las iniciativas de prevención y a menudo en apoyo a éstas, han surgido muchas propuestas de reforma policial que apuntan a:

- La creación de fuerzas policiales guiadas por estrategias claras, coherentes y estables;
- La imputabilidad policial frente a la sociedad civil y las autoridades locales;
- La búsqueda de resolución de problemas más que la

simple respuesta a hechos delictuales casuales;
- El trabajo en estrecha colaboración con las coaliciones locales de seguridad (la policía comunitaria o "community policing" de los anglosajones);
- La instauración de fuerzas especializadas insertas en la población como los "ilôtiers" franceses, los "Kobans" japoneses y que apuntan a resolver los problemas de seguridad con la población. Este tipo de iniciativa requiere un cambio cultural entre las fuerzas policiales actualmente más orientadas a la lucha contra los crímenes "importantes";
- La desmilitarización de la formación de los policías; y
- El tratamiento de los problemas de la pequeña delincuencia al igual que los hechos de grande delincuencia o del narcotráfico, lo que implica una presencia en todos los barrios mucho más frecuente, un reajuste de prioridades y un enfoque diverso pasando del patrullaje motorizado sin objetivo preciso al patrullaje a pié, a caballo, en bicicleta o motocicleta u otras formas de inserción.

Justicia y cárceles.

Frente a las carencias de la justicia y a la ineficacia de las políticas costosas de modernización de las cárceles han surgido otras soluciones como:

- Las sanciones alternativas por lo menos para la pequeña delincuencia y las formas de mediación y de

conciliación;
- El aprendizaje de la mediación en las escuelas que tiene un efecto de largo plazo. Las formas de justicia de proximidad a través de mediaciones o de tribunales de barrios o tribunales especializados en la resolución de pequeños conflictos en forma rápida; constituyen iniciativas exitosas en varios países;
- La asesoría jurídica procurada a sectores modestos; y
- La reforma de la justicia juvenil que abre otras posibilidades.

El enfoque comunal de seguridad urbana.

El rol integrador de los gobiernos locales.

Frente a los Estados que constituyen instancias demasiado grandes para responder a las necesidades cotidianas de la población y demasiado pequeñas para resistir a la presión de los grandes grupos multinacionales que guían la globalización, las ciudades ofrecen la posibilidad de asegurar a los ciudadanos un control sobre sus propias vidas. En esta perspectiva, los gobiernos locales deberían ser expertos en integración social y cultural. Esto supone que asuman su rol de organizador socioeconómico y de gerente político local en particular en materia de seguridad urbana. En efecto, uno de los instrumentos de la integración social es precisamente la prevención a la criminalidad.

Para poder cumplir este rol, las ciudades requieren condiciones básicas:

- Disponer de un cuadro institucional y de los recursos financieros que permitan ejercer sus funciones en materia de seguridad urbana;
- Asumir un rol de coordinador de los programas de prevención sin delegar completamente este rol al Estado central, a la policía u organismos especializados;
- Asegurar la participación organizada de la población; y
- Adoptar una política transparente en particular frente a la corrupción.

Las experiencias en varias regiones.

Desde los años 80s, muchas ciudades han desarrollado experiencias de prevención comunal. Han sido puestas en evidencia en varios eventos internacionales. En particular las conferencias organizadas por las asociaciones de alcaldes en Barcelona (1987), Montreal (1989), París (1991) y más recientemente Johannesburgo (1998), han puesto en evidencia la necesidad de descentralizar la responsabilidad de la lucha contra la violencia urbana a nivel de las ciudades. En 1995 ECOSOC publicó las líneas directrices de una intervención municipal a partir de las recomendaciones de las Naciones Unidas.

Asociaciones como el Foro Europeo para la Seguridad Urbana han sido creadas para intercambiar experiencias, difundirlas, mejorar y sintetizar sus resultados. Desde los años 90s varias experiencias, se han desarrolladas en América latina y en África. La Conferencia de Johannesburgo (1998), constituyó un momento de cristalización de estas experiencias en el tercer mundo, en particular en África. Algunos gobiernos como el inglés han institucionalizado este enfoque otorgando a los municipios un rol de líder de una coalición que agrupa a los principales departamentos municipales o Estatales y a la policía para definir en conjunto y poner en práctica un plan de seguridad para su ciudad. Este plan de seguridad contempla las acciones de represión como aquellas de prevención que las más importantes. Otros gobiernos europeos han optado por una fórmula de contratos locales de seguridad (como ejemplos Francia y Bélgica) es decir, la posibilidad para una municipalidad de tener acceso a fondos nacionales para implementar un programa de seguridad local bajo la responsabilidad del alcalde y que el municipio define. Otras fórmulas han sido implementadas.

Tienen en común:

- La existencia de una coalición local bajo el liderazgo de la alcaldía encargada de formular, implementar, evaluar una estrategia local de seguridad.
- La realización de un diagnóstico de la inseguridad apuntado a las manifestaciones pero sobre todo a las causas y génesis locales de la inseguridad y de la percepción de la inseguridad.
- La puesta en práctica de una variedad de intervenciones focalizando diversas manifestaciones de la inseguridad.

- La innovación en términos de empleos específicos ligados al campo de la prevención de la criminalidad: por ejemplo los animadores de calles, los mediadores, los consejeros jurídicos o sociales especializados en la gestión de ciertos conflictos, las brigadas auxiliares de policía, los guardianes de lugares públicos adiestrados a la prevención como a la represión etc."[125]

TRATAMIENTO DE MENORES INFRACTORES

"Medidas de readaptación:

 * Apoyo psicológico
 * Medico
 * Social
 * Jurídico y pedagógico

Así como asesoría en:

 * Fármaco-dependencia
 * Violencia intrafamiliar
 * Abandono escolar
 * Alcoholismo
 * Abandono de hogar
 * Hogar desintegrado
 * Manejo de la sexualidad (SIDA)
 * Bajo aprovechamiento académico

---

[125] http://forenses.mforos.com/996509/5123498-prevencion-de-la-criminalidad-parte-1/

El Consejo de Menores es competente para conocer de la conducta tipificada por las leyes penales del Estado, de las personas mayores de 11 años y menores de 18 años de edad.

La Comisión Nacional de Derechos Humanos (CNDH) detectó casos graves de violaciones a las garantías básicas en la mayoría de los Centros para Menores Infractores del país, sobre todo respecto a sobrepoblación, abusos (golpes y malos tratos), hacinamiento, pues en lugar de dormitorios se les envía a celdas que tienen como paredes mallas metálicas que semejan "jaulas para animales". Además, se mantiene en los mismos lugares a niños de 7 años con jóvenes de 16 y 17 años, y niñas embarazadas.

La CNDH aseguró que el peor centro para menores se ubica en Chiapas, donde se constató "la estancia de dos menores infractoras con sus hijos, quienes se encontraban en condiciones precarias. En Veracruz se ubica el segundo peor centro para la atención de los menores. Ahí se encontraron recluidos a dos menores de 7 años, uno de ellos acusado de allanamiento de morada y otro de robo, quienes conviven con jóvenes de 18 años".

En la mayoría de esos centros las condiciones de vida son deplorables, pues hay fugas de agua, corrosión en instalaciones sanitarias, eléctricas, puertas y ventanas; duermen en planchas de concreto sin colchón, y otros en el piso; no se les clasifica y separa. En el caso de los niños recluidos en Tijuana, se les levanta a las 4 de la mañana para elaborar diariamente mil 500 kilos de tortillas para el penal Jorge Duarte Castillo".

Otras de las irregularidades constatadas durante 2002 en las visitas a los centros para menores del país son "la escasez de medicamentos; ausencia de médicos, psicólogos y especialistas que los atiendan, y que las niñas y adolescentes no cuenten con espacios construidos exclusivamente para albergarlas. Esta situación ha obligado a que cocinas sean transformadas en dormitorios".

"La situación en que viven los menores infractores del país podría mejorarse muchísimo, si hubiera voluntad política del Ejecutivo y de los gobiernos estatales. Si ellos quisieran, en 3 años les aseguro que cambiaría mucho la situación, pues no es una gran inversión la que se requiere", subrayó Soberanes Fernández.

En el país, dijo el titular de la CNDH, existen 54 centros de internamiento para menores. En 2002, fecha en que se elaboró el informe, albergaban una población de 4 mil 753 internos. De ellos, 4 mil 496 eran varones y 257 mujeres; 123 indígenas, 20 extranjeros; 13 niñas se encontraban en estado de gravidez; "4 internas tenían a sus hijos viviendo con ellas en el establecimiento correspondiente. La edad promedio de los varones internos era de 17 años y la de mujeres de 15".

Durante los recorridos por esos centros, los visitadores realizaron una encuesta respecto a la utilización de sustancias tóxicas. Se detectó que 55 por ciento de ellos -2 mil 620- han utilizado sustancias tóxicas en algún momento. Ha consumido alcohol 48.7 por ciento, mariguana 35.7 por ciento, cocaína 22 por ciento, solventes 17 por ciento, pastillas psicotrópicas 8.8 por ciento, narcóticos conocidos como cristal 6 por ciento y piedra 4.5 por ciento.

La mayoría de los internos cometieron infracciones del fuero común: robo en todas sus modalidades, 2 mil 646 varones y 100 mujeres; violación, 506 varones y 2 mujeres; homicidio, 457 varones y 29 mujeres; y lesiones, 206 varones y 11 mujeres.

De acuerdo con las entrevistas realizadas por los visitadores de la CNDH, la mayoría de los directores de esos centros refirieron que el robo está directamente relacionado con el consumo de sustancias psicotrópicas; inclusive algunos niños adictos al narcótico conocido como piedra manifestaron que cuando empezaban a usarlo ya no podían parar, por lo que tenían que robar para seguir drogándose.

También se advirtió que en 71 por ciento de los casos los padres de los menores eran adictos a sustancias tóxicas, 36 por ciento tenía familiares presos, 37 por ciento se habían fugado de sus casas, 25 por ciento formaban parte de pandillas, y 18 por ciento fue víctima de violencia intrafamiliar.

Instituciones auxiliares.

Son instituciones auxiliares del Consejo de Menores:

- Los centros de atención de menores infractores, dependientes de la unidad encargada de la prevención y tratamiento de menores;
- Las casas hogares;
- Los hospicios e internados;
- Las clínicas y hospitales del sistema estatal de salud;
- Los albergues, casas hogares y demás centros asistenciales del sistema para el desarrollo integral de la familia del Estado; y
- Las demás instituciones de asistencia de carácter público, privado o social, que se ubiquen en el Estado.

Las instituciones antes mencionadas, sin perjuicio de los programas que lleven a cabo, reservarán los recursos y espacios que ellos consideren convenientes para atender conforme a sus funciones, a los menores que les sean enviados por el Consejo de Menores.

Cuando alguna autoridad tenga conocimiento de la existencia de un menor abandonado física o moralmente, lo hará del conocimiento de la Procuraduría de la Defensa del Menor o del propio Consejo.

Para los efectos del párrafo anterior se entenderá por menores físicamente abandonados, aquellos que carecen de persona alguna que se haga cargo de brindarles mínimamente los alimentos y habitación para su sustento; son menores moralmente abandonados, aquellos que aún cuando no se encuentran desamparados físicamente, en forma cotidiana son victimas de conductas de inducción a la perversión, golpes o cualquier otra vejación que produzcan al menor lesiones físicas o psíquicas.

Sistema jurídico.

Dentro de nuestro sistema jurídico encontramos que existen cuestiones que regulan las infracciones de los menores, como lo son:

- Constitución Política de los Estados Unidos Mexicanos;
- Convención sobre los derechos de los niños;
- Ley para el Tratamiento de los Menores Infractores;
- Ley sobre los Derechos de las Niñas, los Niños y los Adolescentes;
- Código de Procedimientos Penales; y
- Ley para la protección y el tratamiento de menores infractores para el Estado de Chiapas (como ejemplo de leyes locales).

Dentro de la Constitución Política del Estado de Chiapas encontramos en el Art., 29, fracciones IX, sobre la competencia del Congreso de la Unión, que dice:

"Legislar sobre el establecimiento de instituciones para el tratamiento de los

menores infractores y la organización del sistema penitenciario sobre la base del trabajo, la capacitación para el mismo y la educación como medios para la readaptación social del delincuente"."[126]

"Menor delincuente.

Persona menor de edad que comete un delito. La moderna política criminal establece la situación de penas, para los menores delincuentes, por toda una serie de medidas educativas y correccionales, y la jurisdicción ordinaria por una competencia administrativa especial. Con una mayor propiedad se puede decir que no hay menores delincuentes sino menores que delinquieron y por ello no se les aplica la sanción penal.

La minoría de edad en los sujetos activos del delito, es materia de la misma inimputabilidad en el Derecho Penal. Cuando el agente, por su minoría de edad, carece de la capacidad de conocer y de querer, se le considera "inimputable>>. Es decir, para el Derecho Penal, el delito debe ser un hecho culpable: no es suficiente que sea un hecho antijurídico y típico, también debe ser culpable. No es bastante que el

---

[126] http://www.monografias.com/trabajos14/menores-infractores/menores-infracto-res.shtml

agente sea su autor material, es preciso además que su autor sea su autor moral, que lo haya ejecutado culpablemente. Pero el agente antes de ser culpable debe ser <<imputable>>.

La <<imputabilidad>> es el elemento más importante de la culpabilidad, es su supuesto previo, sin aquella no se concibe ésta. Se refiere a un modo de ser del agente, a su estado espiritual del mismo y tiene por fundamento la concurrencia de ciertas condiciones psíquicas, biológicas y morales (madurez y salud mental) exigidas por la ley para responder de los hechos cometidos. Es la capacidad de conocer y de querer. Es la capacidad de culpabilidad. Como consecuencia de que el menor de edad carece de esta capacidad de conocer y de querer, por lo mismo es inimputable.

JURISPRUDENCIA.
Octava época.
Instancia: Tribunales Colegiados de Circuito
Fuente: Seminario Judicial de la Federación.
Tomo: XV-II, Febrero de 1995
Tesis: II.2º.P.A.262 P.
Página: 370

INIMPUTABILIDAD. MENORES INFRACTORES DE LOS.
Si en el momento en que sucedieron los hechos, el inculpado era menor de edad y por ello no puede ser castigado conforme al artículo 40. Del código punitivo del

Estado de México, ya que para que el menor de edad sea juzgado por este ordenamiento, es presupuesto sine qua non que sea culpable y para ello es necesario que primero sea imputable es decir, para que conozca la ilicitud de su acto y quiera realizarlo debe tener capacidad de entender y de querer, y un menor carece de esta capacidad, por ello resulta inimputable, y toda vez que la imputabilidad es un presupuesto necesario para la culpabilidad elemento del delito, faltando ésta, la conducta asumida no puede ser considerada como tal, por lo que el menor se encuentra exento de la aplicabilidad de las normas penales, pues la corrección de su conducta se encuentra sujeta a instituciones especiales como el Consejo Tutelar para Menores, por lo tanto si el inculpado al desplegar la conducta definida como delito era menor de edad; debe decirse que no existe el supuesto jurídico necesario para que las leyes penales le sean aplicables y para que un juez de instancia tenga jurisdicción para juzgarlo, ni aún cuando en la fecha en que fue librada la orden de aprehensión que se impugna éste hubiera cumplido la mayoría de edad, en virtud de que lo que debe tomarse en cuenta es la edad del activo en el momento de la comisión de sus actos, no en l época posterior a su realización.

SEGUNDO TRIBUNAL COLEGIADO EN MATERIAS PENAL Y ADMINISTRATIVA DEL SEGUNDO CIRCUITO.

Amparo en revisión 230/94. Oscar Salgado Arriaga. 13 de octubre de 1994. Unanimidad de votos. Ponente: Juan Manuel Vega Sanchez. Secretaria: Luisa García Romero."[127]

BIBLIOGRAFÍA

[127] Ob. cit. Nuevo Diccionario de Derecho Penal, pp.651, 652.

1. Librería Malej, Nuevo Diccionario de Derecho Penal, Librería Malej, México, 2004.
2. Plata Luna, América, Criminología criminalística y Victimología, Oxford, México, 2007.
3. Wolfgang Marvine E. Y Ferracutti Franco, La subcultura de la violencia (hacia una teoría criminológica), México, 1971

BIBLIOGRAFÍA WEB.

1. Cfr.http://www.monografias.com/trabajos15/delincuencia-juvenil/delincuencia-juvenil.shtml#DELJUVENIL
2. http://forenses.mforos.com/996509/5123498-prevencion-de-la-criminalidad-parte-1/
3. http://www.monografias.com/trabajos14/menores-infractores/menores-infractores.shtml

www.ingramcontent.com/pod-product-compliance
Lightning Source LLC
Chambersburg PA
CBHW060817170526
45158CB00001B/10